■ 大众力学丛书

力学史杂谈

武际可　著

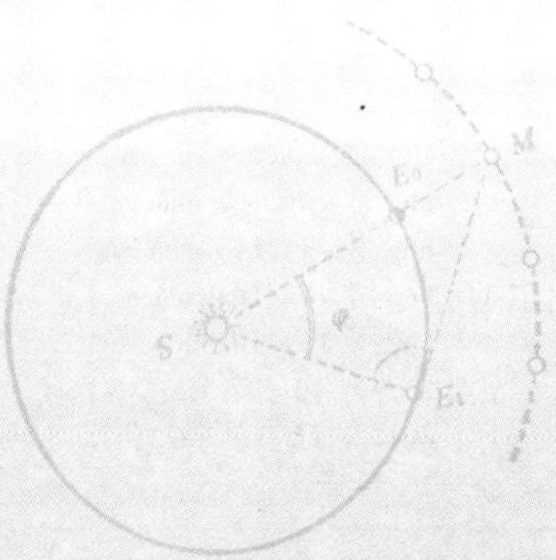

高等教育出版社
Higher Education Press

内容提要

本书收集了作者近20年中陆续发表或尚未发表的30多篇文章。分为人物篇、事件篇和议论篇三部分。这些文章概括了作者认为对力学发展乃至对整个科学发展比较重要而又普遍关心的课题，介绍了阿基米德、伽利略、牛顿、拉格朗日等科学家的生平与贡献，也介绍了我国著名的力学家，还对力学史上比较重要的事件，如能量守恒定律、梁和板的理论、永动机等的前前后后进行了介绍。每篇文章中，有作者对历史事实的认真考据，也有作者独到的见解；同时，涉及当前科学和力学发展有关的基本问题，作者也发表了一些议论。本书对科学史有兴趣的读者、对学习力学的学生和教师，都是一本难得的参考书。

图书在版编目(CIP)数据

力学史杂谈/武际可著. —北京：高等教育出版社，2009.10
(2022.11重印)
ISBN 978-7-04-028074-6

Ⅰ.力… Ⅱ.武… Ⅲ.力学史-文集 Ⅳ.O4-091

中国版本图书馆CIP数据核字(2009)第158746号

出版发行	高等教育出版社	咨询电话	400-810-0598
社　　址	北京市西城区德外大街4号	网　　址	http://www.hep.edu.cn
邮政编码	100120		http://www.hep.com.cn
印　　刷	固安县铭成印刷有限公司	网上订购	http://www.landraco.com
开　　本	850×1168　1/32		http://www.landraco.com.cn
印　　张	10.5	版　　次	2009年10月第1版
字　　数	250 000	印　　次	2022年11月第4次印刷
购书热线	010-58581118	定　　价	26.80元

物 料 号　28074-00

中国力学学会《大众力学丛书》
总　序

科学除了推动社会生产发展外，最重要的社会功能就是破除迷信、战胜愚昧、拓宽人类的视野。随着我国国民经济日新月异的发展，广大人民群众渴望掌握科学知识的热情不断高涨，所以，普及科学知识，传播科学思想，倡导科学方法，弘扬科学精神，提高国民科学素质一直是科学工作者和教育工作者长期的任务。

科学不是少数人的事业，科学必须是广大人民参与的事业。而唤起广大人民的科学意识的主要手段，除了普及义务教育之外就是加强科学普及。力学是自然科学中最重要的一门基础学科，也是与工程建设联系最密切的一门学科。力学知识的普及在各种科学知识的普及中起着最为基础的作用。人们只有对力学有一定程度的理解，才能够深入理解其他门类的科学知识。我国近代力学事业的奠基人周培源、钱学森、钱伟长、郭永怀先生和其他前辈力学家非常重视力学科普工作，并且身体力行，有过不少著述，但是，近年来，与其他兄弟学科（如数学、物理学等）相比，无论从力量投入还是从科普著述的产出来看，力学科普工作显得相对落后，国内广大群众对力学的内涵及在国民经济发展中的重大作用缺乏有深度的了解。有鉴于此，中国力学学会决心采取各种措施，大力推进力学科普工作。除了继续办好现有的力学科普夏令营、周培源力学竞赛等活动以外，还将举办力学科普工作大会，并推出力学科普丛书。2007年，中国力学学会常务理事会决定组成《大众力学丛书》编辑委员会，计划集中出版一批有关力学的科普著作，把它们集结为

《大众力学丛书》，希望在我国科普事业的大军中团结国内力学界人士做出更有效的贡献。

这套丛书的作者是一批颇有学术造诣的资深力学家和相关领域的专家学者。丛书的内容将涵盖力学学科中的所有二级学科：动力学与控制、固体力学、流体力学、工程力学以及交叉性边缘学科。所涉及的力学应用范围将包括：航空、航天、航运、海洋工程、水利工程、石油工程、机械工程、土木工程、化学工程、交通运输工程、生物医药工程、体育工程等等。大到宇宙、星系，小到细胞、粒子，远至古代文物，近至家长里短，深奥到卫星原理和星系演化，优雅到诗画欣赏，只要其中涉及力学，就会有相应的话题。本丛书将以图文并茂的版面形式、生动鲜明的叙述方式，深入浅出、引人入胜地把艰深的力学原理和内在规律介绍给最广大范围的普通读者。这套丛书的主要读者对象是大学生、中学生以及有中学以上文化程度的各个领域的人士。我们相信本套丛书对广大教师和研究人员也会有参考价值。我们欢迎力学界和其他各界的教师、研究人员以及对科普有兴趣的作者踊跃撰稿或提出选题建议，也欢迎对国外优秀科普著作的翻译。

丛书编委会对高等教育出版社的大力支持表示深切的感谢。出版社领导从一开始就非常关注这套丛书的选题、组稿、编辑和出版，派出了精兵强将从事相关工作，从而保证了本丛书以优质的形式亮相于国内科普丛书之林。

中国力学学会《大众力学丛书》编辑委员会

2008年4月

序
Preface

王振东

一门学科的历史，无论对于了解这门学科的过去与现在，对于学科的教学、研究成果的正确评价，还是对于预测学科的发展、学科发展规划的制定，都非常重要。所以，世界各国在各个学科的研究和教学中，都很重视本门学科历史的研究和教学。

力学是自然科学中最早精确化的学科。现代自然科学是从力学开始的，直到19世纪末，精确的自然科学主要就是力学。爱因斯坦和英费尔德在《物理学的进化》中指出：“在力学中假如知道一个运动物体现在的运动状态和作用在它上面的力，那么它的未来的路径是可以预言的，而且它的过去也是可以揭示的。例如所有行星的未来路径都是可以预知的，作用在它们之上的是只跟距离有关的牛顿万有引力。经典力学的伟大成果暗示着机械观可以无例外地应用于物理学的任何分支部门，所有的现象都可以用引力或斥力来解释，而这些力只与距离有关，并且作用于不变的粒子之间。”

20世纪在力学理论的指导和支持下，取得的工程技术成就不胜枚举，如原子弹、氢弹、火箭和人造卫星、航天飞机、兵工武器、巨型轮船、深潜的潜艇、高速列车、海洋平台、高层抗震建筑、高水平的斜拉桥和吊桥、大型机械与微型精密机械等，都体现了力学的成果和贡献。另一方面，由力学现象研究在20世纪发现的混沌、分叉、分形，已成为标志自然科学最新发展的非线性科学的核心部分。周培源先生说："力学是关于物质宏观运动规律的科学。""只要自然界存在着机械运动，以及机械运动和其他各级运动形式的相互联系，力学就永远有无止境的研究课题，就永远有无限光辉的前景。"

武际可教授，在半个世纪的力学教学与研究中，对力学史也有较深入的研究，他所著的《力学史》(重庆出版社2000年1月出版)、《近代力学在中国的传播与发展》(高等教育出版社2005年11月出版)，是多年来在北京大学力学专业对大学生和研究生开设力学史课程讲义的基础上，逐渐补充发展而成的两本专著，已经在国内产生了广泛的影响，不少高等学校已将它们选作为"力学史"课程的教学用书。

与此同时，武际可教授近廿年来还在《力学与实践》、《物理教学》等期刊，"凤凰卫视"的《世纪大讲堂》，有关的学术会议文集，以及在《科学网》、《天益网》等网络上陆续发表了三十多篇有关力学史研究方面的文章，现收集为《力学史杂谈》出版。全书分为三部分：人物篇、事件篇和议论篇。人物篇和事件篇，涵盖了力学史上许多比较重要的人物和事件，每篇文章都有对历史事实认真的考据和独到的见解。议论篇以史论今，对当前科学和力学发展的有关基本问题，认真提出了许多中肯的看法和建议。

力学基础课是大学理科和众多工程学科的必修课程，所以这些学科的大学生和研究生适当了解力学学科的发展历史是很必要的。本书作为《大众力学丛书》的一种，对于从事数学、力学、天文、物理、工程技术、科学史等专业的学生、教师以及广大希望了解力学及其发展历史的读者是一本十分难得的好书。

王振东

2009年3月于天津大学新园村

目　录
Contents

人　物　篇

大众力学丛书

事 件 篇

议 论 篇

人 物 篇

1 Chapter 阿基米德

——一位同现代科学相通的天才[注]

有人说："如果要你在人类的全部历史上列举三位最伟大的数学家和力学家的名字，无论怎样举，阿基米德都会是其中的一位。"这种说法一点也不过分。这是因为，在整个人类史上，阿基米德是最早的一位深入研究数学和力学，并且做出系统贡献的学者。所以有人说，他是力学学科的开山祖师。学习力学的人，不可不知道阿基米德的故事。

图1　阿基米德像

阿基米德（Archimedes，前287—前212）（图1）出生于古希腊西西里的叙拉古，他的父亲是一位天文学家，名菲迪阿斯（Phidias）。据说他家与叙拉古的统治者有亲缘关系。

注：首刊于《力学与实践》，2001，23(2)：77－79.

阿基米德生活的古希腊在地理上同文明古国埃及和巴比伦毗邻，希腊人可以到那里旅游、贸易从而吸收带回那里的文化。另一方面，古希腊是一批相互用武不便的岛国(邦)发展起来的。用武不便，只能用讲理和辩论的办法说服对方。所以，在古希腊奴隶时代有过一个从公元前六世纪开始的数百年的贵族民主政治。民主政治为希腊科学文化发达提供了宽松的环境。

在阿基米德之前，希腊在数学、天文上已涌现了芝诺（Zeno,前495—前435)、欧几里得(Euclid,前330—前275)、毕达哥拉斯（Pythagoras,前569？—前500?)等数学名家。阿基米德不仅继承了他们的成果而且大大发展了它们。

关于阿基米德的经历流传得并不多。他到亚力三大城求过学；他的父亲曾想让他学医他却迷上了数学；他还有两位要好的朋友：科隆和厄拉多塞，他们经常通信讨论问题。除了这些，有关他的生平是一串说明他如醉如痴地追求科学、淡泊名利和地位的故事：

据说一个不忠诚的工匠在给皇帝希耶隆(Hieron)做的金冠中掺了假。这位皇帝请阿基米德鉴定，由于阿基米德不断思考这个问题，一次洗澡时他突然有所悟，他便一丝不挂地跑去找皇帝，一边走一边喊：“我知道了，我知道了！”这就是众所周知的关于阿基米德发现浮力定律的传说。

这个故事最早记载在维特鲁威(Vitruvius,前1世纪)写的《建筑十书》中，比较详细地记载了阿基米德发现浮力定律的故事：“阿基米德确实曾发现过许多惊人的事项，在所有这些事项中我要说明的一项似乎显然是无限巧妙的。希耶隆在叙拉古萨厄确实掌握了王权以后，由于万事顺利，决定把金冠作为奉献物献给永生的诸神祇，放在某座神庙里，这时以工资为条件订立了制造合同，用砝码秤好黄金给与了承做的工匠。在指定的日子工匠把技巧细致的作品提交给国王检验，明示了这个王冠的重量与砝码平衡。

后来出现了这样的消息：在这顶王冠的制作中提去了黄金，掺加了等量的白银。希耶隆虽然气愤受到了愚弄，但是想不出捉住这个窃贼的办法，因之要求阿基米德对这件事替他想一个主意。当阿基米德对这个问题正在思索时，偶然往浴场去，在那里进入浴池时他观察到和沉入其中的身体同量的水溢流到浴池外面。因为这一事启发了问题的解释，就立刻欢天喜地地跳跃起来，从浴池中飞奔出去，赤着身体跑回家里，一边用希腊语反复叫喊着：'尤瑞卡！尤瑞卡！'（heureka，找到了的意思）

据说后来就由这一发现得到了头绪，制造出与王冠的重量相同的两个块体，一块是金一块是银。做好这些后，在盆里盛水直到边沿，把银块沉落在它的里面。沉落在盆里的银块将盆里与银块同体积的水挤出盆外（溢流出来）。然后把银块捞起来，用塞克斯塔里俄斯量斗衡量盆里水的减少量，再向盆里回水达到边沿，和以前状态一样。这样就知道银体积的多少相当于已知的水的体积。

接着便把金块同样浸入盛满了水的盆里，把它捞起来之后，用同样的方法量水，就知道减少的水比沉入银块的量少。这就说明同重量的金块比同重量的银块的减少的水量要少。然后，又同样把盆盛满了水，并把王冠浸入，就发现由于王冠比同重量的金块溢出的水较多，因而确认出在金里掺加了银，承做的工匠显然是一个诈骗犯。

阿基米德在思考问题或演算时，总是习惯于在沙土上写写画画，有时他在地板上铺上沙，有时把燃烧的灰烬铺开以供写画。那时，有一种习俗，出浴后，在身上涂抹橄榄油。他常常是忘记穿衣服而在自己涂了油的皮肤上画图写字。

罗马人为了征服叙拉古，派了马赛拉斯带军攻城，传说阿基米德发明了抛石机打击敌人，他们只好退却，采用长期围困的办法来取胜。到公元前212年，罗马人攻入了叙拉古。传说阿基米德正在沙地上画数学图形并陷入沉思。罗马战士向他喝问，沉思中的阿基米德并没有理会他问的是什么，只是说："别动我这些图。"于是罗马大兵将阿基米德捅死了(图2)。后来英国哲学家怀特海(A. N. Whitehead, 1861—1947)说："没有一位罗马人是由于全神贯注于一个数学图而丧生。"这话指的是罗马人征服了希腊之后，就没有像阿基米德那样忠诚于科学的人了。

图2　一幅古代的描述罗马士兵刺杀阿基米德的马赛克图

阿基米德的科学贡献是多方面的。可惜他的不少著作都已失传。从13世纪，人们又从阿拉伯等文字将其著作翻译成希腊文、拉丁文和英文出版，经过若干世纪的搜寻，到1792年牛津版的阿基米德文集是较全的一种。

在1906年，丹麦哥本哈根的哲学家、语言学家J·L·海伯格(Heiberg, 1854—1928)教授在土耳其的一家图书馆仔细阅读一本大约13世纪的旧羊皮手稿。这本羊皮手稿是擦去旧字新写上去的。仔细辨认发现那些没有擦干净的字迹写的正是阿基米德失传的著作，其中有《论球与圆柱》、《圆的度量》和《平面图形的平衡与重心》片段的希腊原文本，并且还有初次发现的阿基米德写给厄拉多赛的信。

阿基米德的主要著作有《论球与圆柱》、《抛物线图形求积法》、《圆的度量》、《沙的计算者》、《平面图形的平衡和其重心》(上、下卷)、《论浮体》(上、下卷)、《力学(机械学)方法论》等。

阿基米德的科学成就，可以开出一个长长的单子，其中最重要的有：

在数学方面：

他发明了求曲线围成面积与曲面围成体积的方法。并用这种方法计算过圆、球、抛物线、弓形、螺线与两条半径所夹部分的面积，球缺、三角锥、抛物线双曲线旋转体的体积。这种方法实际上就是后来的积分方法和极限概念。

他给出了 $$\pi \approx 3\frac{1}{7} \to 3\frac{10}{71}$$

他给出了近似计算平方根的方法。

他提出了阿基米德螺线($r = a\theta$)。

他给出了平方整数求和公式

$$\sum_{i=1}^{n} i^2 = \frac{1}{6}n(n+1)(2n+1)$$

他给出了大数表示的方法，在他之前古希腊大数只能记到万，超过万的大数就无法表示。

他给了现今称为阿基米德引理的表述。即对任意 $\varepsilon > 0$，都存在整数 N 使 $0 < \frac{1}{N} < \varepsilon$，这个引理至今仍是严格极限理论的基础。

在力学方面：

他建立了流体静力学的基本原理，即物体在液体中所受的浮力的大小等于被物体排开的液体体积的重量。至今称为阿基米德原理。

他讨论了杠杆平衡的条件，给出了严密的公理陈述及若干定理的证明，这就是至今人们仍在学习的杠杆原理。据说他曾自豪地说："给我支点，我就可以举起地球！"

他发明了计算一系列图形与物体重心的方法。

他证明了抛物拱形面积的计算方法，证明了定理：设 *ABC* 是直线 *AC* 和抛物线 *ABC* 所围成的抛物线弓形，则抛物线弓形 *ABC* 的面积将是三角形 *ABC* 的面积的 4/3。

他给出了正抛物旋转体浮在液面平衡稳定性条件。

可以毫不夸张地说，他是静力学的创始人。由于历史上静力学是力学的开始，所以他也可以说是力学的创始人。

在机械方面：

他发明了提水用的阿基米德螺旋提水机(图 3)。

图 3　阿基米德的螺旋提水机

他给叙拉古国王希耶隆制造了一组复杂的滑轮系统，可以把一艘船吊起来放到河里。

他在叙拉古遭罗马人攻击时发明了军用抛石机并用于防守。

在光学方面：

他发现了抛物面的聚焦原理。传说他制造了聚焦反射镜把光照到攻城的罗马人的船上，将其烧毁。

在天文学方面：

他在年轻时，造了一架行星仪，利用水力驱动来模仿太阳、月球、地球的运动，并且可以用来说明日食和月食。

从这简要的一串成果的单子上，我们体会得出阿基米德确是一位非凡的天才。

在古代，自然科学中，数学、力学和天文学是最早发展的科学，而阿基米德集这三个学科于一身，在三方面都做出了不朽的贡献。

如果说在力学发展中力学同数学是密不可分的，那么阿基米德是将数学同力学结合起来的典范。

如果说近代科学是将观察、实验和应用同推理相结合而发展起来的，那么阿基米德在浮力定律、杠杆原理等的发现正体现了这种结合。他是一位近代科学的先驱者。

如果说近代数学的发展体现了推理同计算的结合，而古希腊的数学则过分偏向于推理，忽视计算。但在阿基米德身上我们一点也没有看到这种偏向。他没有受柏拉图提出的规尺作图问题的束缚，而大胆地开辟了新的数学领域。

如果说近代科学是从无限小分析开始的，牛顿、莱布尼兹的微积分正是这种精神的体现。那么阿基米德正是这种精神的鼻祖，他开始了极限论，他引进了早期简朴的微积分。

所以，我们可以说，阿基米德是古希腊数学、力学、天文学之集大成者。

可悲的是，随着罗马征服希腊，随着阿基米德被罗马大兵捅死，阿基米德所代表的古希腊精密自然科学传统也便中断了。愚昧征服了智慧。在漫漫长达一千多年的欧洲黑暗的封建统治年代，阿基米德渐渐被忘却。幸运的是，古希腊的许多文献，包括阿基米德的著作，被阿拉伯人翻译和保留了下来。只有到了13世纪之后，到了文艺复兴时代，欧洲人重新喊出复兴古希腊文明时，阿基米德才又被记起。古希腊和阿基米德的著作才被从阿拉伯文翻译成希腊文、拉丁文和英文等传到欧洲。

如果说在欧洲文艺复兴中，从13世纪在哲学、美术、文学、自然科学全面向古希腊所创造的人类文明回复，人们开始冒着生命的危险去批判中世纪的思想禁锢。那么，由哥白尼、伽利略、惠更斯、牛顿、莱布尼兹所开创的新的自然科学，正是阿基米德所代表的古希腊自然科学的延续。其间虽然跨越了一千多年，但是无论是研究方法、内容还是表现形式都是一脉相承的。

莱布尼兹说："谁要是精通了阿基米德和阿波罗尼(Apollonius 前262—前190)的创作，他对我们当代最伟大人物的发现就不会那么大惊小怪了。"

还有人说："要是阿基米德能活到现在，去听数学和物理的研究生课，那么他可能会比爱因斯坦、玻尔等人更了解他们自己。"这些话是很有道理的。所以我们说阿基米德是一位、也是唯一的一位同现代相通的古人。在今天的大科学家们，享受着人类有史以来25个世纪艰苦奋斗而积累起来的知识和成就。而在阿基米德时代，道路得从荆棘中开拓。也只有他一个人既继承了古希腊的科学传统而又有胆识去冲破古希腊学者设置下的学究式的研究障碍向现在冲进。

参考文献

[1] (美)E. T. 贝尔. 数学精英[M]. 徐源，译. 北京：商务印书馆，1994.

[2] 卡根. 阿基米德[M]. 张帆，元禾，译. 北京：中国青年出版社，1958.

2
Chapter

打开近代科学之门的对话[注]

——介绍伽利略《关于两门新科学的对话》

20 世纪的英国大哲学家罗素在讲到伽利略时说："苏格拉底曾说他比他的同时代人聪明一些，因为只有他知道自己一无所知。这话很有道理。伽利略实在能够说他知道一些东西，但他说自己知之甚少。而他同时代的亚里士多德学派的人，自视知之甚多而实际上却一无所知。知识与充满欲望的幻想相反，是很难得到的。离真知近一点就会离幻想远一点。事实上，知识甚至比伽利略所想象的还要难于获得。他所相信的许多东西还只是一种近似。但是在寻求既可靠又普遍的知识的过程中，伽利略迈出了重要的第一步。因此，他是现代科学之父。"

现在我们就来简单介绍一下这位被誉为"现代科学之父"的伽利略和他的一本关于力学的最重要的著作《关于两门新科学的对话》。

1. 引言

伽利略(Glileo Galilei,1564—1642)(图 1)是最伟大的科学家

注：刊登于《力学与实践》，2006，28(5)：89－91.

之一，他出生于意大利的比萨，父亲是一位音乐家。1581 年，当伽利略 17 岁时，来到比萨大学学医。在学校里，他以数学和物理见长，而且因为善于辩论而闻名全校。

图 1　伽利略像

伽利略的一生，大致可以分为三个时期：在比萨大学任教三年(1589—1591)，在帕多瓦(Padua)大学任教 18 年(1592—1610)，之后他回到佛罗伦萨任托斯康大公爵的首席哲学家和数学家(1610—1642)。

伽利略一生以对话体写了两本不朽的著作，即《关于托勒密和哥白尼两大世界体系的对话》与《关于两门新科学的对话》。这两本书，都是以三个人：萨尔维亚蒂、沙格里多和辛普利修进行 4 天对话的形式写成。前 2 人分别代表伽利略的化身和他的朋友，第 3 人则代表受旧学说影响较深而又有探求兴趣的发问者。

2. 伽利略《关于两门新科学的对话》

为了说明伽利略《关于两门新科学的对话》的出版的艰巨，我们需要简略介绍一下他的《关于托勒密和哥白尼两大世界体系的对话》。

1624—1630 年，伽利略花了很大的精力写出了巨著《关于托勒密和哥白尼两大世界体系的对话》(图 2)，并于 1632 年出版。

这本书全面而系统地讨论了哥白尼日心体系和托勒密地心体系的各种分歧，并以作者的许多新研究成果和新阐释的惯性原理揭示了哥白尼体系的正确和托勒密体系的谬误。

图2 《关于托勒密和哥白尼两大世界体系的对话》的插图

该书的出版激怒了教会，1633 年 2 月宗教法庭把伽利略传到罗马，并于 1633 年 3 月 12 日审判。宗教法庭强迫年近古稀的伽利略认错，责令他居住在被指定的佛罗伦萨郊区，不得离开，并且不许他写的《关于托勒密和哥白尼两大世界体系的对话》流传。在这样的条件下，伽利略要出版任何新的著作所遇到的困难是可想而知的。

宗教法庭对伽利略的审判与迫害，是整个人类历史上黑暗势力迫害科学发展的典型。随着科学的发展，越来越证明这种迫害的荒唐。在判决伽利略 359 年后，梵蒂冈终于认识到 1633 年判决的错误，一个教皇的委员会在 1979 年组成了。1983 年，罗马教廷才宣布“给伽利略定罪的法官犯了错误”。经过这个委员会

13 年的调查研究，罗马教皇终于在 1992 年作出了对伽利略正式平反的决定。

《关于两门新科学的对话》(图 3) 出版于 1638 年，是伽利略积数十年研究工作的总结，它是伽利略最重要的著作之一。

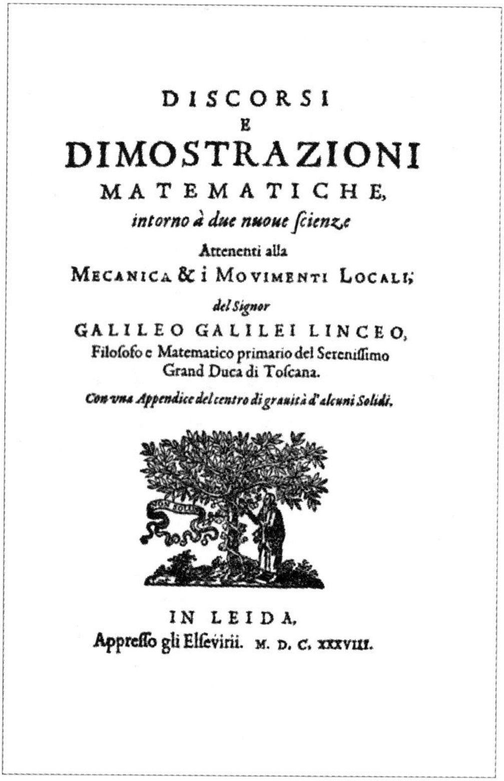
DISCORSI
E
DIMOSTRAZIONI
MATEMATICHE,
intorno à due nuoue ſcienze
Attenenti alla
MECANICA & i MOVIMENTI LOCALI;
del Signor
GALILEO GALILEI LINCEO,
Filoſofo e Matematico primario del Sereniſſimo
Grand Duca di Toſcana.
Con vna Appendice del centro di grauità d'alcuni Solidi.

IN LEIDA,
Appreſſo gli Elſevirii. M. D. C. XXXVIII.

图 3　《关于两门新科学的对话》原书的扉页

在经过因《关于托勒密和哥白尼两大世界体系的对话》而受的审判后，伽利略对于这后一本《关于两门新科学的对话》表现得更为重视、谨慎，也更为机警。

从伽利略遗留的信件中，有早在 1602 年 11 月 29 日写给 Guidobaldo del Monte 的涉及重体沿圆弧与所对的弦下落的信，有

1604 年 10 月 16 日写给 Sarpi 关于重体自由下落的信，还有在 1609 年 2 月 11 日写给 Antonio de' Medici 的信说他已经“完成了属于不同长度、厚度和形状的梁的受力和强度的所有的定理和实证。”这说明，从伽利略着手研究《两门新学科的对话》的内容直到这本书的出版，是经过了近 40 年的历程。

对于经受由于《关于托勒密和哥白尼两大世界体系对话》遭受审判的打击的伽利略来说，如何使《关于两门新科学的对话》能够顺利出版，的确需要有相当的智慧。

伽利略最初探讨在罗马或威尼斯出版，结果都没有可能。最后他不得不托好友把书稿带到宗教势力所达不到的境外出版。该书的正文前面的一封伽利略给 Noailles 伯爵的简短的献词充分表现出他的睿智。字面上他假装对印刷这本书什么也没有做，声称将永不出版他的任何著作，最多是把他的手稿分发到这儿或那儿。他甚至对他的新“对话”落入埃尔塞弗(16—17 世纪欧洲之大印刷家)的手中而且很快就出版表示大为惊诧，由此被要求写一个献词。

伽利略《关于两门新科学的对话》以对话体讨论了他对两门新科学——材料力学与动力学——的研究结果。全书分四天谈话，第一、二天是关于材料强度和物体受力的问题，第三、四天是关于动力学问题。

伽利略是一位伟大的科学家和思想家。人们说他是现代科学之父，是很有道理的。他是继古希腊之后，经过一千多年欧洲黑暗时期，公开向宗教的权威、向亚里士多德关于动力学的错误、向旧知识及其方法体系公然宣战的第一人。

人们说伽利略是科学实验之父，在这本书中，他系统描述了如何通过大量实验为新科学(材料力学和动力学)奠定了基础。人们说伽利略是最早把物理与严格的数学结合的第一人，在这本书中，他正是系统地用到他那个时代的数学去解决物理问题和论证新的物理定律，从而打开通向现代精密科学的大门。人们说伽利略是开创动力学的第一人，这本书的大部分内容正是他关于落体、抛体和动力学基本规律方面研究的总结。

伽利略在《关于两门新科学的对话》中提出了固体的强度问题，介绍了他最早进行的梁的强度的实验，提出了等强度梁的概念，讨论了在重力下物体尺寸对强度的影响，提出了落体最速下落曲线问题，给出了重力场下能量守恒的早期叙述，给出了简单情形下的虚功原理，讨论了大气压力问题，叙述了摆的等时性现象，第一次将音乐的声调与物体的振动联系起来，提出了光传播速度的概念并且给出了一种测量光速的设想，等等。书中提出的新概念和新思想，无不对后来的科学发展给以深刻的影响。

3.《关于两门新科学的对话》的精彩片断

牛顿的《自然哲学的数学原理》在不多的几个定义之后，接着就是著名的“三大定律”。似乎这些原理是牛顿悟出来的，也无需什么解释。

其实，在探求运动规律的问题上，人类走过了漫长的路。而关键的一步，是伽利略的研究。正如伽利略在书中所说：“在自然界，没有比运动更古老的了，关于它哲学家们写了不少的书；不过我借助于实验发现了它的某些性质，这些性质是值得知道的，并且是迄今为止还没有被观察和论证的。”

动力学的发展，所面对的最为严重的困难就是亚里士多德统治了一千多年的错误结论。这些错误结论归结起来无非是两条：一是物体下落速度与其重量成比例，二是物体在介质中所受的阻力与介质的密度成比例。

关于第一个问题，根据亚里士多德的学说，物体在同一介质中运动，由它们的重量决定了它们具有不同的本性速度。我们来看伽利略批驳这个结论的对话：

“萨尔维亚蒂(下文简称萨尔)：那么，如果我们取两个本性上速度不同的物体，显然当把二者合起来时，较慢的物体将使较快的物体有些减速，而较快的物体将使较慢的物体有些加速。

难道你不同意我的这一意见吗？

辛普利修(下文简称辛普)：你无疑是对的。

萨尔：但是如果这是真实的，并且如果一块大石头具有速度8，而一块较小的石头具有速度4，那么当它们合在一起时，系统将以比8为低的速度运动；而当把它们绑在一起时就变成一块比以前以8的速度运动的石头还要大的石头。所以重的物体比较轻的物体以较低速度运动；结果是与你的推测相矛盾的。由此你可以看到，我如何从你假设较重的物体比较轻的物体运动得更快中推出较重的物体运动较慢。

辛普：我像坠入大海一样，因为在我看来，较小的石头被加在较大石头上时增加了它的重量，但我看不出为什么增加重量不提高它的速度，或者至少不降低速度。

萨尔：辛普利修，这里你又犯了一个错误，因为说较小的石头给较大石头加了重量是不对的。

辛普：这的确是在我理解能力之外。

萨尔：一旦告诉你使你苦恼的错误，这就不在你理解能力之外了。注意，必须区分运动中的重物与处于静止的同一物体。一块处于平衡的大石头不仅具有另一块置于其上的石头附加的重量，而且还要附加一束亚麻，其重量依亚麻的量增加了6～10盎司。但是如果你把亚麻绑在石头上并且让它们从某一高度自由下落，你相信亚麻将向下压石头使其运动加速呢，还是认为运动将被部分向上的压力减缓？当一个人阻止停在他身上的一个重担运动时总是感到在他肩膀上的压力；但是如果他以恰如下落重担的速度下降，重担是向下加对他加重还是向上压他呢？正如当你打算用一根长矛刺一个人，而他正在以一个等于甚至大于你追他的速度远离你，难道你没有注意到与刚才的情形是相同的吗？由此你必然得出结论，在自由地和自然地下落过程中，小石头不会对大石头施压，结果不会像静止时那样增加后者的重量。

辛普：但是如果我们把大石头放在小石头之上将会怎样呢？

萨尔：如果较大石头运动更快，其重量会增加；但是我们已经得出结论说，当小石头运动较慢时，它就在一定程度上阻止速度更快的物体，以至于两者合成一块比两块石头中的较大石头还重的石头，它将以较慢的速度运动，这个结论是与你的假设相反的。于是我们推论，倘若它们受同一比重，大的和小的物体是以相同的速度运动的。”

关于亚里士多德的第二个错误，“对话”在引进许多实验进行反驳后，借萨尔维亚蒂的口作结论说：

“萨尔：……我们已经看到不同比重的物体速度之差在那些阻力最大的介质中是十分显著的：例如，在水银介质中，黄金不仅比起铅来沉底更快，而且它根本是仅有的下沉的物质；所有其他的金属和岩石都漂浮在表面。另一方面，在空气中黄金、铅、铜和岩石以及其他重材料的球之间速度的变化是如此的微小，从100库比特（一种长度单位）高下落的黄金球保证不会超前于黄铜球四指宽。观察到这一点，我得出结论是：在完全没有阻力的介质中所有的物体以相同的速度下落。”

伽利略《关于两门新科学的对话》的精彩内容，表现在所涉及两门新科学的许多课题上。要深入领略这些人类思想的闪光点，只有通读原书。

4.《关于两门新科学的对话》的现实意义

伽利略《关于两门新科学的对话》出版到现在虽然已经经过了三百六十多年的历史，但是现在读起来，仍然收获很多。

在科学技术高速发展的今天，人们所从事研究的分工越来越细，所掌握的知识领域越来越狭窄。在这种条件下，当我们重新研读古代大师们的著作时，大师们的思想闪光常常会启发我们今天的研究，使我们跳出分工的狭小圈子，从更广的角度思考问题，推动我们的研究。

为了追寻力学的早期发展，作为对力学史有兴趣的学者，特别是高等学校讲授理论力学和材料力学课程的教师们，如果他们要了解这两门学科的最早历史、以人类探求真理的艰辛历程去感染学生的话，伽利略的这本书是不可不读的。它可以使我们理解伽利略对科学的贡献以及伽利略时代人们对力学问题的理解。

近代精密科学是从力学开始的，而经典力学的动力学又是从伽利略的这本书开始的。所以凡是有兴趣寻找现代科学发展轨迹的人，这本书也是不可不读的。

从现代科学发展水平来看，伽利略所处时代的那些研究工作，凡是具有高中文化水平的读者都是能够看懂并且从阅读中获益的。伽利略这本书体现的伽利略研究的科学方法也是近代科学方法的精髓。作为现代社会的人，不可不熟悉现代科学，不可不了解现代科学的方法论。而阅读伽利略的这本书，可以了解现代科学方法论的源头。所以把它作为一本物理学、力学和现代科学方法论的启蒙读物，也是非常合适的。

从近代科学的发展水平来看，不可否认，伽利略的这本著作中还存在许多错误。例如对梁的截面内的应力分布问题上他没有考虑梁的纤维的变形，例如对最速下降的曲线问题他误以为最速下降的曲线是圆弧，再例如他误以为绳索在自重下其形状是一条抛物线，还例如对光速测量上，他的设想又过于粗糙，等等。不过，和历史上的许多伟大的发现一样，在一开始总是在正确的认识中夹杂着许多错误的认识的。这大概是科学发展的一个一般规律。例如发现热力学机械效率的卡诺，在热学问题上曾经是燃素说的积极支持者，发现行星运动规律三大定律的开普勒，曾经是一位占星术士。伽利略在这本书中所表现的错误，是受他所处的时代的局限性所带来的。关于梁的变形问题上，在他那个时候，弹性力学的胡克定律也还没有定型，何况处理这类问题需要和变量打交道，而处理变量的锐利武器——微积分还没有诞生。按伽利略所处的时代，我们可以说，在科学上他是一位在荒野中开辟道路的勇士，在探求前人没有的新路上，走一些弯路、犯一些错误完全是不足为怪的和难以避免的。它一点也不会损害伽利略在科学史上的伟大形象。

我是抱着学习的态度翻译伽利略的《关于两门新科学的对话》(图4)的。伽利略的原书是用意大利文写作的，我不懂意大利文，只好从英文翻译本译出。译本是从1914年美国学者亨利等(Henry Crew 和 Alfonso de Salvio)的英译本译出的。现在这本书的中译本已经由北京大学出版社出版(定价18元)。希望读者在阅读之余，对译稿提出宝贵意见。

图4 《关于两门新科学的对话》的中译本

3

Chapter

8′差异引起的革新[注]

——开普勒与开普勒三定律

人们说，从16世纪开始的近代科学革命中，有三本伟大的著作在整个科学史上闪着灿烂的光辉。第一本是1543年，哥白尼出版了他的著作《天体运行论》，从而打破一千多年的托勒密的地心说的统治而奠定了日心说的基础。第二本是伽利略1632年出版的《关于托勒密和哥白尼两大世界体系的对话》，从理论上捍卫了日心说，并且提出了惯性定律等一系列现代物理的原则。第三本就是1687年出版的牛顿的著作《自然哲学的数学原理》，把整个天体运行和宇宙中的运动纳入了力学规律的范围内。

在从哥白尼、伽利略到牛顿之间的认识的飞跃上，我们不得不提到的一位贡献卓著的天文学家开普勒(图1)。由于他总结的关于行星运动的三定律，才突破了行星轨道是圆形的思想约束，才有天体力学和动力学的飞跃。

在哥白尼和伽利略之后，日心说虽然逐渐为人们接受。不过不论是地心说还是日心说，都认为行星都是沿着圆形轨道运行，

注：首刊于《力学与实践》，1997，19(3)：72－75.

或是沿着若干圆形轨道(本轮、均轮)作复合运动的。由于观察的精密，这种基于行星作圆运动的理论结果与观察数据之间的误差越来越大，于是这种复合的圆便愈多。再加上这些圆可以是偏心的，所以经过不断修正，这种复合的圆愈多同实际观测的误差便愈小，其误差甚至可以说还是相当精确的。但是由于圆用的愈多，太阳系的图像便愈来愈复杂。

图1　开普勒像

最早打破行星的运动轨道是圆的限制的是德国天文学家开普勒(Johannes Kepler,1571—1630)。他经过长达9年的推算，并且不放过8′的误差，终于得出一切行星绕太阳运动轨道是椭圆，太阳位于一个焦点上的结论。这便是著名的开普勒第一定律。而这个定律实际上是开普勒的老师第谷(Tycho Brahe,1546—1601)(图2)与他本人经过两代人的观察、计算，积数十年辛苦的结晶。

图2　第谷像

第谷是丹麦人，从小喜欢钻研天文。1576年，在丹麦王腓特列二世资助下，第谷得以在汶岛建立一座颇具规模的天文台。第谷在这座天文台观察了21个年头，直到1597年腓特列二世故去，他失去了资助。这段观察他积累了极为宝贵的观测资料和数据。1599 年他受聘到布拉格任奥国(奥地利)御前天文学家。1600 年，开普勒来到布拉格任第谷的助手。

第谷终身辛勤观测，有很高的精度，而对理论却不擅长。日心说在当时已经流行，但他却还没有接受，而为地心说修修改改。开普勒呢，他小时得过天花，而且从小视力不好，没法进行精密的观测，但却善于理论推理。恰好 1601 年，第谷撒手人寰，临终前他将全部资料与数据，特别是有关火星的观测数据交给开普勒。开普勒便对这批珍贵的资料进行加工。

与第谷不同，开普勒是日心说的热心拥护者。开普勒首先注意在第谷的数据中关于火星的资料。

早在哥白尼以前，人们就曾注意到当太阳、地球、火星处于一直线上，太阳、火星在地球的两侧这种情形，称为“冲”。这可以从太阳、火星与其他星球的视角度间接推算，当从地球上看，太阳与火星的夹角为 180°时就是“冲”。人们早就注意到，每过 780 日火星“冲”一次。哥白尼从这个数字经过推理，算出了火星绕太阳的实际周期 T 为 687 日。事实上，地球在 780 日中绕太阳走过了 2 周又 49°，而火星走过了 1 周又 49°，即总共走过了 409°，通过简单的比例计算可得 $T=360°\times780$ 日$/409°=687$ 日。

在第谷 20 多年不间断的观测火星记录中，开普勒找到了 12 次“冲”的记载。就是说在这期间第谷抓住了每一次“冲”。

利用第谷关于火星“冲”的这些数据，开普勒首先来计算

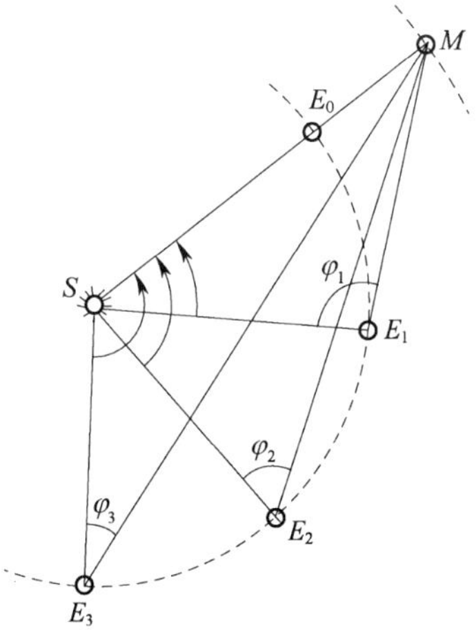

图3　开普勒计算地球轨道示意图

地球的轨道，他从一次“冲”开始，当过了687日，火星绕太阳回到了原处而地球绕太阳走了差43天不到2周。如图3所示，43天对应于φ_1角，令S表示太阳，E表示地球，M表示火星，这时的角SE_1M可以在当时实测太阳和火星的夹角得到。设从太阳到火星的距离SM为1，便可以从简单的三角学知识算出从太阳到地球的距离SE_1。

同样再过687天，地球的位置在E_2又可以由观测得到角度SE_2M的值，从而可以算出地球到太阳的距离SE_2。如此下去可以得到一串$E_3, E_4, \cdots$地球的位置，由此就可以把地球的轨道画出来。开普勒发现地球的轨道是一个圆，而太阳却不在圆心。据他计算，太阳距圆心大约为半径的1/59，约为半径的0.017倍。开普勒还注意到地球运动的速度是不均匀的，在近日点比远日点要快。

开普勒接着去推算火星的轨道。很自然地他认为火星的轨道也是一个偏心圆，但太阳的偏心在什么方向、偏心距有多大需要推算。为此，他从第谷的12组“冲”的记录中选择了4组，即轨道圆上的4点来推算太阳的位置。在当时，这是一项十分复杂的计算工作。他先假定一个太阳的位置，然后计算，反复调整。大约进行了70次计算，费了近4年的时间。终于定下一个比较满意的偏心圆轨道。

但是，这个轨道虽然与选定的4次“冲”符合很好，对于另外8次“冲”却有误差。这个误差大约是8′角度，这是一个不大的误差。8′是一个圆周角的8/(360×60)=1/2 700。不过，开普勒认为这仍然是一个不能允许的误差，他心里很清楚，第谷的实测误差绝对不会超过2′。

开普勒为了追求更高的精度，终于不得不打破火星轨道是偏心圆的框框。他试验了多种圆和类似卵圆的曲线。最后他才试验椭圆轨道。结果12次“冲”都符合得非常好。他最后推求火星实际轨道的方法，可表为图4。令$M_1, M_2, M_3, \cdots$分别是火星冲的位置，$E_1, E_2, E_3, \cdots$是“冲”后过687天地球的位置，这时火星仍在原来的位置上。因为太阳到地球的距离 $SE_1, SE_2, SE_3, \cdots$ 是已知的。角度 $\varphi_1, \varphi_2, \varphi_3, \cdots$ 也是已知的，而角 SE_iM_i 可由实测数据给出，所以可由三角形 SE_iM_i 算出从太阳到火星的距离 SM_i 的长度。12 次“冲”的数据表明 SM_i 在椭圆上，而太阳是椭圆的一个焦点。这就是开普勒第一定律。

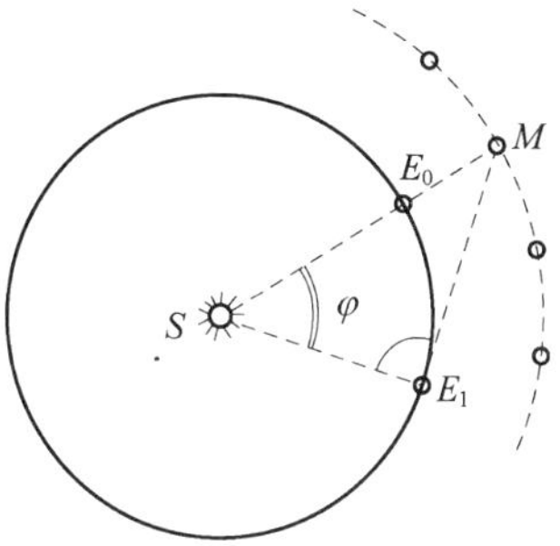

图4　开普勒计算火星轨道示意

由于开普勒三定律与行星运动的观测惊人地符合，并且按照这些定律预测行星位置也分秒不差。所以后人把开普勒誉为“天体运动的立法者”。

应当指出，要冲破天体运动是圆运动的思维定式是不容易的。早在公元前 4 世纪，古希腊的学者亚里士多德(Aristotle，前 384—前 322)总结当时关于运动规律的认识时，认为位移运动最基本的运动形态是“圆周运动与直线运动两种”。他说：“作位置移动的事物其运动轨迹不外是圆周形、直线形或这两者的混合。”而且他还说：“位移运动以圆周旋转为第一。”“循环运动是一切运动的尺度，所以它必然是第一运动(因为一切事物都是被它们之中的第一者计量的。)”“循环运动是第一的运动，所以它是其他运动的尺度。”于是天体运动是作圆形运动的观念便牢固地树立起来了。在开普勒之前，没有一个人能够突破这个框框。托勒密没有，哥白尼也没有，他们都认为天体运动是沿着圆运动或者是圆的复合运动。

据考证，开普勒曾经把自己的研究结果写信告诉过伽利略，并且考虑到当时在欧洲主张和宣传日心说的是少数人，他对伽利略坚持日心说的斗争给以热情的支持。开普勒在写给伽利略的信中说：“假如我判断正确的话，在整个欧洲出色的数学家中只有极少数是我们的伙伴……。”然而伽利略在回信中却没有对开普勒的行星椭圆轨道的结果给以支持。这说明伽利略也没有突破行星圆运动的框框。这种谜一样的现象，只能说明在当时，伽利略虽然在宣传日心说方面是一位离经叛道者，但是在关于行星运动轨道方面仍然是一位循规蹈矩的学者。而开普勒却是一位在主张日心说和行星轨道上都是一位离经叛道者。

自古圣贤皆寂寞，开普勒关于行星轨道的椭圆性的结论，是在没有人理解和支持下，经过艰辛的计算得来的。他在计算火星轨道上就花费了多年的时间。终于在计算结果的事实面前才突破了行星圆轨道的框框。

开普勒在推算地球与火星的轨道同时，还发现了所谓开普勒第二定律，即从太阳到行星的矢径在相等的时间内扫过相等的面积。之后他还发现了第三定律，即各个行星运动周期的平方与各自离太阳的平均距离的立方成正比。这三个定律合称为开普勒关于行星运动的三定律。这三条定律，都收在他 1619 年出版的专著《宇宙的和谐》中。由于这些定律的重要性，开普勒被人们称为天体运动的立法者。

有了开普勒三定律与伽利略关于落体加速度规律，万有引力定律与质点运动的力学原理的建立便是呼之欲出的事了。所以我们也可以说开普勒所没有放过的 8′误差，在力学发展史上起了多么大的作用啊！整个自然科学的发展史说明，没有一丝不苟就没有科学。

在人类历史上关于太阳系的各种图像中，诚然，只要引进足够多的圆，托勒密的地心说也是能够足够准确地描述行星的运动，不过到哥白尼时代，太阳系的本轮已经多达 80 多个。所以哥白尼慨叹地说：“上帝是完美的和万能的，既然宇宙是上帝所创造，上帝决不会造出这种连人都觉得不美和不和谐的系统来。”所以哥白尼抛弃了地心说，日心说不用任何本轮就可以准确地描述行星的运动，所以也就同时抛弃了所有的本轮。

但随着时间的推移，人们的观测更精密了。按照日心说的圆轨道理论，也暴露出不可忽略的误差，这就是第谷的观测与哥白尼的太阳系的图像的矛盾。这时，为了弥合这种误差，有两种办法，一种是再添加本轮，另一种就是打破行星的圆轨道的约束。大胆提出椭圆轨道的新思想，开普勒用自己的实践，开辟了后面一条新思路。这，也是一条构建太阳系图像的最简捷的道路。它无需任何本轮，只要让所有的行星按照椭圆轨道运行就够了。真理是简单朴素的。

4 Chapter

伟人的阴暗面[注]

——牛顿的一些丑事

中国人说："为尊者讳耻，为贤者讳过"，外国人也说："历史是隐恶扬善的"，都是一个意思，即介绍大人物时，尽说好话，甚或锦上添花地增光加彩，而把他们见不得人的事情隐去。在一部力学史上最显赫的人物莫过于牛顿了，后人赞扬他的丰功伟绩时，总不免凭空添加了许多不符合事实的光彩，而将他性格的阴暗面和做过的许多丑事隐去。本文就是要根据人们近来考证的一些事实，来剥去罩在牛顿头顶上那些多余的光环，让我们认识一下这位力学家的另一面。

牛顿在光学、天体力学、望远镜、微积分等方面都有重要贡献。后人无论在讲述力学史、天文史、物理史还是数学史，都必然要提到牛顿开创性和奠基性的工作。他不愧是一位科学上的巨人。但是他在与人相处中，特别集中反映在与胡克、弗拉姆斯蒂

注：1. 本文受到国家自然科学基金 10172002 项目的资助，特致谢意。

2. 本文最早在 2003 年 8 月 9 日 ~10 日在北京工业大学召开的中国力学学会力学史与方法论专业委员会成立与力学史与方法论研讨会上宣读，并收入会议文集中。后刊登于《力学与实践》，2003，25(3)：74－77。

德、莱布尼兹三个人的交往中，却表现得实在是一位小人。对于牛顿贡献介绍和歌颂的文献已经成千上万，我们这里是要来根据近年来公布的材料，来揭示牛顿性格被隐去的另一面。

1. 苹果的神话

几乎所有的介绍牛顿的书上，还有许多教科书上都介绍一个关于牛顿的传奇故事：1665—1666年，剑桥流行黑死病，剑桥大学被迫停学，刚从剑桥拿到学士学位的牛顿回到家乡。一天牛顿坐在苹果树下看书，这时一只苹果落了下来，这启发这位当时年仅23岁的学生想到苹果是被地球的引力拉下来的，从而他就发现了万有引力定律。

尽管这个故事流传得非常广泛，不过近来严肃的历史学者都不认为是事实。

这个故事最早公之于众的是由法国作家伏尔泰[1]（Voltaire，1694—1778），他是一位牛顿研究成果的热情鼓吹者。他1726年去英国，当年写了25篇通讯，其中第15篇通讯中有这个故事，后来他说是听牛顿的侄女说的。其后在1752年一位比牛顿小45岁的朋友（William Stukeley）在回忆文章中说是牛顿去世前一年牛顿告诉他的，而牛顿是1727年去世的，他写文章时已经是牛顿去世后25年了。图1所示的1英镑钞票（英国货币）的背面，印有牛顿的像，在牛顿头部的背后画着一株开花的苹果树，就是为了渲染这个故事、扩大它的影响。

这个故事至少有两点与已经了解的历史事实不符。第一，万有引力不是牛顿一个人的独立发现，而是历史上若干人研究的积累的结果，有的书上把万有引力以牛顿命名，说成是牛顿万有引力就是这个故事的自然结果，是对历史的严重歪曲。第二，在1665年，牛顿对天体的运动规律问题还是一个门外汉，它把牛顿对万有引力的研究成果提前了至少20年。

万有引力发现的实际经过大致是：

开普勒（J. Kepler，1571—1630）最早在探索行星运动规律时，

图1　1英镑钞票的背面图

认为引力就是太阳发出的类似于磁力的流，这些磁力流沿切线方向推动着行星公转，其强度随离太阳的距离增加而减弱。开普勒还曾企图用磁作用机制解释椭圆轨道的产生。他还以月球与海水间的磁性吸引解释潮汐现象。

1645 年，法国天文学家布里阿德(I. Bulliadus)提出一个假设："开普勒力的减少，和离太阳的距离的平方成反比"。这是第一次提出平方反比关系的思想。

1661 年，英国皇家学会成立了一个专门委员会研究重力问题。罗伯特·胡克(Robert Hooke,1635—1703)、克里斯托夫·雷恩(Christopher Wren,1632—1723)、爱德蒙·哈雷(Edmund Halley,1656—1742)在引力问题的研究上都做出了重要贡献。

早在 1661 年，罗伯特·胡克就已觉察到引力和地球上物体的重力有同样的本质。在 1674 年的一次演讲"证明地球周年运动的尝试"中，他提出要在一致的力学原则的基础上建立一个宇宙学说，为此提出了以下三个假设："第一，据我们在地球上的观察可知，一切天体都具有倾向其中心的吸引力，它不仅吸引其本身各部分，并且还吸引其作用范围内的其他天体。因此，不仅太阳和月亮对地球的形状和运动发生影响，而且地球对太阳和月亮同样也有影响，连水星、金星、火星和木星对地球的运动都有影响。第二，凡是正在作简单直线运动的任何天体，在没有受到其他作用力使其沿着椭圆轨道、圆周或复杂的曲线运动之前，它将继续保持直线运动不变。第三，受到吸引力作用的物体，越靠近吸引中心，其吸引力也越大。至于此力在什么程度上依赖于距离的问题，在实验中我还未解决。一旦知道了这一关系，天文学家就很容易解决天体运动的规律了。”胡克首先使用了“万有引力”这个词。他在这里提出的这三条假设，实际上已包含了有关万有引力的一切问题，所缺乏的只是定量的表述和论证。

在1679年，胡克与牛顿之间进行了关于引力问题的交流，在1679年11月，牛顿致信胡克说：“自己关于发现周日运动的想象，即设想一个自由落体落到地球上，通过地面进入地球内部，而不受任何物质的阻碍，则该落体将沿着一条螺旋形轨道运行，在旋转数圈后，最终旋入(或十分接近)地心。”胡克回信说，物体不会按螺线运动，而是按“一种带椭圆状的曲线”运动，它的轨道将“像一椭圆”。1679年12月13日，牛顿写信给胡克说：“我同意你的意见，……如果假定它的重力是均匀的，(物体将)不按螺线下沉那个真正的中心，而是以交替升降的形式运行。”[2]

我们从后人清理牛顿同胡克的这些通信中看出，直至1679年，牛顿在天体运动的问题上，还是不得要领的，而且在这以前，关于万有引力问题已经有了许多重要结果。对于万有引力问题，剩下的唯一问题就是在与距离平方成反比的万有引力作用下天体按椭圆轨道运行的严格证明，胡克写信向牛顿提出了这个问题。后来人们弄清楚了，一直到1685年，牛顿还没有解决这个问题。1686年牛顿解决了它，并且在哈雷的催促下写出了《自然哲学的数学原理》一书。当胡克看到这本书稿后，向牛顿提出把自己在这一方面的研究成果提一下，这个本来是合理的要求却遭到了牛顿的断然拒绝。牛顿向负责出版这本书的哈雷写信说他不想给胡克任何荣誉，而且称在许多年前他就已经揭示了平方反比定律。指的就是1665年开始的苹果树下的思索。

老年时的牛顿有一段回忆说:“同年(1666年)我开始把引力与月亮轨道联系起来,并找出了如何估计一个天体在球体内旋转时用来趋向球面的力的方法……最后在1676和1677年之间的冬天我发现了一个命题:利用与距离平方成反比的离心力,行星必然环绕力的中心沿椭圆旋转……”[3]把牛顿的这段话与前面引的他与胡克的通信比较,可以看出在时间上是矛盾的。牛顿在这里把他发现万有引力的时间故意改写在1679年与胡克通信之前,而且造出苹果神话,其目的显然是为了要独吞万有引力这项成果。

牛顿和胡克之间的过节,不仅表现在对万有引力发现权的争议上,最早表现在胡克对牛顿的光的微粒说有不同的看法,因为胡克对光的本质是站在波动说一边的。1675年,牛顿向皇家学会递交了他关于光的第二篇论文,这篇论文又受到胡克的批评,并且说论文的一些观点是抄袭他的。这使牛顿无比愤怒,虽经皇家学会调解,牛顿的怒气未消,于1675年2月向胡克写了一封回击的信。信中说了与苹果故事流传得同样广的一句话:“如果我比笛卡儿看得更远,那是因为我站在巨人们的肩膀上。”许多人把这句话理解为牛顿的谦虚精神,其实它是对胡克的一种讽刺和蔑视,完全不是人们望文生义的那回事。牛顿的原话是:“笛卡儿所做的是搭了一架好梯子,你在很多方面都把梯子升高了许多,特别是把薄膜的颜色引入哲学思考。如果我看得更远些,那是因为我站在巨人的肩膀上。”[4]牛顿不把胡克和笛卡儿看作巨人,牛顿也没有攀登他们所搭的梯子,他是站在比梯子更高的巨人肩膀上。由于牛顿与胡克的这种过节,所以牛顿的《光学》著作要等到1703年胡克去世以后才于1704年出版。

牛顿独占了万有引力的成果,还不足以解除对胡克的恨,当他于1703年被选为英国皇家学会的主席时,就下令在皇家学会除去所有的胡克的肖像。所以当时英国许多著名的科学家中就是胡克的肖像没有留传下来。

2. 对弗拉姆斯蒂德观测数据的剽窃和盗版

最近英国人大维·克拉克等写了一本书[5]，通过一系列的来往书信和翔实的资料，专门揭露牛顿压制、阻挠天文学家弗拉姆斯蒂德等人的研究并且剽窃他们的成果。

弗拉姆斯蒂德(John Flamsteed, 1646—1719)(图2)是英国首任皇家天文学家，是格林尼治(Greenwich)天文台的创始人，是现代精密天文观测的开拓者。他在1676—1689年间共作了大约2万次观测，测量精度约为10″，他对3 000颗星的测量结果收入了著名的“不列颠星表”(Britannic Catalogue)。

图2 弗拉姆斯蒂德像

1675年，弗拉姆斯蒂德被英国国王任命为皇家天文台长，不过条件仍是十分艰苦，不仅得不到足够的办台经费，连年薪100英镑也经常拖欠。为了维持天文台的经费，他不得不用额外招收学员的学费来补足，在繁忙的工作之外还要为140名学数学的学生教课。

1694年开始，牛顿访问了弗拉姆斯蒂德并且向他索要关于月球运动的观测资料，此后牛顿为了验证万有引力理论，还多次写信给弗拉姆斯蒂德索取资料，弗拉姆斯蒂德都满足了牛顿。弗拉姆斯蒂德1700年对他的朋友洛瑟普说：“(牛顿)曾一度想使月球运行表符合他设想的定律，但是，当他开始将自己的定律与天体(即月球的观测位置)进行比较时，他发现自己错了，并不得不全部抛弃自己的定律。我曾给他提供了二百个以上的月球的观测位置，人们会认为这些材料足以限定任何理论；既然他已修改了自己的理论，并把自己的理论调整到完全符合这些观察，所以他的理论描述了这些观察也就不足为奇了，但是，他还是为此而感激这些观察，甚于感激他关于引力的臆测，这些臆测曾使他犯过错误。"[6]

其时牛顿已是皇家学会主席，在索取资料的时候经常对弗拉姆斯蒂德的工作指指点点，有时还利用自己的高位来羞辱这位可敬的天文学家。这大大激怒了这位天文学家。到 1700 年之后，他们之间就再没有通信了。牛顿获得了弗拉姆斯蒂德的资料，并且在他的《自然哲学的数学原理》中引用了这些资料，由于他们之间的这种矛盾，在该书的第 2 版出版时(1713 年)他将弗拉姆斯蒂德的名字删去了。

然而牛顿和他的支持者哈雷还是急切地需要弗拉姆斯蒂德的进一步的观测资料。他们希望弗拉姆斯蒂德出版他的观测资料，不过弗拉姆斯蒂德却总是认为要反复校核以后才能出版。牛顿和哈雷所做的一件不道德的事是，他们未经弗拉姆斯蒂德的同意私自在 1712 年出版了弗拉姆斯蒂德以毕生精力得到的观测星图，共印刷了 400 册，并且把其中的 300 册回送给弗拉姆斯蒂德。弗拉姆斯蒂德看着这些未经认真校核、充满错误并且根据牛顿和哈雷理论的需要删改过的印刷品，很生气地把它们全部焚毁了。后来他的星图经过仔细校核后，在他去世后由他的学生于 1729 年出版(《Atlas Coelestis》)。[5]

牛顿为了获取弗拉姆斯蒂德的观测资料，软硬兼施，牛顿以天文台是皇家学会的下属单位，观测结果应当由他这位皇家学会主席来支配，这样来以势压人。可是皇家学会根本没有供给弗拉姆斯蒂德足够的经费，一切设备都是他自筹来的。弗拉姆斯蒂德的愤怒可以从他给一位朋友(Abraham Sharp)的信中看出："我和主席(牛顿)的另一个争执是，他形成了一个阴谋，想攫取我的仪器，而送我一个委员会，其中仅有他自己和两位物理学家。主席热度很高并且过分下作。我预先告诉他，别动我的东西，并说明在观象台的所有的仪器都是我自己的，壁上的拱弧和珍贵的四分仪都是我自己出资做的，其余的是我花自己的钱买的，而摩尔(Sir Jonas Moore)先生送我的六分仪和两只时钟，还有图奈里(Towneley)先生送我的测微尺，是我来皇家天文台之前若干年的事情。"[6]

关于牛顿与弗拉姆斯蒂德之间的分歧，不仅反映在他们做人的态度上的差别，而且反映在科学态度上的根本不同，英国哲学家拉卡托斯说得好："牛顿的'月球理论'是1702年在戴维·格利高利的《天文物理与基础几何》中首次发表的，这实际上是在《自然哲学的数学原理》一书第1版之后的许多年了。该理论镇静地声称牛顿的理论'与他用著名的弗拉姆斯蒂德观测月亮的许多位置所证明的现象非常接近。'但我们必须记住，牛顿派从来不让观察的权威胜过他们的研究纲领，在他们的正面启发法的帮助下，他们提出了一个又一个的理论以适应反例。但他们经常是根本无视观察到的反证：他们知道，不仅理论必须不断地受到观察的检验，而且观察也要受到他们的理论的检验。'最好的观察'(牛顿派文献中常用的一个名词)是那些证认了他们的研究纲领的观察，这在牛顿和弗拉姆斯蒂德的通信当中透露得很清楚。弗拉姆斯蒂德这位首席皇家天文学家是一个真正的未患精神分裂症的归纳主义者；他拒绝让牛顿及其同事们获得他对月亮所作的观察结果，从而比任何其他人都更大地放慢了他们的工作速度。最初，牛顿和弗拉姆斯蒂德是经常通信的，但是，弗拉姆斯蒂德很快开始讨厌牛顿使用他的材料来检验自己的月球理论。"[7]

所以可以说，如果弗拉姆斯蒂德是一位观测和归纳的巨人的话，牛顿确实是一位踩着这位巨人肩膀爬上去的大人物。

3. 在微积分发现权上导演对莱布尼兹的指控

关于牛顿与莱布尼兹(Gottfried Wilhelm Leibniz,1646—1716)(图3)关于微积分首创权的争议，已经有许多著作叙述过，著名的英国物理学家霍金在《时间简史》中叙述得比较简明，他说：

"他(牛顿)和德国哲学家高特夫瑞德·莱布尼兹之间发生了更严重的争吵。莱布尼兹和牛顿各自独立地发展了叫做微积分的数学分支，它是大部分近代物理的基础。虽然现在我们知道，牛顿发现微积分要比莱布尼兹早若干年，可是他很晚才出版他的著作。随着关于谁是第一个发现者的严重争吵的发生，科学家们激烈地为双方作辩护。然而值得注意的是，大多数为牛顿辩护的文章均出自牛顿本人之手，只不过仅仅用朋友的名义出版而已！当争论日趋激烈时，莱布尼兹犯了向皇家学会起诉来解决这一争端的错误。牛顿作为其主席，指定了一个清一色的由牛顿的朋友组成的'公正的'委员会来审查此案。更有甚者后来牛顿自己写了一个委员会报告，并让皇家学会将其出版，正式地谴责莱布尼兹剽窃。牛顿还不满意，他又在皇家学会自己的杂志上写了一篇匿名的、关于该报告的回顾。"

图3　莱布尼兹像

1684年莱布尼兹发表了他的微积分的论文。3年后，牛顿在1687年出版的《自然哲学的数学原理》一书的初版中对莱布尼兹的贡献表示认同，但是却说："和我的几乎没什么不同，只不过表达的用字和符号不一样。"这几句话，由于后来与莱布尼兹的矛盾，在第2版(1713年)时也被删掉了。牛顿的流数理论到莱布尼兹发表论文二十年后，即1704年作为他的著作《光学》的附录正式发表，附录的序言中，牛顿提到他1676年给莱布尼兹的信，并补充说："若干年前我曾出借过一份包含这些定理(微积分)的原稿，之后就见到一些从那篇当中抄出来的东西，所以我现在公开发表这份原稿。"这话的意思就暗指他的手稿曾经被莱布尼兹看到过，而莱布尼兹的论文就是从他的手稿中抄来的。

1711年3月4日，伦敦皇家学会的秘书斯洛(Hans Sloane)收到莱布尼兹寄来的一封信，信中抱怨其成员开尔(John Keill)指责莱布尼兹把牛顿的微积分改变了少量的符号，伪装为自己的原创发表，并且声明这不是事实，要求学会给以公正的裁决。这正是霍金所说莱布尼兹的错误，这一状告到了牛顿手上，恰好给了当时作为皇家学会主席的牛顿以售其奸的机会。

后来由于牛顿的导演和亲自出马、匿名运作，形成势不两立的两派。以英国为一派包括英国著名数学家泰勒和麦克劳林都认为莱布尼兹是抄袭者。另一派是欧洲大陆的数学家，包括著名数学家约翰·伯努利等为一派认为牛顿是抄袭者。争论双方停止了学术交流，不仅影响了数学的正常发展，也波及整个自然科学领域，以致发展到英德两国之间的政治摩擦。自尊心很强的英国民族抱住牛顿的概念和记号不放，拒绝使用更为合理的莱布尼兹的微积分符号和技巧，致使整个18世纪英国在数学发展上大大落后于欧洲大陆，这场由牛顿导演捍卫牛顿的战斗，使英国人吃了大亏。莱布尼兹生命中的最后7年，是在别人带给他和牛顿关于微积分发现权的争论中痛苦地度过的。据报道，莱布尼兹死后牛顿为能使莱布尼兹心碎而幸灾乐祸(Following Leibniz's death, Newton reported that he had taken great satisfaction in "breaking Leibniz's heart.")，这，也许更能够看出牛顿的小人心理。

牛顿在以上所列举的三桩公案中道德低下的表现并不是偶然的。牛顿是一个遗腹子，出生不久，母亲改嫁，由外祖母抚养，从小没爹也没娘，使他心理受到严重扭曲，孤寂好斗。

从1669年27岁时出任剑桥大学卢卡斯教授起，牛顿就沉湎于炼金术和神学。在牛顿遗留下的手稿中，有关炼金术的内容有65万字之多，而神学内容有150万字之多。即使是在他写作《自然哲学的数学原理》和《光学》的时候，他的主要精力仍然集中在炼金术和神学上。牛顿的晚年则迷恋于多赚钱上。有人推荐他去担任伦敦的一所贵族的上流学校的校长，他回信说“每年不过是200英镑，还得每天关在伦敦不出去”为理由回绝了。1696年他离开剑桥出任造币厂督办，1699年出任造币厂厂长，他如愿以偿，从此他在科学上便无所作为了。

1692年，50岁的牛顿表现出心理疾病的严重的迫害狂症状，他那时写的信件表现明显的精神错乱。例如，1693年9月16日，牛顿给著名的哲学家洛克写信说：“先生：我认为你竭力用女人和别的手段来纠缠我，我的感情大受影响，以致当有人告诉我你有病，将不能活时，我回答说，最好你死掉……”[3]有人认为，他的精神分裂症状和他迷恋炼金术，每天和水银打交道而中毒有关。

牛顿遗留下许多手稿和文件在1888年辗转到了剑桥大学图书馆，其中的很大一部分于1936年拍卖。著名的经济学家凯恩斯读过其中的一部分，所以对牛顿的思想发展有较深入的了解。1942年，在人们纪念牛顿300周年诞辰的会上报告了他的结论：

“在18世纪以后，牛顿开始被认为是现代第一个和最伟大的科学家，一个唯理主义者，他教导我们沿着冷静的没有色彩的理性思路去思考。

我并不这样看待他。我认为任何一个仔细阅读过当他最后于1696年离开剑桥时收拾起来并且虽然部分散失而仍流传给我们的那盒论文的内容的人，都会发现他不是那样的。牛顿不是理性时代的第一人。他是魔术师中的最后一个，巴比伦和苏美尔人中的最后一个，他是和那些不到一万年前开始创造我们的智力遗产的人们用同样的眼睛观察这个可见智力世界的最后一个伟大人物。是被贤人们顶礼膜拜的最后一个神童……

用通俗的现代语言来说，牛顿是常见的深度精神病患者……继承他卢卡斯讲座教授职位的惠斯顿说，‘我所知道的最害怕、最小心、最多疑的性情’……。”[3]

造假、盗版、侵权、伪证、迷信、拜金、精神病患者、炼金术士，这些，就是作为一个大科学家牛顿的另一面。在科学史上，伟人也和普通人没有区别，他们也是人，也有七情六欲，也会有虚荣心，也会犯错误。牛顿的一生生动地说明了这一点。

参考文献

[1] 伏尔泰. 哲学通讯[M]. 高达观，等，译. 上海：上海人民出版社，1961：65.

[2] I. B. 科恩. 牛顿传[M]. 葛显良，译. 北京：科学出版社，1989.

[3] Emilio Segrè, From falling bodies to radio waves – Classical physicists and their discoveries[M], W. H. Freeman and Conpony, 1984.

[4] 王克迪. 牛顿[M]//李醒民.《科学巨星》(第二卷). 西安：陕西人民教育出版社，1995.

[5] David H. Clark, Stephen P. H. Clark. Newton's Tyrann: The Suppressed Scientific Discoveries of John Flamsteed and Stephen Gray, W. H. Freeman and Co([英]大卫·克拉克、史蒂芬·克拉克著，王绍婷、孙嘉芳译，《牛顿是个小心眼》，台湾新新开文化事业(股份)公司出版,2002年8月).

[6] E. Walter Maunder. F. R. A. S. The Royal Observatory Greenwich-Its History and Work, This HTML version is copyright; Eric Hutton, June 2000.

[7] 拉卡托斯. 科学研究纲领方法论[M]. 兰征，译. 上海：上海译文出版社，1999.

伯努利家族在力学上的贡献

5 Chapter

在18世纪世界科学史上，生活在欧洲大陆上的伯努利(Bernoulli)家族发出耀眼的光辉。一般，科学史学者，大都把这个家族对科学的贡献，认为主要是对数学学科的贡献，所以把这个家族说成是产生大数学家的家族。把其中贡献显赫的科学家说成是大数学家。其实，这是不符合事实的，对他们的评价也是欠公允的。这个家族对整个世界科学的贡献是全面的，在数学、力学、天文，乃至生理学上，都有基础性的贡献。他们在整个世界科学史上，起着承前启后开辟科学新时代的作用。本文想从他们对力学上的贡献，作一点简单的回顾。

首先，需要简单介绍一下这个家族的情况。我们把整个家族中在科学上有杰出贡献的最优秀的成员的世袭表列在下面。

伯努利家族，原籍比利时安特卫普。1583年遭天主教迫害迁往德国法兰克福，最后定居在瑞士巴塞尔。这个家族在这个18世纪中，产生了许多出色的学者，青史留名的就有8位，而其中最为杰出的有三位。他们是雅各布第一·伯努利(Jakob Bernoulli,1654—1705)、约翰第一·伯努利(Johann Bernoulli,1667—

1748)和丹尼尔第一·伯努利(Daniel Bernoulli,1700—1782)。

尼古拉·伯努利
(1623—1708)

雅各布第一·伯努利
(1654—1705)

尼古拉·伯努利
(1662—1716)

约翰第一·伯努利
(1667—1748)

尼古拉第一·伯努利
(1687—1759)

尼古拉第二·伯努利
(1695—1726)

丹尼尔第一·伯努利
(1700—1782)

约翰第二·伯努利
(1710—1790)

约翰第三·伯努利
(1744—1807)

雅各布第二·伯努利
(1759—1789)

为了下面叙述方便，我们不妨引用孟方明先生网上的一段现成的文字，粗略地把这三位的贡献介绍一下。

雅各布第一·伯努利(图1)的数学几乎是无师自通的。1676年，他到荷兰、英国、德国、法国等地旅行，结识了莱布尼兹、惠更斯等著名科学家，从此与莱布尼兹一直保持经常的通信联系，互相探讨微积分的有关问题。1687回国后，雅各布担任巴塞尔(Basel)大学数学教授，教授实验物理和数学，直至去世。雅各布由于杰出的科学成就，1699年当选为巴黎科学院外

图1 雅各布第一·伯努利像

籍院士，1701 年被柏林科学协会（后为柏林科学院）接纳为会员。

雅各布在概率论、微分方程、无穷级数求和、变分方法、解析几何等方面均有很高建树。许多数学成果与雅各布的名字相联系。例如悬链线问题（1690 年）、曲率半径公式（1694 年）、“伯努利双扭线”（1694 年）、“伯努利微分方程”（1695 年）、“等周问题”（1700 年）、“伯努利数”、“伯努利大数定理”等。雅各布对数学最重大的贡献是概率论。他从 1685 年起发表关于赌博游戏中输赢次数问题的论文，后来写成巨著《猜度术》，这本书在他死后 8 年，即 1713 年才得以出版。

约翰第一·伯努利（图 2）最初学医，同时研习数学。约翰于 1690 年获医学硕士学位，1694 年又获得博士学位，其论文是关于肌肉的收缩问题。不久他爱上了微积分。1695 年，28 岁的约翰取得了他的第一个学术职位——荷兰格罗宁根大学数学教授。10 年后，约翰接替去世的雅各布接任巴塞尔大学数学教授。同他的哥哥一样，他也当选为巴黎科学院外籍院士和柏林科学协会会员。1712、1724 和 1725 年，他还分别当选为英国皇家学会、意大利波伦亚科学院和彼得堡科学院的外籍院士。

图 2　约翰第一·伯努利像

约翰是一位多产的数学家，他的大量论文涉及曲线的求长、曲面的求积、等周问题和微分方程。指数运算也是他发明的。例如解决悬链线问题（1691 年）、提出洛必塔法则（1694 年）、最速降线（1696 年）和测地线问题（1697 年），给出求积分的变量替换法（1699 年），研究弦振动问题（1727 年），出版《积分学教程》（1724 出版微分学部分至 1742 年才出版积分学部分）等。

值得一提的是，1696 年约翰以公信的方式，向全欧数学家提出了著名的“最速降线问题”，从而引发了欧洲数学界的一场论战。争论无疑促进了科学的发展，论战的结果产生了一个新的数学分支——变分法。因此，约翰是公认的变分法奠基人。

约翰的另一大功绩是培养了一大批出色的数学家，其中包括18 世纪最著名的数学家欧拉（Leonhard Euler，1707—1783）（图 3）、瑞士数学家克莱姆（G. Cramer，1704—1752）、法国数学家洛必塔（G. F. L'Hopital，1661—1704），以及他自己的儿子丹尼尔和侄子尼古拉二世等。

图3　欧拉像

丹尼尔第一·伯努利（图 4）是约翰次子。他也像其父一样先习医，1721 年获巴塞尔大学医学博士学位，但在其家族的熏陶感染下，不久便转向数学，在父兄指导下从事数学研究，并且成为这个家族中成就最大者。1724 年，他在威尼斯旅途中发表《数学练习》，引起学术界关注，并被邀请到俄国圣彼得堡科学院工作。同年，他还用变量分离法解决了微分方程中的“里卡蒂”方程的求解问题。第二年，25 岁的丹尼尔受聘为圣彼得堡科学院数学教授，并被选为该院名誉院士。1733 年，他返回巴塞尔，教授解剖学、植物学和自然哲学。丹尼尔的贡献集中在微分方程、概率和数学物理，被誉之为数学物理方程的开拓者和奠基人。他曾 10 次获得法国科学院颁发的奖金，能与之相媲美的只有大数学家欧拉。丹尼尔于 1747 年当选为柏林科学院院士，1748 年当选巴黎科学院院士，1750 年当选英国皇家学会会员。他一生获得多项荣誉称号。

作为伯努利家族博学广识的代表，他的成就涉及多个科学领

图4　丹尼尔第一·伯努利像

域。他出版了经典著作《流体动力学》(1738年)，给出“伯努利定理”等流体动力学的基础理论；研究弹性弦的横向振动问题(1741—1743年)，提出声音在空气中的传播规律(1762年)。他的论著还涉及天文学(1734年)、地球引力(1728年)、湖汐(1740年)、磁学(1743、1746年)、振动理论(1747年)、船体航行的稳定(1753、1757年)和生理学(1721、1728年)等。

从以上简略介绍中可以看出，他们在数学上的建树的确是重要的。牛顿、莱布尼兹发现了微积分之后，把微积分真正拓广应用于自然科学，应当说就是这个家族的建树。而且约翰第一·伯努利的《积分学教程》是微积分方面第一本系统的教材，随后他们发展的变分法、微分方程、数理方程都是推进近代科学的基础性的工作。他们还把微积分应用于几何问题，引进了计算曲率半径的公式，开辟了微分几何的领域。他们还是概率论的奠基人。

现在回到本文开始说要介绍他们在力学上的贡献的正题。为能够说清楚他们成就的意义，需要回顾一下在19世纪里力学所做得的最为惊心动魄的成就。我想，人们总会同意以下三项重要进展的，这就是：以拉格朗日(Joseph - Louis Lagrange,1735—1813)和哈密尔顿(William Rowan Hamilton,1805—1865)为代表的分析力学的形成，以纳维(Claude - Louis Navier,1785—1836)和柯西(Augustin Louis Cauchy,1789—1857)、纳维和斯托克斯(George Gabriel Stokes,1819—1903)为代表的弹性力学、流体力学的连续介质力学的基本框架的建成，以麦克斯韦(James Clerk Maxwell,1831—1879)和波耳兹曼(Ludwig Boltzmann,1844—1906)建立的基于经典力学的统计力学的形成。

现在就让我们分别来讨论以上三方面的学术发展。

我曾在《经典力学发展的两条路径》一文中说，一条是沿动量的微商建立动力系统的路，这是以牛顿为代表的一条路径。到牛顿就已经发展成熟了。而另一条路径是考虑动能的微商来建立动力系统的路径，是从莱布尼兹提出活力的概念开始的。而约翰第一·伯努利恰好与莱布尼兹有多年的交往，正是他继承了莱布尼兹的传统，并加以发扬，在1725年，他写的《新的力学或静力学》中，比较准确地叙述了虚功原理，从而奠定了分析力学的基础。分析力学的另一方面的数学基础是变分法，而约翰第一，又是变分法的奠基人。变分法发展到成熟，是欧拉和拉格朗日完成的，欧拉又是师从约翰第一的。拉格朗日又是欧拉慧眼识英雄，1766年欧拉被举荐到彼得堡科学院工作，他举荐拉格朗日到普鲁士科学院代替自己。所以可以说，伯努利家族是分析力学发展的先行者，正是他们为分析力学发展准备了足够的条件，才有后来分析力学的成熟。

至于说到连续介质力学的发展，首先要提到的是在简单条件下的连续体力学。这就是约翰第一发展的梁的平截面假定，开启了近代梁的精确理论的历史，至今我们称材料力学中的梁的理论为伯努利梁。丹尼尔第一建立的流体力学中的伯努利定律，是流体动力学中第一个重要定律。他得到这个定律是从研究血液流动和循环中得到的，他提出了血压的概念，同时还建议了一种早期测量血压的方法，所以他阐明这个定律的著作《流体力学》不仅是一本力学方面的经典著作，也是一本生理学方面的经典著作。后来欧拉提出的理想流体力学的普遍方程，和讨论流体运动的欧拉观点，即在不运动的坐标系中来研究流体流动的观点。这些都为后来建立连续体力学的普遍方程奠定了基础。

至于说到统计力学的发展，显然是得益于概率论的发展。而伯努利家族又恰好是概率论的奠基人。他们为统计力学奠定了数学基础。在统计力学的先驱工作中，我们必须提到丹尼尔第一·伯努利的工作。1662 年，玻义耳发现在常温下的气体状态方程的经验公式 $PV=$ 常数。1678 年，胡克曾试图解释这个定律但未得到有影响的结果。直到 1738 年，丹尼尔第一·伯努利从一个模型出发进行推导，得到了波义耳定律，他的模型是：气体的压力产生于气体分子对容器壁的撞击。我们在这里必须指明的是，在那时原子或分子的存在还是一种假设。丹尼尔第一·伯努利的工作，为后来得到了化学中定比定律和倍比定律之发现和阿伏伽德罗于 1811 年原子和分子间有区别之发现的有力支持。气体压力等同于分子的运动能，还由焦耳于 1848 年、克朗尼格于 1856 年和克劳修斯于 1857 年加以确立，他们得到了一种理想气体的状态方程 $PV=RT$。在这些积累之后，才有麦克斯韦与玻耳兹曼的统计力学的成熟。

从学术传统上来说，伯努利家族，可以说是继承了惠更斯和莱布尼兹的传统，在欧洲大陆开启了约束运动和能量守恒为主线的力学研究，为后来开启分析力学打下了基础，也可以说为后来形成的以法国、俄罗斯和德国为代表的欧洲大陆学派的传统打下了基础。

最后应当一提的是，作为一个家族，出了这样多知名的科学家，实在是令人奇怪的现象。不过也不奇怪。在他们那个时代，不像现在有许多国家出经费资助的科学研究机构。那时，许多科学家还是主要从事别的工作，靠工作的收入维生，在工作之余进行科学研究。那时，社会的信息交流也不方便，家族之内的信息交流就比和社会上其他人交流要方便多了。正好，这个家族有大学教授的职位可以维生，有稳定的经济来源。家族内部又有共同的兴趣，在这种交流中产生了共同关心的研究问题，并且在相互启发下得到解决。这就使这个家族形成了一个稳定的科学研究集体。它犹如在20世纪的卡文迪什实验室一样，为世界科学发展提供了许多重要的贡献。据记载，在他们兄弟父子之间讨论问题是十分认真的，有时甚至争得翻脸，在兄弟和父子之间引起不和。而且，为了争一项成功的发明权，有时也闹得不愉快。

6 Chapter

一本没有图的力学书
——拉格朗日和他的《分析力学》

从古代开始的力学和天文学著作，都涉及大量的几何知识并且有许多几何图形的插图。1543年，哥白尼的巨著《天体运行论》的第1版扉页上，出版商彼得奥斯（J. Petrius）写道："没有学过几何的人，不准入内！"，近代力学的奠基人之一牛顿的研究工作格外偏爱几何，他的微分概念最早是从讨论曲线的切线得到的（微积分的另一位发明人莱布尼兹也是从讨论切线入手的）。牛顿在他1687年出版的名著《自然哲学的数学原理》（下文简称《原理》）的第1序言中说："几何学是建立在力学实践之上的，它无非是普通力学的一部分，能精确地提出并论证测量的方法。"按照牛顿的这个观点。力学是注定要同几何学绑在一起的，所以他的《原理》主要是用几何语言来讨论力学问题。

在牛顿的《原理》出版后的第101年，也是法国大革命的前一年，即1788年，却在法国出版了一本不含几何推理也没有任何几何插图的力学书。这就是J. L. 拉格朗日（Lagrange）著《分析力学》（图1）。这本书的出版标志了力学发展的一个新阶段。有人说这本书是牛顿的《原理》之后的第二本重要著作。

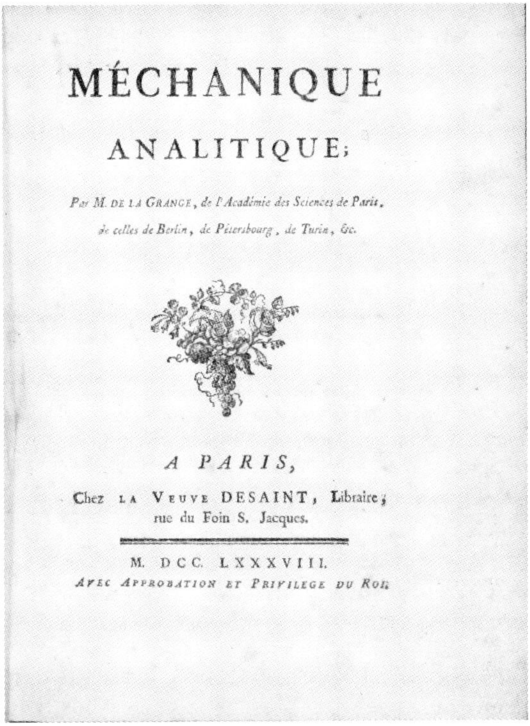
MÉCHANIQUE

ANALITIQUE;

Par M. DE LA GRANGE, de l'Académie des Sciences de Paris, de celles de Berlin, de Pétersbourg, de Turin, &c.

A PARIS,

Chez LA VEUVE DESAINT, Libraire, rue du Foin S. Jacques.

M. DCC. LXXXVIII.

AVEC APPROBATION ET PRIVILEGE DU ROI.

图 1 《分析力学》1788 年版的扉页

在这本书的开场白中，拉格朗日说这本书的宗旨是：“去简化力学理论及其求解有关问题的技巧，达到简单展开的一般提法，以便提供求解任意问题的必要的方程。”和“去用一个观点统一和表示迄今用于求解力学问题的不同原理，揭示这些原理之间的依存关系并给出判定它们正确性与适应范围的判据。”拉格朗日还声称：“在这本书中找不到任何插图，我在这本书中阐述的方法，既无作图也无需几何或力学的推理，而仅仅是按照常规的统一的代数运算固有的过程。爱好分析的人将会高兴地看到力学已变为分析的一个新的分支，并将感谢我扩大了分析的应用范围。”

为了说明拉格朗日所处的时代背景，我们只要举例说明当时机械工业已有很大的发展，愈益复杂的机械受力分析要求“去简化”计算。

1761 年，英国钟表匠哈里森以其改进的钟表从伦敦到牙麦加 9 星期的航行中计时只差了 5 秒。在此之前，近代钟表已经大量生产进入市场。此外，1768 年英国发明了以珍尼命名的纺纱机，1692 年德国的纽可曼、1763 年俄国的波祖诺夫发明了蒸汽机，后来 1782 年英国的瓦特作了重大改进，蒸汽动力被普遍用于纺织、火车、轮船等。所有这些机械工业的发展构成了历史上所称的“产业革命”。

牛顿的《原理》只提供了分析质点受力与运动的原型，对于复杂的力学系统，甚至对一个简单的刚体的运动方程也还没有弄清楚。刚体的运动方程是 1765 年由欧拉(Euler)最后搞清楚的。

按照当时已有的力学知识，要分析一个稍许复杂的机构，例如一个有五级齿轮的传动系统的运动，也还是无能为力的。如果拿这个问题去请教牛顿，他会说：“我只会质点运动，你的问题是刚体，我弄不来！”而转去请教欧拉呢？他不得不将整个系统化归为五个“隔离体”即五个刚体，分别列出五个刚体的运动方程，而不同刚体之间又有作用力和反作用力的耦合，所以得面对数十个方程联立的微分方程组。当时已双目失明的可怜的欧拉，也许不得不摇头说：“这个问题太过复杂，我解不了！”

拉格朗日自有他的高招，他将这个系统简化为一个广义坐标的系统，因为这个虽然有五个齿轮的系统只要有一个参数便可以描述它的状态。例如随便以其中某一个齿轮的转角为参数，这个参数知道了，整个齿轮系统的状态也便知道了。然后再计算当系统动起来后系统的动能。这时便可以列出一个广义坐标满足的二阶方程，这是何等的简便啊！

拉格朗日是怎样做到这一点的呢？

他首先引进可以完全描述力学系统状态的有限个参数 q_j ($j=$

1,2,⋯,n)称为广义坐标，后人也称为拉格朗日坐标。其次，他在系统运动时计算系统的动能 T，用 $\dot{q}_j=\dfrac{\mathrm{d}q_j}{\mathrm{d}t}$ 来表示，并且以 $I=\int_{t_0}^{t_1}T\mathrm{d}t$ 表示作用量，使 I 最小的 $q_j(t)$ 便是真实运动。拉格朗日称之为最小作用量原理。并且论证真实运动必须满足方程

$$\frac{\mathrm{d}}{\mathrm{d}t}\left(\frac{\partial T}{\partial \dot{q}_j}\right)-\frac{\partial T}{\partial q_j}=Q_j \qquad (j=1,2,\cdots,n)$$

这里 Q_j 是作用力在广义坐标中的表达式。如果将它表示为 q_j 的函数，且是有势力的情形，即

$$Q_j=\frac{\partial V}{\partial q_j}$$

这时若令 $L=T+V$，则有

$$\frac{\mathrm{d}}{\mathrm{d}t}\left(\frac{\partial L}{\partial \dot{q}_j}\right)-\frac{\partial L}{\partial q_j}=0 \qquad (j=1,2,\cdots,n)$$

这个方程称为第二类拉格朗日方程，函数 L 是 S. D. 泊松引进的，称为拉格朗日函数。

拉格朗日在他 19 岁时便开始构筑《分析力学》的框架，直到 1782 年他写给法国数学家拉普拉斯的信中才宣告《分析力学》完稿，其间经过了长达 30 多年的历程。当时刚刚从政，在法国当了大官的大数学家拉普拉斯帮助安排在法国出版这本书，大数学家勒让德(Legendre)担任这本书的编辑，1788 年正式出版。之后，拉格朗日对这本书又作了补充和修改，在 1861 年，拉格朗日去世后三年该书第二版出版了。

这本书的第二版共分两卷，有 785 页之多。第一卷的前一半是静力学，主要讨论质点组和流体的平衡问题，第一卷的后一半和第二卷是讨论动力学的，动力学共分 13 章。

我们看到，近代工业的发展，机械工业中的力学系统愈来愈复杂了，一个系统由许多约束在一起的物体组成。对于具有大量互相约束的力学系统，广义坐标的引进，实际上是消除约束和简

化计算最方便的途径。拉格朗日在他的分析力学中还引进了另一种消除约束的办法，即以约束力代替约束，称为不定乘子法。所得到的方程也称为拉格朗日第一类方程。从这个意义上讲，也可以说分析力学是针对有大量约束的复杂系统的力学，也可以说是近代工业的力学。

我们还看到，分析力学中引进的广义坐标实际上是最早高维空间的概念。后来到了1854年，德国的数学家黎曼(Riemann)引进了黎曼几何、黎曼流形，才对力学上的广义坐标给了一个比较深刻的解释，所以也可以说分析力学是流形上的力学。拉格朗日使力学脱离了古典欧氏几何的束缚，但并没有使它永远脱离几何，而是使力学与更高层次的几何——流形几何或现代微分几何相联系在一起。

进一步我们看到，在拉格朗日之前，力学上已有若干不同的原理，如动量守恒原理、活力原理、角动量守恒原理、达朗贝尔原理、最小作用量原理等。拉格朗日从诸多原理中识别出达朗贝尔原理与最小作用量原理作为整个力学的最本质的原理，并将它们作为分析力学的出发原理，从而使整个力学建立在变分原理的基础上，才使力学问题化归为分析运算成为可能。

最小作用量原理最早是1746年莫培丢(Mauperduis)提出的，后来还有约翰第一·伯努利、欧拉等人的工作。拉格朗日能抓住原理的精髓并以之将整个力学改写，实是力学史上的一大革新家。哈密尔顿在评论拉格朗日的分析力学工作时说，他把力学处理为“一种科学的诗”。

图2　拉格朗日像

拉格朗日(Lagrange, Joseph Louis 1736—1813)(图2)是数学

和力学史上的一位重要人物。他的一生可分为三个时期，即早期在意大利的都灵（1736—1766），中期在普鲁士的柏林（1766—1787），后期在法国的巴黎（1787—1813）。

都灵是他的出生地，他很早就锋芒毕露。他在 18 岁时开始写论文。在都灵最重要的事件是他 1755 年致信欧拉参加关于变分原理的讨论，给出了求泛函极值的分析方法。此工作为欧拉所赏识，使他一举成名。据说他 19 岁时（一说是 16 岁时）被聘为都灵皇家炮兵学院的数学教授。这位还带几分孩子气的教授上课时，听课的学生都比他年龄大。

拉格朗日在 21 岁时，以他为首的一批青年组成了都灵科学协会，并创办了一本杂志（1759 年出版），杂志的前三卷大部分登的是拉格朗日的论文。大约从 19 岁开始，当他介入变分法的讨论时他便开始了《分析力学》的构思。

1766 年，欧拉应聘彼得堡科学院而要离开柏林普鲁士科学院，他举荐拉格朗日以自代。从此拉格朗日成为该院数学部主任。这一段是他一生创作的鼎盛期。他在三体问题、行星运动、流体力学、微分方程、数论、概率论等方面都作出了重要贡献。

1787 年，他来到巴黎科学院，在这里出版了《分析力学》，并且参加了法国大革命后科学院成立的度量衡委员会的工作。

当时法国的度量衡单位非常复杂和混乱，每个行业每个地方都采用不同的度量衡标准，据有关统计，当时法国用的单位多达 20 多万个，不同的名称有 800 多个。为了统一度量衡，17 世纪 90 年代末法国科学院把这个问题交给委员会来处理。该委员会由拉格朗日、拉普拉斯、波尔达、蒙日、拉瓦锡等著名科学家组成，拉格朗日出任主席。拉格朗日建议用十进制作为标准单位等级划分。科学委员会于 1791 年 3 月 19 日提交给科学院报告，法国议会于 1791 年 3 月 30 日通过了关于度量衡标准的提案。这就是现今的国际单位制标准。

拉格朗日曾结过两次婚，没有子女。

1813 年 4 月 10 日，拉格朗日去世了，在弥留之际所说的最后的话是："我过完了我的一生，我在数学中得到了一些名声。我从不恨任何人，我没有做过什么坏事，死会是很好的；但是我的妻子不希望我死。"他就这样坦然地离开人世。他去世后近二百年来，现代科学技术的发展愈来愈证明他开拓的分析力学的重要，无论从数学上还是从力学上它仍然是人们进入现代科学必要掌握的篇章。

参考文献

[1] Oeuvres de Lagrange(拉格朗日文集)[M]. Vol. I – XIV. 1867—1892. edited by J. A. Serret.

[2] J. Itard, Lagrange. Dictionary of Scientific Biography [M]. Vol. 7: 559 – 573.

[3] (美)E. T. 贝尔. 数学的精英[M]. 徐源，译. 北京：商务印书馆，1994: 177 – 198.

7 Chapter 两位著名的女数学力学家[注]

翻开任何一本力学史的书，书中充满着男人的名字，给人一种印象，好像力学是男性的天下。其实这种情况的形成，是有其深刻的社会原因的。人类在几千年中，无论东方与西方，男人掌权，男人控制教育、科学研究、文化艺术的各种权力。女性的主要任务是生男育女，或者管理家务。平民百姓的女人则只有围着锅台转的份，不可能有进行研究的机会。所以女性的科学家与力学家很少，就反映了这种情况。

然而，就是有那么一些妇女顽强地奋斗，去冲破社会的束缚，去显示妇女的能力。这里介绍数学力学领域中的两位。

一位是法国人，索菲亚·热尔曼(Sophie Germain，1776—1831)(图1)。她是一位富商的女儿，在姊妹3个中排行第二。如花样的童年，正处于法国大革命时代，平等自由的学说可能影响她后来的奋斗精神的形成。当她13岁的时候便阅读各种书籍，她天天泡在图书馆里，阅读数学、外文等书籍。强烈的求知欲与

注：首刊于《力学与实践》1997，19(4)：74-76.

她所处的歧视妇女的社会产生了矛盾。早期的法国大学的门是不允许妇女进入的。这使她进不了她渴望进入的巴黎工科大学。

她没有屈服于命运，她借阅大学生们的笔记。她冒用一名男生的名字勒伯兰（Leblanc）去交读书报告。她读正在那里执教的大数学力学家拉格朗日（Lagrange）的名著《分析力学》后，将读书报告交给他，拉格朗日十分欣赏她的才能，最后当他发现她是一位妇女后，非常爱护与支持她。

图 1　学生时代的热尔曼像

1809 年，法国科学院公布了一项资金为 3 000 法郎的悬赏研究题目。该题目要求对当时新发现的一种物理现象——薄弹性板振动时各种模态给出分析与解释。

事情是由 1808 年秋天一名叫克拉尼（Chladni）的德国人的简单实验引起的。他将板边界固定好，在板上撒一些细砂，当用小提琴弓摩擦板的边界使之振动时，沙粒在板上形成各种固定的花纹，这花纹随板形状、敲击部位与固定方式而变。

许多有才能的科学家都跃跃欲试。当时对力学与振动有深入研究的著名学者拉格朗日、毕奥（Biot）、拉普拉斯（Laplace）、勒让德（Legendre）都没有参加竞赛；而傅里叶（Fourier）、纳维（Navier）、哥西（Couchy）与泊松（Poisson）可能曾试图求解这个问题。然而，这笔奖金却由索菲亚·热尔曼分别在 1811 年、1813 年、1815 年投寄了 3 篇文章，并最后于 1816 年获得了这项奖励。

热尔曼的另一项重要贡献，是对于费尔马（Fermat）大问题研究的推进。费尔马大定理是证明方程 $x^n + y^n = z^n$，当 $n > 2$ 时没有 $xyz \neq 0$ 的整数解。1815 年，法国科学院又以这个问题进行悬赏。

费尔马 1637 年声称他证明了，然而人们始终没找到这个证明，只知他给出了 $n=4$。随后 1823 年勒让德给出了 $n=5$，欧拉给出了 $n=3$ 的证明。而热尔曼又将热情投入了这个问题，她把这个问题归结为两种情形，并对其中的一种情形给出了 $n<100$ 的证明。虽然历经三百多年，这个问题总算最后于 1994 年由居于美国的英国数学家怀尔斯(Sir Andrew John Wiles)解决了。而热尔曼的研究是早期求解这个问题十分重要的一步。

热尔曼由于对数论上的兴趣，曾经以男士的口气同德国大数学家高斯通过信。高斯也由于能得到数论方面的知音而颇为高兴。后来高斯由于欣赏她的才能推荐她当德国哥廷根大学的名誉博士。由于她患乳腺癌过早去世而未成。当热尔曼得知拿破仑入侵德国，热尔曼写信给法国将军中她的一位朋友伯纳提希望他保护高斯的安全。

1831 年，热尔曼在和疾病斗争之后离开人世时，在她的死亡证明上写的是，她是一位终生领年金的无业者。

另一位天才的女数学力学家是索妮亚·柯瓦列夫斯卡娅(Sonya Kovalevskaya，1850—1891)(图 2)她出生于俄国一位将军的家里，卒于瑞典。她童年时代是在优厚条件下度过的，并受到良好的教育。她 15 岁开始便对数学产生了浓厚的兴趣，并且进步很快，渴望出国深造。

图 2　柯瓦列夫斯卡娅像

未婚女大学生，当时易于有流言蜚语，为了出国上学，她于 18 岁订婚，并以结了婚的名义而出国。从 1869 年开始，她到德国海德堡大学，先后学习过椭圆函数，听过著名的基尔霍夫与亥姆霍兹的物理讲座。1870 年，她去拜访数学大师魏尔斯特拉斯(Weierstrss，1815—1897)。魏尔斯特拉斯接待了她，后来并想推荐她正式为自己的学生，但因为校方未接受，魏尔斯特拉斯只好对她进行私人授课，坚持了数年，1874年，索妮亚获得了哥廷根大学的学位。之后，于1884年秋得到在斯德哥尔摩大学教课的位子，1888年她在那里成为终身教授，而于1891年由于重感冒诱发肺炎而英年早逝。

柯瓦列夫斯卡娅在数学上的最大贡献是关于偏微分方程初值问题的存在定理，至今称为柯瓦列夫斯卡娅定理。她在力学上的贡献是给出了关于重刚体绕固定点运动的一种可积情形。并且为此而得到了1888年法兰西科学院的鲍罗丁奖。这项奖金和热尔曼一样，也是3 000法郎。但由于柯瓦列夫斯卡娅的非凡成就，裁判将奖金额提高为5 000法郎，同时由于这项殊荣她被选为瑞典科学院与俄国科学院院士。

柯瓦列夫斯卡娅的才能是多方面的，她不仅从事数学、力学的研究工作，还写过小说并且曾经得到出版。

谈到刚体绕固定点运动，它的运动微分方程是欧拉1758年提出的，这组方程的第一种可积情形是由欧拉解决的，即刚体的重心处于固定点而不受其他外力的情形。第二种可积情形是由拉格朗日(Lagrange,1736—1813)给出的，即当刚体的3个主转动惯量中有两个相等——$I_{xx}=I_{yy}=I$，且重心位于刚体的z轴上。第三种可积情形即柯瓦列夫斯卡娅情形，当$I_{xx}=I_{yy}=2I_{zz}$，且重心在回转惯性椭球的赤道平面上。迄今为止，得到的可积情形也仅此3种而已，而且业已证明除这3种情形外，都不能有通过简单地单靠第一积分来求解。

索菲娅与索妮亚，两位不同时代的女数学力学家，都推进了数学力学科学的发展，无独有偶，都得到了法兰西科学院的最高奖赏，都为妇女争得了荣誉。她们以顽强的毅力，克服了社会对妇女的歧视，克服了重重的困难，以生动的事实证明了妇女的科学才能绝不亚于须眉男子。而她们的科学业绩也永留史册。

参考文献

[1] Louis L. Bucciarelli & Nancy Dworsky, Sophie Germain [M]. D. Reidel Publishing Company, 1980.

[2] (美)E. T. 贝尔. 数学精英[M]. 徐源, 译. 北京: 商务印书馆, 1994.

8 Chapter

几位大物理学家的力学贡献

20世纪初，整个科学特别是物理学科经历了巨大的革命性的变化。在这一变化的前夜，19世纪后半叶到20世纪初的这半个多世纪里，出现了为这一变化准备条件的许多科学巨人。由于这些物理学家在物理学上的杰出贡献、名声很大，远远盖过了他们在力学上的贡献，所以在许多他们的传记或介绍中，大都不提他们在力学上的贡献。在当今社会分工越来越细的条件下，学力学的不知道他们曾经做过重要的力学研究工作，学物理的也不知道他们在力学领域中的耕耘。不过，仔细考察这些大科学家的经历，我们发现他们共同的特点不仅是在力学上有深厚的功底，并且在力学学科发展上也留下了不可磨灭的开创性的贡献。这里我们就来介绍其中属于英、法、德的七位，即麦克斯韦、基尔霍夫、赫兹、开尔文、瑞利、汤姆孙和迪昂。

英国物理学家麦克斯韦
(James Clerk Maxwell,1831—1879)

麦克斯韦(图1)在力学上的贡献至少有四项是奠基性的。即光弹性、求解杆系超静定结构的力法、线性粘弹性的本构关系和调速器的稳定性条件。

图1　麦克斯韦像

在1850年，他还只有19岁的时候，发表了一篇题为《弹性固体的平衡论》的论文。文中讨论了若干个弹性力学的特殊问题，如三角形受力问题等，这些问题的精确解大半已为其他学者解出。他把这些解与利用光弹性方法测得的结果进行验证，结果符合得很好。所以后人认为麦克斯韦是以光弹性方法实际求解弹性力学应力场的第一人，也是光弹性仪器的实际发明者。

到19世纪末，光弹性方法迅速扩展成为测量应力方法的重要手段。

1864年麦克斯韦总结他关于桁架研究的一般结论。他已经可以区分静定与超静定桁架。对于静定桁架，麦克斯韦在前人的基础上简化了用作图的方式去求桁架的内力。对于超静定桁架，拱和吊桥等结构，麦克斯韦从能量法导出了解超静定结构的一般方法。大约在10年之后，他的这个方法为莫尔(O. Mohr,1835—1918)加以整理，给出规范的形式，这就是目前通用的力法，又称为麦克斯韦－莫尔方法。

麦克斯韦在流变学方面最早提出应力应变关系与时间有关的概念。并且引进了现今称为麦克斯韦粘弹性体的应力应变关系。

1712 年，英国人钮可曼(Thomas Newcomen,1663—1729)发明了蒸汽机，但是由于速度无法自由控制，所以一直派不上大用场，只是用于在矿山抽水。到了大约 1782 年，英国人瓦特(James Watt,1736—1819)发明了离心调速器，蒸汽机的使用才迅速得到推广。离心调速器从 18 世纪一直到 19 世纪中叶都使用得很好。到了 19 世纪中叶以后，由于蒸汽机的速度提高了，就出现了调速器不稳定的情况。这个问题最早引起麦克斯韦的注意，在 1868 年曾经研究过这个问题，并得到了一个稳定性的条件；在 1876 年俄国人维式涅格拉德斯基(1831—1895)又研究了这个问题，得到了以包含物理参数的不等式表示的稳定性条件。这些工作是关于动力系统运动稳定性的最早的研究。

此外，麦克斯韦在数学上最早定义了向量场的旋度，他对陀螺仪、光学、彩色摄影、原子结构等方面也有重要的贡献。

麦克斯韦在早期作了弹性力学与结构力学的研究之后，兴趣转向了光学、电磁学，他以提出控制电磁场的麦克斯韦方程而出名。狭义相对论早先就是首先对控制电磁场的麦克斯韦方程讨论引出矛盾才出现的。巧合的是麦克斯韦逝世的那一年恰好相对论的提出者爱因斯坦出生。

麦克斯韦发展了英国物理学家法拉第(Michael Faraday 1791—1867)关于电磁场的概念，用一组偏微分方程把电场与磁场连接在一起。这组方程后来被称为麦克斯韦方程组。他用这组方程证明了电荷的振荡会产生电磁波，并且提出光也是一种特殊的电磁波。这些看法后来都被实验所证实。

麦克斯韦 1850 年以优异的成绩考入剑桥大学。1856 年在阿尔伯丁被任命为教授，1871 年接受剑桥大学实验物理学教授的聘任。在剑桥期间组建了卡文迪什实验室。该实验室对 20 世纪的物理研究产生了巨大的影响。

麦克斯韦在 1857 年对土星的光环进行研究时，他认为，如果光环是固体或液体的话，就会由于旋转时所受的引力和惯性力而破裂。只有光环是由无数小颗粒组成才会稳定的观点。随后麦克斯韦从微小颗粒的观点讨论气体，他考虑到分子不仅在各个方向上运动，而且在不同速度上运动，分子之间以及和器壁的碰撞是完全弹性的。由此和当时也讨论这个问题的奥地利物理学家玻耳兹曼(Ludwig Boltzmann,1844—1906)同时创建了麦克斯韦-玻耳兹曼气体分子运动论。他并且认为温度是与分子运动的平均速度有关的宏观物理量，从而给以前流行的热质说的热流动的说法最后的打击。

玻耳兹曼还设想，如果有两个盛有相同温度气体的容器，有一个小门连接起来，有一个妖精把门，当运动慢的分子到右边门就打开，运动快的分子到左边，门也打开，它们向相反的方向运动，门就关闭。这样左边的容器就会愈来愈热，右边的容器会愈来愈冷。这是违背热力学第二定律的一种设想。这个妖精被称为麦克斯韦妖。

德国物理学家基尔霍夫
(Gustav Robert Kirchhoff,1824—1887)

基尔霍夫(图2)是德国一位律师的儿子，1842年他进入哥尼斯堡大学，他曾听过纽曼(L. Neumann)的课并被后者发现其卓越才能，推荐为最有希望的科学家。1848年获博士学位，1854年在海德堡大学执教。

他的主要成就在物理学方面。他第一个证明电脉冲是以光速传播的；最早发现光谱与化学元素的关系而建立了光谱学，后人由此发现了若干新元素并且借以了解太阳与别的恒星的元素构成；最早提出理想黑体并进行了黑体辐射的实验，后人认为这对量子力学产生很大的影响，量子力学的奠基人普朗克是他的学生，在他指导下进行过研究；他提出电路计算的规则，至今被称为基尔霍夫定律。

基尔霍夫在固体力学中最重要的贡献是提出了精确的板的理论。基尔霍夫在 1850 年发表了平板问题的重要论文，文章纠正了以往关于平板问题边界条件的错误。基尔霍夫采用虚位移原理推导板的边界条件，指出对于求解平板问题不需要三个边条件而只要两个边界条件便够了。他正确地求解了圆板的振动问题。

图 2　基尔霍夫像

在建立平板问题的方程时，他假定：①变形时垂直于中面的直线仍保持为直线，变形后还垂直于中面；②中面的元素在变形时不伸长。这个简化平板问题的假设现今仍在使用，被称为直法线假设也被称为基尔霍夫假设。

1888 年，英国人乐甫利用基尔霍夫对平板问题的假设导出了弹性薄壳的平衡方程，至今这个假设被人称为基尔霍夫－乐甫假设。

他在弹性杆方面发展了欧拉的工作。他导出了大挠度杆的一般平衡方程。他说：“当力作用在杆端时，这些方程与刚体绕固定点运动的方程相同。”这个看法是基于在变形后杆的每一点，由单位切向量、法向量、次法线所组成的单位三面体，沿曲线弧上运动时，也产生如同刚体绕固定点运动的转动。所以他得到的方程为

$$A\frac{\mathrm{d}p}{\mathrm{d}s}+(C-B)qr-N_2+m_1=0$$

$$B\frac{\mathrm{d}q}{\mathrm{d}s}+(A-C)rp+N_1+m_2=0$$

$$C\frac{\mathrm{d}r}{\mathrm{d}s}+(B-A)pq+m_3=0$$

其中：A，B 为截面的两个主弯曲刚度；C 为扭转刚度；p，q 为曲率沿主方向上的投影；r 为挠率。杆上的切力，为分布力矩。

这就是所谓的基尔霍夫动力学比拟。最简单的一个情形便是单摆与受压杆在超过临界变形的情形，二者的积分都是椭圆函数。

基尔霍夫在 1876 年出版的《理论力学讲义》是理论力学方面的一本影响很大的教材，后来被多次再版并被翻译为多种文字。书中比较明确地定义力学是关于运动的科学，运动，即随时间的空间变化，也就是物质。

德国物理学家赫兹
(Heinrich Rudolf Hertz,1857—1894)

赫兹(图 3)在 1889 年继 R. 克劳修斯任波恩大学物理学教授。1887 年赫兹用自己设计的振荡器第一次通过实验证实了电磁波的存在，证明了 J. C. 麦克斯韦理论的正确性，后又研究电磁波的各种性质(反射、衍射、折射、形成驻波等)，证实了电磁波在空气中的传播速度等于光速，确立了电磁波和光波基本特性的等同性。1886—1887 年，研究了共振回路理论、紫外光对放电的影响，发现了光电效应、阴极射线的性质等。赫兹曾多次获得意、法、奥、德等国科学

图 3　赫兹像

院和学术团体的奖章和奖金，并被选为柏林科学院、剑桥哲学学会等 7 个主要学术组织的通讯会员。为纪念他，人们以赫兹作为振荡频率的单位。

纵观赫兹一生的科学历程，像他的老师亥姆霍兹一样，他是严格地坚持将力学作为物理科学的共同基础，他在一篇文章中说："所有物理学家都同意这样的观点，即物理学的任务在于把自然现象归结为简单的力学定律。"但与牛顿的古典力学不同，赫兹是被称为"无力力学"运动学流派的拥护者，这一流派认为，一切物理现象都是运动着的重物在接触时的相互作用，而不是用力的概念作为解释的依据。赫兹对力学的研究成果，主要体现在他的学术著作《无力的力学》及 1876 年出版的《力学原理》等书中。赫兹最早将力学定律看作是发展着和变化着的事物，从而为突破近代力学理论是一不变的思想束缚作出了思想上的准备。

1883 年初解决了长圆柱受集中力的解。1889 年，赫兹说明了用球形物体与圆柱形物体相互挤压问题的实验结果。结论是如果挤压前在表面上涂以烟炱则表现接触面的轮廓为椭圆。他同时给出了这个问题的理论解。这个解现在人们还称为赫兹接触问题解。

1894 年赫兹将力学系统区分为完整系统与非完整系统两类，对应于完整约束与非完整约束。后来开辟了非完整力学的研究。

英国科学家开尔文
(lord Kelvin 即 William Thomson, 1824—1907)

开尔文(图 4)1892 年受封为开尔文勋爵，1845 年毕业于剑桥大学，1846—1899 年任格拉斯哥大学自然哲学教授，1904 年任格拉斯哥大学校长直至逝世。

在他的科学活动的早期，在弹性力学中求解了在均匀各向同性无限弹性介质中受一集中力的解，这个解称为开尔文解。在流体力学中，他证明了在理想流体条件下，流体内部的涡量守恒定理，这个定理至今被称为开尔文定理。能量的概念虽然是由托马斯·杨于1807年早就提出的，但只有经过开尔文大力提倡和论证之后才为科学界普遍接受，他认为所有看得见的物理与化学现象，其背后有一个看不见的共通原则在引导着，这就是“能量”（energy）。

图4　开尔文像

他是热力学和气体动力理论的创始人之一。国际单位制中热力学温度单位中的开(尔文)氏温标(K)即为纪念他而命名。他在1851年发表题为《热动力理论》的论文，给出热力学第二定律的开尔文表述：我们不可能从单一热源取热，使它完全变为有用功而不产生其他影响。所以后人称他为热力学之父。

开尔文一生贡献甚多，涉及电磁学、热力学、工程科学、电工仪表与测量、波动、涡流和以太学说、地球年龄的估计等，尤其是他负责敷设了大西洋海底电缆工程。在这项工程实施中，他研究了电缆中信号传播的情况，导出了信号传播速度减慢与电缆长度平方成正比的规律。他还研制成可提高仪器测量灵敏度的镜式检流计、可自动记录电报信号的虹吸记录器；设计制作了绝对静电计、开尔文电桥、圈转电流计等；建立了电磁量的精确单位标准，为近代电学单位标准奠定了基础。海底电缆的敷设成功不仅使英国在海底电报通信上居世界领先地位，还对现代大型工程的建设起了重要推动作用。他最早获得液态氮。

开尔文1890—1895年任英国皇家学会会长，1896年当选为彼得堡科学院名誉院士。

此外，开尔文还是一位卓越的教师和科研事业领导人，他还努力促进大学与中学物理教学的提高，写出了几本出色的教材。其中与台特合著的《自然哲学教材》是一本涉及力学与热学以及物理的基础教材，影响很大。

英国科学家斯特拉特·瑞利 (John William Strut Rayleigh,1842—1919)

斯特拉特·瑞利(图 5)在 31 岁的时候继承了父亲的爵位，因此人们通常称他为瑞利勋爵。1865 年以全班第一名的优异成绩毕业于剑桥大学，1873 年被选入皇家学会，1879 年他继麦克斯韦任剑桥大学卡文迪什实验室主任。他在卡文迪什实验室工作的前后，他自己有一个相当好的自费实验室。他的许多重要发现是在他自己的实验室中完成的。

图5　瑞利像

瑞利最为著名的研究工作是在化学方面，他从各种不同的途径制备的氮经过测量发现从空气中制备的密度要大。这个实验导致了稀有气体的发现。并为此而得到了 1904 年的诺贝尔物理奖。

瑞利研究工作的主要兴趣集中在各种波动上。在电磁波方面，他得到了光的色散随波长变化的方程，并且证实了前人关于天空呈现蓝色是由于光被大气尘埃散射的观点。瑞利还求出了对应于黑体辐射波长分布的方程。此外他在研究声波、水波与地震波上都取得了重要的成果。在计算振动频率中他提出了一种靠简化假定、将复杂问题化为单自由度问题的方法，此方法后来于

1909 年由李兹加以改进成为基于能量的近似计算方法，现在被称为瑞利－李兹法。

1877—1878 年间，瑞利发表了他的最重要的著作《声学理论》。这本书分两册出版，上册是关于弦、杆、膜和板的振动，下册是关于气体和固体声学的讨论，总结了至他为止的这方面的研究结果。1894 年又出版了增订版。他第一次指出弹性体的表面波的存在，后人称为瑞利波。这本著作影响很大，它与乐甫的《弹性的数学理论教程》，一本是关于弹性动力学的，一本是关于弹性静力学的，成为弹性力学方面的互为补充的两本经典著作。

英国物理学家汤姆孙
(Joseph John Thomson, 1856—1940)

汤姆孙(图 6)1876 年毕业于剑桥大学三一学院。1884 年继瑞利任卡文迪什实验室主任。汤姆孙最出名的工作是研究阴极射线，从而发现了电子，并且测量了电子的荷质比，断定电子是带负电的比原子小的基本粒子。由于这项研究开辟了亚原子领域的研究，为原子物理研究走出了第一步。另外他在气体导电方面开创性的工作使他获得了 1906 年的诺贝尔物理奖。1908 年被授予爵士称号。

图 6　汤姆孙像

汤姆孙在主持卡文迪什实验室期间，大大推进了近代实验物理。他的继任者是 20 世纪原子物理大师卢瑟福(E. Rutherford,1871—1937)。他的助手中有七位获得了诺贝尔奖。

与本文介绍的其他著名物理学家所不同的是，汤姆孙本人没有在力学领域中作出过出名的成果。不过他却写过一本对整个物理界影响深远的力学书:《动力学在物理与化学中的应用》(Applications of Dynamics to Physics and Chemistry,1888 年在伦敦出版)。这本书是作者在 1886 年在卡文迪什实验室讲义基础上写成的。它虽然不能说是一本完全是力学方面的著作，但是对经典力学应用于近代物理和化学却是一本承前启后的重要著作。

作者在序言中说:“建立两种物理现象之间的联系有两种模式;其中最明显和最有兴趣的是从现象的可靠的理论出发去询问和追踪它们之间联系的每一步。这只有在有限数目的情形是可能的，因此，在一般情形下我们不得不被迫借助于另一模式，它在方法上并不要求对所产生现象的机理有详尽的知识，我们要揭示的是，不管怎样解释它们，它们必是相关的，即存在一个必然联系到另一个。”作者说，书中就是要应用一般动力学原则发展的方法以达到这一目的。

正是作者建立的这一套基于动力学的方法，武装了他的许多学生，他们进入原子物理的领域都作出重要的贡献。其中特别影响了在他指导下进行过研究的——泰勒(G. I. Taylor,1886—1975)——20 世纪卓越的力学家之一。

法国物理学家迪昂
(Pirre - Maurice - Marie Duhem,1861—1916)

迪昂(图 7)的遭遇很悲惨，不但因为博士论文不被当时的学术权威承认，还因此失掉了教习资格。1884 年法国物理学家迪昂(Pierre Duhem)在热力学上进行“公理化”研究，用类似拉格朗日在分析力学中所采用的方法，结果得到了后人称为“化学势”的概念，迪昂这项成就是对物理学、化学的巨大贡献，从一个全新的角度完成了物理和化学的统一。

图7　迪昂像

但是，迪昂从来没有得到过物理学博士学位。他就是因为坚持“化学势”的概念而丢掉了物理学博士论文被通过的机会，因为这个概念触犯了当时的法国化学权威贝特洛(M. Bethelot)。两年后，迪昂不得不用基本相同的论题，避开提及热力学这个贝特洛的“领地”，申请数学博士，才通过了答辩。得罪了学术权威贝特洛，贝特洛禁止迪昂在巴黎的大学里从事教学和科学研究工作。迪昂的学术生涯简直就是流放，但他的思想是不朽的，直到他去世多年，他的思想才被人们认识。他的1884年的未被接受的博士论文不仅对热力学势的系统应用具有重大的历史意义，而且以此为起点的一系列研究，也使他与范霍夫、奥斯特瓦尔德、阿累尼乌斯、勒·夏特利埃一起成为现代物理化学的奠基人。

迪昂在流体力学和弹性学上的贡献，集中反映在1891年他出版的《水力学、弹性、声学》(两卷)的讲义，1896年出版的《变形体力学》，1903—1904年以两卷本出版的《水力学研究》中。这些书对力学的发展产生了重大影响。它包含了关于纳维-斯托克斯流体的一些开创性的探索成果，以及波在粘滞流体中的传播、考虑到稳定性和可压缩性的流体等课题的研究。他是非线性弹性力学和严格数学弹性理论的开拓者。

迪昂是现代科学哲学和科学史的开创者之一。

迪昂1902年出版的《化学化合与混合：论观念的进化》和

1903 年出版的《力学的进化》中，特别是后者的第一编是自然哲学思想发展，说明各种观念是如何受到赞成、发展又是如何被抛弃的，另一些观念是如何受到如何偏爱、变化，以及在转变中得以保留的。第二编是 19 世纪末的力学物理学的概观。迪昂当时已经看到，物理学急剧的、持续的、激动人心的成长已摇撼了古典力学的根基和古典物理学家的一些信念；由于纠缠到新的问题，力学赖以建立的基础的可靠性受到怀疑，它再次向新的领域进军。

迪昂实际上是单枪匹马地发现了中世纪的科学的历史，他对 17 世纪物理学和古代物理学的发展史也作出了有深远意义的和独创性的研究。他运用大量的原始资料证明，科学的发展总是连续的，从而是进化的，伽利略的思想也是由许多早期的科学工作进化而来的，并不像伽利略本人和其他人认为的那样是最早的。为了充分说明这些观点，迪昂由静力学起源的研究开始了他的考察，结果形成了两卷专题著作《静力学的起源》(1905—1906)。迪昂在书中追溯了静平衡原理从古希腊到拉格朗日的发展，他洞察到，近代科学诞生于公元 1200 年左右的中世纪，有的部分成果被 15 和 16 世纪的一群数学家抄袭，他们把这些作为他们自己的贡献加以发表。迪昂谴责这种智力上的腐败现象，他强调指出，传统对于真正的科学进步是必不可少的。

几点思考

(1) 传统对于真正的科学进步是必不可少的。近代物理学和科学的革命性的变化，不是凭空产生的，它是在继承传统经典力学的基础上发展起来的。他们首先是一位力学家，在力学领域中进行过开创性的研究，这些物理学的大师们深厚的经典力学的功底，为他们进入近代物理打下了基础。他们的经历说明了，在培养一代新人中，使他们牢固掌握已有的科学知识是多么重要。他们都是从事过力学教学，而且留有影响很大的教材，就是明证。

(2) 他们所以能够有深厚的力学基础和卓越的业绩，和他们对力学学科的重要性的认识有关。他们从方法论的高度来了解力学的作用。赫兹认为："所有物理学家都同意这样的观点，即物理学的任务在于把自然现象归结为简单的力学定律。"开尔文认为："我的目标就是要证明，如何建造一个力学模型，这个模型在我们所思考的无论什么物理现象中，都将满足所需要的条件。在我没有给一种事物建立起一个力学模型之前，我是永远不会满足的。如果我能够成功地建立起一个模型，我就能理解它，否则我就不能理解它。"迪昂则从哲学角度论证需要重视力学的知识传统。正是基于对力学重要性的这种深刻认识，推动他们在行动上去牢固打好力学基础并且作出卓越贡献。

(3) 力学学科不仅在近代产业革命中发挥了理论指导的作用，而且在近代科学革命中也起了先导作用。如果说，这些大师们在进入近代物理领域时，有赖于他们的经典力学基础，那么，我们今天要在新的科学技术领域中一显身手，也必须有坚实的经典力学与近代力学的基础。现在这些大师们已经远离我们一百多年，在这一百多年里，力学学科也已经有了长足的发展。要想在现代科学技术中作出有分量的工作，尤其应当打好力学基础，其中包括力学在这一百多年内的重要发展。

(4) 当前有一些学校在考虑教学计划或专业设置时，认为基础是无关重要的，不断压缩基础课中力学的学时。在专业设置上，说什么尽量要现代化，要脱离那些传统的专业。这样做，似乎就是"创新"。这些大师们的经历给我们上了很好的一课，失掉了基础，不能把握已有的知识，所谓的创新只不过是空中楼阁而已。了解这些大师们的历史是有现实意义的。

这些学者的历史，本身就是很好的教材。

9 Chapter

庞加莱获奖反贴钱[注]

——混沌发现过程中的一个小插曲

庞加莱(Poincaré,1854—1912)(图1)，法国著名的数学力学家。由于他的贡献涉及数学、力学、物理和天文学，在数学上又在分析和几何方面都有不朽的贡献，特别是他开拓了微分方程定性理论和组合拓扑的数学新领域。所以人们称他为数学上最后的一位通才。他幼年时期恰逢普法战争，自己又由于视力不好和运动协调性不好，所以发展并不十分顺利。但是他有一个惊人的记忆力，而且对数学和力学情有独钟。他的堂兄弟雷蒙·庞加莱曾在第一次世界大战期间担任过

图1　庞加莱像

注：首刊于《力学与实践》，2001，23(1)：71.

法国总统。

1879 年庞加莱获得博士学位。其后在巴黎大学教学，讲授数学分析、数学物理、概率论、天文学等课程。1887 年他被选为法国科学院院士，1906 年当选法国科学院院长。

为了庆贺 1889 年瑞典和挪威国王奥斯卡二世(King Oscar II)的六十诞辰，在 1885—1886 年斯德哥尔摩出版的《数学学报》(Acta Mathematica)的第 6 卷上宣布了一项数学科学的悬赏，该项奖金将发给第一个得到 n 体问题一般求解途径的人。1888 年 5 月，庞加莱提交了他的关于三体问题运动稳定性的一般证明的论文，该论文经过大数学家魏尔斯特拉斯和米塔－列夫勒的审查，1889 年 1 月 21 日获得了这项额度为 2500 克朗的奖金。

庞加莱的这篇论文准备在《数学学报》上发表。当时出版文章的排印周期相当长，需要约 6 个月(从 1889 年 4 月到 10 月)的时间。在排印庞加莱的论文过程中，由米塔－列夫勒任命的编辑 Edward Phragmén 在阅读文章并进行编辑加工时，发现有些段落不够清楚，米塔－列夫勒把这个问题告诉了庞加莱，并且希望他写一个注记附在论文的后面。之后到当年的秋天，庞加莱才发现论文的另外部分包含了一个严重的错误，并且在 11 月 30 日打电报给米塔－列夫勒希望马上停止印刷，以等待改正的信件。

在已经得到了奖金并且又发现了错误的情况下，庞加莱经受着巨大的压力，要在尽可能短的时间内改正这篇论文。但是直至 1890 年 1 月庞加莱才提交了他的改正论文，而这时登载包含错误论文的《数学学报》业已印好。庞加莱原来的论文的长度是 158 页，而改正后的论文有 270 页之多。为了维护奥斯卡奖的威信以及该数学学报的信誉，杂志的主编米塔－列夫勒决定将已印好的学报收回销毁重新印发改正后的论文，为此庞加莱不得不支付了 3 585 克朗作为对该杂志的补偿，其数额大大超出了他所得到的奖金。

庞加莱的这项工作实际上就是他后来出版的重要著作《天体

力学的新方法》(三卷,分别于1892年、1893年、1899年出版)的主要内容。它标志着天体力学和动力系统发展的一个新阶段。在最初论文中的错误就是疏忽了对所发生的同宿轨道的处理，在这种情形下所讨论的三体问题可以是不稳定的。人们认为庞加莱的这项工作实际上就是现今所说的混沌的最早的研究。不过他的研究还是限于在平面上的动力系统外加一个微小扰动的情形。对于高维动力系统的混沌的研究是近年来的事情，特别是从洛伦茨方程从三维系统的研究开始的。

参考文献

[1] F. Diacu & P. Holmes. Celestial Encounters——The Origins of Chaos and Stability [M]. Princeton University Press, Princeton, New Jersey, 1996.

10 Chapter 近代中国几位著名的力学家

美国印第安纳大学的牛顿学专家（历史系，科学史/科学哲学系教授）R. S. Westfall 在他所著的《近代科学的建构》一书的开始说：“两个主题统治者 17 世纪的科学革命——柏拉图、毕达哥拉斯的传统和机械论哲学。柏拉图和毕达哥拉斯的传统以几何关系来看待自然界，确信宇宙是按照数学秩序原理建构的；机械论哲学则确信自然是一架巨大的机器并寻求解释现象后面隐藏着的机制。”这个看法说明力学对于近代科学的发展是很重要的。

不过，在中国情况却很不同。从清末开始，只重视洋枪洋砲，到民国时代开始重视开矿和修路，力学一直是排不上队，在社会上算作不吃香的行业。然而，在当时理工科教学之余，却有一批有眼光的学者，投身到力学的教学与研究上来。严格说来他们都不是科班力学学科学习出身的，有的是学工程的，有的是学物理的，还有的是学应用数学的。但他们却对力学情有独钟。在寂寞中艰苦奋斗，为国家和社会做出了贡献。这里我们要介绍的是周培源、钱伟长、钱学森、郭永怀、罗忠忱、凌鸿勋六位。前四位被誉为我国近代力学的奠基人。

1. 一直在国内坚持力学的教学与研究的周培源与钱伟长

周培源(1902—1993)(图1、图2),我国杰出的科学家和教育家,不仅在物理学和流体力学的研究和教学中取得了世人瞩目的成果,而且是一位科学与教学的组织者。在清华大学和西南联合大学期间,在周培源周围,吸引了一批研究力学的年轻人,在1952年他又是我国第一个力学专业的缔造者。

图1 周培源像

周培源1902年8月28日出生于江苏省宜兴县(今属江苏省无锡市)的一个书香之家。1919年,他考入清华学校(今清华大学前身)中等科。1927年,周培源入美国加利福尼亚理工学院继续攻读研究生。他先从师贝德曼,后改从E. T. 贝尔做相对论方面的研究,次年获理学博士学位,并获得最高荣誉奖(Summa Cum Laude)。

1928年秋,他赴德国莱比锡大学,在W. K. 海森伯(Heisenberg)教授领导下工作;1929年,又赴瑞士苏黎世高等工业学校,在S. 鲍利(Pauli)教授领导下从事量子力学研究。同年回国,被聘为国立清华大学(以下简称清华大学)物理系教授,年仅27岁。

1936年至1937年,根据清华大学休假规定,周培源再赴美国,在普林斯顿高等学术研究院从事理论物理的研究。其间他参加了A. 爱因斯坦(Einstein)教授亲自领导的广义相对论讨论班,并从事相对论引力论和宇宙论的研究。

第二次世界大战开始后,美国国内急需科技人员,周培源一家刚入境,就收到移民局的正式邀请,给予全家永久居留权,周

图2　第九届 IUTAM 会议（理论和应用力学国际大会）
上的合影（1956 年 9 月，比利时布鲁塞尔）
前排左起：1. 李普曼；3. 冯·卡门；4. 周培源　二排左 1. 钱伟长；
二排右 1. 郑哲敏　周培源为中国代表团团长

培源对此一笑了之。1937 年，他假满回国。不久，抗日战争爆发。7 月底，平津沦陷；8 月，侵华日军开进了清化园。周培源受校长梅贻琦之托，安排学校南迁，曾先后任长沙临时大学和昆明西南联合大学物理系教授。在这期间，他抱着科学家应为反战服务，以科学拯救祖国危亡的志向，毅然转向流体力学方面的研究。

1943 年至 1946 年，周培源再次利用休假赴美国。他先在加利福尼亚理工学院从事湍流理论研究，随后参加美国国防委员会战时科学研究与发展局海军军工试验站从事鱼雷空投入水的战事科学研究。

1945 年末，第二次世界大战结束，鱼雷空投入水研究组的大部分人员被美国海军部留用，成立海军军工试验站，周培源本也应被邀留下。由于该试验站是美国政府的研究机构，应聘人员要有美国国籍。当时，周培源明确提出：不作美国公民，只担任临时性职务；次年即离美代表中国学术团体去欧洲参加国际会议。在美国有关方面接受了上述这些条件后，他在美国继续工作不到一年，于 1946 年 7 月离职去欧洲参加牛顿诞生 300 周年纪念会和国际科学联合会理事会；他还参加了在法国召开的第六届国际应用力学大会，并被这次大会以及会后新成立的国际理论与应用力学联合会选为理事。

1946 年 10 月，周培源由欧洲重返美国，并于 1947 年 2 月与夫人携三个女儿全家返回上海。1947 年 4 月回到北平(今北京)，继续在清华大学担任教授。

周培源是一位杰出的科学家。他将自己精力的大部分献给了力学与理论物理中两个十分困难的领域：湍流理论和广义相对论。他先后发表了数十篇论文，在这两个领域中都取得了世人瞩目的成就。

周培源数十年从事教学，他培养了数代知名学者与数以千计的物理与力学专门人才。国内早期从事理论物理的人很少，他在清华大学不得不从理论力学、量子力学、相对论等课门门由他一人来上，后来这些课逐步交给他的学生去教。国内外物理界与力学界的许多著名学者如彭桓武、胡宁、王竹溪、钱三强、林家翘、于光远等都曾经受业先生门下。他是当之无愧的一代宗师。

1949 年之后周培源一直在国内做教学与研究工作。他曾任清华大学与北京大学教务长，北京大学副校长、校长，中国科学院副院长，中国科学技术协会主席，中国物理学会理事长，中国力学学会副理事长。他还是我国最早的国际理论与应用力学联合会的理事。

在湍流领域，他 20 世纪 40 年代给出的前述解法国际上称为“湍流模式理论”的基础，在国际上被誉为“现代湍流数值计算的奠基性工作”。近数十年的发展，由于高速计算机计算能力的扩大，愈益显示出它的重要性。世界各国不少人沿循他的方法进行开拓，形成了“湍流模式理论”流派。

1952 年在著名力学家周培源主持下在北京大学成立了中国第一个专门培养力学人才的专业——北京大学数学力学系力学专业。它是按照莫斯科大学为蓝本来教学的。

从 1938 年开始到 1942 年完成的周培源的《理论力学》讲义，是用于当时清华大学物理系的教材。

北京大学力学专业到 1979 年成为力学系。这个专业由于受苏联的影响，按照理科的厚基础的要求培养学生。数十年来的经验证明，它的教学是成功的。学生的厚基础在工作后不久就会变为创造力。多年来力学专业的学生中出了 10 位院士。

钱伟长(1912—2010)(图3)，是在力学方面长期在国内进行教学与研究，且很有成就的一位学者。1931 年钱伟长入清华大学求学。1935 年钱伟长考取了清华大学高梦旦奖学金，在导师吴有训的指导下做光谱分析。1939 年初，经香港、河内到昆明，在西南联合大学讲授热力学。当年与孔祥瑛结婚，并与郭永怀、林家翘以相同分数同期考取庚子赔款留英公费生。1940 年 8 月赴加拿大多伦多大学，在 J. L. 辛格(Synge)教授指导下研究板壳理论，1942 年获博士学位。1942 年至 1946 年，他在美国加州理工学院和喷射推进研究所，与钱学森、林家翘、郭永怀一起，在冯·卡门(von Kármán)教授的指导下从事航空航天领域的研究工作。

图3 钱伟长像

1946 年 5 月，钱伟长以探亲为名只身返国，从洛杉矶乘船回到上海，应聘为清华大学教授，兼北京大学、燕京大学教授。

钱伟长早期最重要的工作是在 1941 年与他的导师辛格合作发表的《弹性板壳内禀理论》一文，文中作者成功地用张量符号建立了薄板薄壳内力素张量所应满足的 6 个静力宏观平衡方程，并把微元体的平衡及变形协调方程写成适当的形式，避免了对板壳变形的先验假设。从这一精确理论出发，可以根据不同的实际情况做不同的近似处理，发展出系统的理论方法。

钱伟长回国后在弹性力学、小参数逼近及计算机中文文字处理等方面都有贡献。回国后一直在清华大学任教，曾任清华大学教务长、副校长等职。1983 年起任上海工业大学校长。1984 年创办上海应用力学研究所。

2. 经奋斗而归来的钱学森与郭永怀

在近代中国历史上，在吸收西方科学和文化方面，时而低潮时而形成高潮。在高潮的时候，有大量的青年人出国留学，曾经有过若干批留学生。在灾难深重的旧中国，绝大部分留学生都学成归国，报效祖国。但在抗日战争时期出去的那一批留学生，却有点特别，因为学成后正值 1949 年中华人民共和国成立，当时中美交恶没有外交关系，美国不愿意把一批专家学者放归与自己敌对的国家，所以他们无法回国，处于有家难归、有国难投的境地，于是这批留学生有相当数量留在海外继续从事教学与研究。经过多年的交涉和争取，有一批学者在 1955 年开始陆续回到了祖国。我们要介绍的钱学森和郭永怀就属于这一批学者。

钱学森(1911—2009)(图 4)，出生于上海，自幼随父在北京接受初等与中等教育。1929 年中学毕业后他考入上海交通大学学习工程。1934 年在上海交通大学毕业后，考取了清华大学的公费留学，1935 年赴美在麻省理工学院航空系学习，1936 年转学到加州理工学院师从冯·卡门(Theodore von Karman, 1881—1963)学习力学。后来成为冯·卡门的助手留校工作。1942 年美国军方委托加州理工大学举办喷气技术训练班，钱学森是教员之

图 4　1945 年，钱学森(中)、冯 · 卡门(1881—1963)(右)
在德国考察与普朗特(1875—1953)(左)合影

一，与美国陆海空军人员有了接触，后来美国从事火箭导弹的军官中有不少是他的学生。钱学森 1955 年回国后历任中国科学院力学研究所所长、中国力学学会第一届理事会理事长。

1945 年在冯 · 卡门的推荐下，钱学森被美国空军聘为科学咨询团成员。同年 5 月第二次世界大战结束前，钱学森随团去欧洲考察英、德、法的火箭技术发展。这时他被定为副教授。

1946 年钱学森转到麻省理工学院，次年升为教授。1948 年后，钱学森加紧了回国的准备，其间他曾受到美国当局的怀疑与迫害。经过不断努力，又经过中华人民共和国的外交交涉，钱学森终于在 1955 年回国。

1958 年任中国科技大学近代力学系系主任、1965 年任第七机械工业部副部长、1970 年任国防科学技术委员会副主任、中国科学技术协会主席等职。他是中科院最早的一批院士之一。

郭永怀(1909—1968)(图 5)教授是参与“两弹一星”研制并且为此献出了生命的科学家。他长期从事航空工程研究，在克服声障问题、发展奇异摄动方法上得到了国际声誉。在西南联合大学时期郭永怀曾经协助周培源进行湍流计算，后于 1940 年出国到加拿大多伦多大学、美国加州理工学院、康奈尔大学等处学习与工作，于1956年11月回国。回国后历任科学院力学研究所副所长、力学学报主编、中国科技大学化学物理系主任，是我国最早的一批院士之一。1960年兼任二机部第九研究院副院长，1967年任国防科委空气动力学研究院筹备组副组长。

图5 郭永怀与夫人李佩像

郭永怀在力学研究所负责并领导了磁流体力学实验室、激波风洞、高温激波管的建设工作，领导了高超声速空气动力学的讨论班，并且提出了解决卫星回地问题的方案，这些工作对后来发展远程导弹与人造卫星都起了重要作用。在二机部工作期间，又对中国发展核武器作出了重要贡献。1968年10月郭永怀赴青海筹划我国第一颗导弹热核武器的试验，12月5日他从兰州乘飞机返京，因飞机事故而殉职。

3. 我国早期的力学教学

在1952年以前我国没有专门培养力学人才的专业。但是在工科和理科物理系的教学中力学是占有相当的分量的。我们可以从我国北方和南方最著名的两所工科院校来说：唐山铁道学院和上海交通大学。它们所以出名，是因为它们的力学基础教学比较出名。而这得力于两位在我国最早教授工程力学的教授——唐山铁道学院的罗忠忱和上海交通大学的凌鸿勋。而这两位教授都分别担任过这两所学校的校长。在他们主持之下，力学基础受到重视才是这两所学校出名的主要原因。

罗忠忱(1880—1972)(图6)教授早年就学于北洋大学，后到美国 Cornell 大学土木系进修，于1910年毕业，1912年回国后一直在唐山铁道学院任教。他先后主讲过应用力学、材料力学、水力学、天文学和河海工程等重要课程。他在我国的工程学科的教学中，最早系统地吸收美国和西方的先进教育思想，比较重视工程师的力学基础教育，同时在教学中以严格要求学生和理论严谨著称。他除在数十年如一日的力学教学工作之外，还曾任过土木系主任、工学院长、校长等组织工作。唐山铁道学院的学生当时能中外著名，和罗忠忱所贯彻的这种教育思想是分不开的。他的学生、美国加州大学林同骅教授说，罗师"对基本力学的深刻了解为全世界所少有，故在讲授力学问题时能从多方面解析，使学生易于了解，大有力学大师铁摩辛柯之风"［按:铁摩辛柯,指 S. P. Timoshenko(1878—1972)，美籍俄裔力学家。曾在苏联、南斯拉夫、美国等国大学任教］。另一学生、清华大学教授黄万里说，自己"曾在学19年，承恩中外师长不啻百人，然于教诲恳切，授法精湛，任职认真，……，盖未有出吾师之右者"。

图6　罗忠忱像

凌鸿勋(1894—1981)(图7)教授，是中国铁路工程专家，教育家。字竹铭。1910年考取上海高等实业学堂(上海交通大学前身)的粤省官费生，1915年毕业于土木工程科。毕业后，

图7　凌鸿勋像

被选送到美国桥梁公司实习，并在哥伦比亚大学选读。1918 年回国。回国后在上海交通大学的前身——上海高等实业学堂——教授工程力学。他是我国在南方较早教授工程力学的教师之一。

1920 年在上海高等实业学堂暂代校长职务。1921—1922 年，参加京汉铁路黄河新桥设计及国有铁路建筑规范的制订。1923 年回上海高等实业学堂任教，次年任校长。建立了工业研究所，首创国内大学附设研究所的范例。

凌鸿勋 1929 年离开学校，任陇海铁路工程局长，兼任粤汉铁路株韶段工程局长，并任总工程师。株韶段在他主持下，工期比原定 4 年提前 1 年，获中国工程师学会的金质奖章。他 1936 年任粤汉铁路管理局长；1939 年任天成铁路工程局长；1941 年兼任西北公路管理局长；1942 年任宝天铁路工程局长，主持修建了宝天铁路，于 1945 年通车；1945—1949 年任交通部常务次长。他是我国近代铁路交通的奠基者之一。

凌鸿勋 1950 年 10 月应邀在台湾大学任教，并受聘为一家石油公司董事长达 20 年。他的著译有《桥梁》、《八十年来之中国铁路》、《中国铁路概况》、《中国铁路志》、《七十年来东清、中东、中长铁路变迁之经过》、《詹天佑先生年谱》等。

参考文献

[1] 理查德·S·韦斯特福尔．近代科学的建构[M]．彭万华，译．上海：复旦大学出版社，2000.

[2] 武际可．力学史[M]．重庆：重庆出版社，2000.

[3] 武际可．近代力学在中国的传播与发展[M]．北京：高等教育出版社，2006.

11

Chapter

回忆汉中十年[注]

——谨以此祝贺周培源教授九十寿辰

1969年深秋的一天，北京大学校革委会下达通知，力学专业的大部分师生要在两三天的准备后搬往汉中北京大学分校。对于多数教职工来说，这比起少数有“特嫌”的教师必须到江西农场去，算是颇为幸运的了。一种“被信任感”变为自觉的行动，真的是雷厉风行。

知识分子搬家，尽是书。有几位经过文化大革命几年的洗礼，已认清了这些业务书不光是搬家的累赘，而且也是倒霉之源，便不管三七二十一将它们一股脑儿送往废品收购站。收购站乘机牛气起来，三四分钱一斤的洋装书，过秤时，硬纸皮还得撕去。有两位觉得太可惜，花了一天时间抬到西单旧书店去卖，所得还不够来回车费和一顿饭钱。经济上吃亏不在乎，那时大多数“老九”已学会了算政治账，觉得这些劳什子送走了仿佛连同一顶资产阶级知识分子的臭帽子也便送走了，心情也就轻松了许

注：本文刊登于祝贺周培源先生90寿辰而出版的文集——《科学巨匠，师表流芳》，该文集由国际流体力学与理论物理科学讨论会组织委员会编，中国科学技术出版社出版，1992年。

多，真正做到了轻装上阵。

到了汉中，照例是每天大部分时间体力劳动，早上花一两个钟头天天读，学习政治。“力”和“学”结合的“力学”专业，名副其实。

有一天，上山开荒，一位教师得了急腹症，送到汉中医院检查，是胃穿孔，当即进行了胃切除手术。术后需流食，在当时供应的条件下，这是很难办到的。

不久，周培源(图1)老师来汉中看望我们了。他这次来的目的是了解和座谈关于力学专业如何办好，但没有忘记顺便给那位生病教师带来所需的几罐炼乳。如何办专业，教员们已有好几年没考虑了，大家都在等着瞧。但那几罐炼乳倒是解了燃眉之急，我们这些日夜守护病人的教师和病人都从心底里感谢他。

图1 “文革”时周培源像

在一次教学改革座谈会上，周先生和大家见面了。会开得颇热闹，你一言我一语，不过都说的是当时允许说的时髦话，为改造力学专业献计献策。有的说，汉中近农村，应当办个小型拖拉机厂；有的说应当去修水利；还有的说要造小飞机，不少人说干脆合并到工学院算了，反正理科不好办。

可不是嘛，当时知识无用、理论无用、理科无用颇为流行。尤其是理科，由于姚文元的大块文章，造成了理科在社会上臭不可闻，在这种压力下，简直是谈“理”色变。即使有个把人主张继续办理科专业，也只能旁边听听，没有插嘴的余地。

最后，周老发言了，他力排众议，主张把力学专业办好。他说：“你们说得我头都大了。我们这么大的国家，还是要理科的。

难道只要知道飞机怎么造，培养几个懂举力怎么来的人才就算多余了吗?”“我们的问题是改，而不是取消。理科取消了对国家有什么好处?”

周老的发言在教师中激起了小小的波浪。会后议论纷纷。有的说：“周老说的话太迂了，不合时宜。”有的说：“这话是周老说的，要是我们这些小萝卜头说，还不成批判典型。”还有的悄悄说：“周老说的是大实话，但更大的人物说的和他不一样，所以现在不能说。”在当时“四人帮”肆虐的条件下，这次座谈会没有解决什么问题是意料中的事。但力学专业到底如何办，周老的那些话却引起不少人的认真思考。

后来，王大钧和几位肯动脑筋的老兄了解到分校边上有一个褒河大坝正在施工。他们申请去那里劳动以便接受再教育，果然被批准了。劳动之余又结识了那里的几位工程师，得知设计中遇到了困难，便斗胆承担了大坝强度分析的课题。他们白天劳动晚上计算，后来干脆白天也算，还派人到西安用电子计算机算。经过一段努力取得了一些成功。工程局的工程师们对计算结果评价颇高。

这件事传到了在北京的周老耳朵里，他捎来话说：“褒河小分队干得不错，说明我们力学还是大有作为的。”话虽简单，很平淡，但这在当时却不一般。它是当时我们所能直接听到的珍惜知识的唯一的声音。它是一位用毕生精力追求知识的老知识分子的肺腑之言。

褒河小分队的成功对教师们无疑具有鼓舞和壮胆的作用。之后，冷却塔小组、喷锚支护小组等将生产与力学结合的课题组一个个成立起来，也都相继取得了成功。

1970年，系里迎来了第一批工农兵学员。迎新会热闹了一阵子后，教师们又陷入了更深的苦闷之中。没有学生时，教员之间彼此彼此；一旦有了“上、管、改”的新主人，教员们说话就得格外小心了。上课的教员难免在课堂上说个把句不合时宜的话，便有大字报铺天盖地而来，说是“放毒”、“出土文物”、

“九分无用一分歪曲”了的资产阶级知识。教员只要开口讲一个抽象概念，就得遭几个“有什么用”的提问。课堂教学很难组织。在教师尊严一丝也没有的当时，还要时不时掀起狠批师道尊严的运动。“教授教授，教人难受”，“教授教授，越教越瘦”，是当时教员心态的真实写照。

姚文元是颇有几分“才气”的，他将知识分子的这种苦闷描绘为“如丧考妣”。毋庸讳言，“老九”们的苦闷比丧考妣还要深百倍。人过中年，丧父丧母带来的悲痛大约也只留存几天和数周。而现在，人人都觉得有劲不知如何用。人人心里在问：国家还需要我们吗？数十年辛勤钻研积累的知识就这样变成臭狗屎了吗？报效祖国真的无门了吗？为了打发光阴，他们开始学打扑克、下象棋。教师宿舍一时间成了棋牌俱乐部。短短一年多，颇培养了不少名象棋“里手”和桥牌行家。这是一种沉闷中的娱乐，或者娱乐中的沉闷。

沉闷了两年，1972年，人们终于看到了曙光。周总理抓理论了。传来了周总理跟周老说的几句话：“你回去要把北大理科办好，把基础理论水平提高。这是我交给你的任务。有什么障碍要扫除，有什么钉子要拔掉。”

教师们听到这个消息后欢呼雀跃，奔走相告。这时我们才弄清，周老不孤立，周老不迂。党和周总理是支持他的。

不久，又传来了周老关于发展自然科学基本理论的另外许多精辟的见解。例如看到了他在《光明日报》上的文章——《对综合大学理科教育革命的一些看法》。听到了他在教育部举行的理科座谈会上发言的片段。为了说明自然科学基本理论的重要性，他举了两个例子。一个是微积分，“当时并不是直接为生产需要发明的，过了300年之后的今天看，生产中无处不在应用。”另一个是“由于有了二三十年代核物理的研究，才有四五十年代核工程的应用。”这些历史事实是多么具有说服力啊！

力学系的教师们，对周培源老师有着特别的感情。1952年，是周培源教授领导的几位教师创办了全国第一个力学专业。不少教师是他的学生，或者是他学生的学生。50 年代，每当节假日，周先生总参加教员们的座谈会或联欢会，嬉戏与共。即使在北京校园里碰见他也不免拉几句家常，谈几句教学上的情况。现在虽然远隔几千里，但周老的一言一行仍然牵动着许多教师的心。

力学系的教师们对周老是了解的。他是一位学者，但他的爱国之心、为国家奉献之情对教师们有着深刻的印象。正是因为这样，文化大革命初期，一些人想搬倒他，把他弄成“反动权威”，而力学系就没什么人响应。

周培源早年是主攻理论物理的，他的专长是相对论、宇宙论。七七事变后，他觉得这些方面虽然也需要，但对于落后的中国来说，需要发展和工业更为紧密的研究领域。于是他把主要精力放在了流体力学和湍流，希望为国家的航空、航海、水利事业培养基础性人才。但在灾难深重的旧中国，这些梦想只能变成泡影。于是将希望寄托在新中国。1949 年他抱着由衷的喜悦迎接共和国的诞生，他代表清华大学去迎接共和国第一代领导人进北京。

新中国成立后，他的许多夙愿得以实现。为了发展湍流研究，在国家经济并不富裕的条件下，1956 年国家科技规划中，决定在北大建设二元低湍流风洞。但当他得知我国航空工业还没有一座够精度的实验风洞时，便毅然将建造这个风洞的顺序改为先建三元风洞，使之更符合飞机型号实验的要求(图 2)。这个风洞 1958 年建成后，数十年来为国家培养了人才，也为我国航空工业的起飞立下了汗马功劳。

图 2　周培源领导建造的大风洞在做实验

在教学上重视基础理论，

又是周老的一贯主张。他本人的大半精力是致力于基础理论研究的。他在教学中也总是谆谆教导学生把基本规律掌握透彻。由于基础理论扎实，他培养的学生中有不少是作出卓越贡献成为世界知名人物的，有的学生即使转向工程技术，也得益于雄厚的基础，其中不少有重要的发明创造。

文化大革命中遇到的情况，对理科教育是非常严峻的。它已不再是当前科研课题是否联系实际的问题，也不是理论和应用适当比例关系的问题，用周老的话说，它是“在旧中国本来就非常薄弱的科学基础”允许不允许存在和发展的问题。当时，就我们所能了解到的情况看，逐渐意识到，在这场斗争中，一开始周老几乎是孤立无援的。他是我国知识分子在逆境中敢于公开坚持重视自然科学基本理论的中流砥柱。力学系大多数教师虽然从心底是站在周老一边的，但没有条件表达他们的声音。当他们得知党中央和周总理是支持周老的这一鼓舞人心的消息时，多年被遏制了的热情一下子迸发了出来。一时间，教师们又挤在图书馆查资料，加紧学习，以弥补失去了数年的黄金岁月。搬家时卖掉了书的几位，也不断托人从北京买书回来。知识分子的书架上又摆满了书。概率统计讨论班、有限元讨论班等一个个举办了起来。每星期总还有几次学术报告。这时课堂教学也正常了，教师敢于严格要求学生了。教师宿舍里的象棋扑克也自然销声匿迹了。

然而好景不长，上海一本杂志上公开批判“300 年后用得上”，一篇篇来头颇大的文章影射着周老。1973 年“反回潮”了。没多久，事情发展到更荒唐可笑的地步，批相对论、批热力学第二定律的文章纷纷亮相。

那时，我一次回北京办事顺便拜访了周老，问他外边为什么批相对论。他说：“这些人胸无点墨。”“说光速有限不对，光速只不过是一个物理常数，光速要批，水的沸点、绝对零度要不要批，要批的还多着呢。”回到汉中后，这些话当然跟谁也不能谈。但内心却对这位老人坚持真理的凛然骨气升起了由衷的敬意。

报上大块文章一出，各单位都得紧跟。汉中分校也不例外，一片反回潮的声势。讨论班、跑图书馆被认为是回潮的迹象。于是宿舍里又是一片打扑克、下象棋的繁忙景象。

“老九”的通病，他们对当时肉定量减少、生活困难、体力劳动的脏累似乎并不在乎，而总有些人在议论国家大事，议论理科命运。周老挨批，更使不少人担忧。联想到当时批周荣鑫、批邓，心眼快的人立刻为敬爱的周总理担心了。周老是周总理支持过的，周荣鑫、邓小平更是周总理支持的。这些虽是猜测，但大量大块文章又是一种现实。

人们的沉闷加上了忧伤。可不是吗，总理让周老消除障碍，拔除钉子。还刚起步，周老和总理眼看也要被人当钉子拔掉了。此时人们沉闷已不只由于个人无用武之地，而是在忧国忧民，他们为周老、为周总理、为党和国家的前途而忧心忡忡。外系有一位党员，写信给他们的总支书记，信中大意说：国家被几个人糟蹋得不像样子，老干部被斗，党内民主受践踏，教育、生产、科技被破坏，他已不能忍受云云。信中最后还说，希望这位书记带领他去上山打游击。信写得痛快，一针见血。但却不幸落在了一位“决心把文化大革命进行到底”的积极分子手中。信被私拆了，这位教员从此倒了大霉，除隔离审查之外，吃饭上厕所都得有人“陪同”。那位书记也从此陷入被动境地。杀鸡吓猴，外系那位党员教员当了“鸡”，全分校的“猴”们的痛苦和忧伤只能埋在心灵深处。愁云密布了汉中分校。

1976 年“四人帮”终于倒台了，“四人帮”借反周老以反周总理的阴谋也大白于天下，教师们的愉快之情胜过 1949 年的解放。

回到北京后，我又去拜访周先生。从他侃侃而谈当中，感觉得到他的愉快比我们更强烈、更浓重。他说：“让我们也写点文字谈谈我们的观点吧。”“‘四人帮’使我们的基础理论、教学整整耽搁了十年，让我们加把劲，把损失的时间弥补回来。”

事件篇

12
Chapter

力学教材的简单历史[注]

教材是每门学科发展和建设的关键之一，好的教材可以使青年人迅速地、牢固地、系统地掌握本门学科已有的成果，并把他们很快地带领到该门学科发展的前沿。一部好的教材可以经久不衰，影响数代学者的成长。例如法国天文学家弗拉马里翁(C. Flammarion,1842—1925)所写的《大众天文学》于1880年出版后，被译成多种文字，不断补充重印。许多世界著名的天文学家就是由于受这本书引导走上天文学的道路的。

美国著名的物理学家费曼(R. P. Feynmann, 1918—1988)(图1)，一生有许多重要贡献，并且由于在量子电动力学方面的工作而获得了1965年的诺贝尔奖。他同时还在教学方面有重要的贡献，他的《费曼物理学讲义》影响很大。著名的物理学家1973年诺贝尔奖获得者贾爱弗把费曼看作是对他影响最大的人。加利福尼亚理工学院的副院长说："从长远的观点看来，他对物

注：最早以武际可、黄克服所写的《对力学教材的几点看法》. 刊于《力学与实践》，(2000,22(5):69－72)，后经补充，在一些会议上介绍过。

理学最重要的贡献不是量子电动力学，不是液氦、极化或旋子理论，他的真正的记功碑将是他的《费曼物理学讲义》。”由此可见教材的重要性。

图1　费曼像

随着二十一世纪的到来，我国现代化教育事业的不断发展以及教育改革的不断深入，为了适应现代化建设对人才的新的要求，各门学科教学改革的呼声日渐高涨。作为自然科学七大基础学科之一的力学，同样遇到了如何顺应社会的要求，进行教学改革的问题。事实上，力学教学的改革也是时代的要求，是我们目前必须面对的一个现实问题。力学教材改革的成败，不仅影响大学力学专业学生的学习，而且对整个工科以及相邻的理科专业也将会产生深远的影响。

教学改革包括了许多方面，其中十分重要的一点就是教材的更新，包括教材内容的现代化以及教学方法、教学手段的现代化。

一、从理工科教育的发展来看教材

纵观力学教材的发展历史，我们认为不能将力学教材的变革仅仅从力学本学科的角度来看，而应将其与整个自然科学各门学科的教材的发展紧密联系在一起。一部自然科学教材的发展历史告诉我们，不同历史时期的教材都是当时整个学术思潮的一种反映，它或多或少地体现了当时的理念。因此，为了把握力学教材的发展趋势，必须放开眼界，纵的方面从历史进程中看，横的方面从各门学科来看，广的方面从世界各国来看，以求抓住教材发展进程的主流。

1789年法国大革命后，为适应在进行的战争迫切地需要工程师做筑堡垒、修道路、建桥梁以及有关枪炮方面的工作，1795年正式成立了巴黎综合工科学校。这所学校的成立是在世界范围内理工科高等教育发展史上的大事。法国数学家蒙日(Monge，1748—1848)(图2)是这所学校的第一任校长。

综合工科学校与以往的学校最大的不同是由学校组织集中授课的方式进行教学，而以往学校则基本上还是师徒之间的个别传授。由于这所学校开创了对学生集体授课的教学方式，于是就必须有相应的教材。

图2　蒙日像

如果说，在对大批学生集中授课才是现代意义上的教材产生的社会条件，那么，巴黎综合工科学校所组织的新型的集中授课，就是近代教材的开始。学校组织出版了一批影响很大的教科书。如泊松著的《力学教程》、普朗尼著的《力学分析讲义》、纳维写的《力学在结构和机械方面的应用》(后来经过圣维南对该书第三版的修订补充使篇幅增加了9倍)等。

其次，这个学校规定学生在进入各个具体工程部门学习之前，都必须学好数学、力学、物理、化学等课程。开始有了基础课与专业课的区分。它要求学生在头二年里学习基础课，在第三年才开始学专业课。后来干脆取消了专业课的教学，这所学校变为一所只教授基础课的基础培训学校。学生在这里上两年基础课，然后被分入其他工程学校如桥梁道路学院、矿业学院、军事学院等。

把基础课与专业课分开，相应地就需要有基础课的教材，在教材上基础课与专业课也开始分家了。

把基础课和专业课分开，是教育思想上的巨大进步。后来法国出现了一大批数学和力学的巨人(如柯西、泊松、纳维等就是该校第一班的学生)。整个弹性力学和流体力学基础的奠定，可以说主要是在法国学者的推动下完成的。就是这种教育思想重大成功的实证。

这所学校的教学组织对世界上其他国家的教学影响很大，后来其他国家的工业高等学校大都仿照这所学校建立。如维也纳工学院、苏黎世工学院、俄国与美国的某些工业院校，都是按照它的模式建立的，有的则完全按照它的教学大纲教学。

二、“百科全书”式的教材

在19世纪中叶，许多自然科学学科得到了迅速的发展并逐步形成了自己的知识体系，如经典力学方程的完善，有了拉格朗日及哈密尔顿力学；电动力学方程的发现，有了麦克斯韦方程组；流体力学的发展提出了纳维-斯托克斯(Navier-Stokes)方程，由纳维和柯西建立的弹性理论等。处于这样一个时期之后，从19世纪末开始，自然科学的教材也就逐渐有了一种“百科全书”式的风格：比如英国人乐甫的《弹性的数学理论教程》几乎囊括了当时所有的弹性理论的最新成果，并出版了四个版本，成为风靡一时的标准的弹性理论教材；还有法国人阿佩尔(Paul-Émile Appell,1855—1930)的《理论力学教程》，英国人汤姆孙(M. Thomson)的《流体力学教程》与瑞利的《声学理论》都是这种风格的教科书。这些教材的特点是以解法为纲，收集了当时几乎大部分已有的理论解；在数学教材方面，当时最权威的教材当数法国人寇萨(E. Goursat)的《数学分析教程》，从微积分到复变函数、微分方程的内容应有尽有。在物理学领域中，德国人索末菲著的《理论物理学教程》集理论物理各个方向之大成。其他学科的教材也有大致类似的特点。

到了二十世纪四五十年代，这种将教科书的内容“百科全书”化的趋势越来越明显了。虽然删去了一些较老的内容，但不过是在新的水平上的无所不包。一本教材既包括学科基本知识，也包括专门知识。在新中国成立以后，我国高等教育从教学体系到教材建设均采用了苏联的模式，因此我国的自然科学方面的教材普遍采用苏联教科书为样板：力学方面，有洛强斯基的《理论力学教程》，有科钦等的《流体力学》，有穆什海里什维里的《数学弹性力学中的几个基本问题》；数学方面，有菲赫金哥尔茨的《微积分学教程》，斯米尔诺夫的《高等数学教程》、甘特马赫尔的《矩阵论》；在物理方面有福里斯的《普通物理》和朗道、利福希兹的《理论物理》；等等。这些教材大多是所谓大部头的著作，不遗余力地把本学科的内容集中在一起，形成了手册式的教科书。

同时，在美国出现了以铁摩辛柯(图 3)的《材料力学》、《弹性理论》等为代表的一系列的固体力学教材，这些教材较以往的传统教科书要精简一些了，20 世纪 70 年代以来，我们的许多教材都是以此为蓝本的各种翻版。

图 3　铁摩辛柯像

这种“百科全书”和“手册”式的教科书的趋势，从 19 世纪末兴起一直延续到现今，经过了一个多世纪，还有人在坚持。尽管这些教材具有它们的重要价值，确实起过甚至还在起着重要作用。但是从教育思想上来说，却不能不说是对巴黎综合工科学校把重要的、基础的东西和专门的东西相分开的教学思想的否定。

其所以会一再出现把教材弄得“百科全书”化，从根本上说是因为对教育功能理解的不同。或者说，把教育和职业培训不能区分，把学校和企业不能区分。实际上，我们也不能把教育看作单纯传授知识。教育的功能是提供一个人今后发展最重要的条件。由于对在学校教学中，没有把什么是对学生今后发展最重要的条件弄清楚，所以在教学中就会认为什么都重要，结果就形成百科全书式的教学了。

三、近年来教材改革的趋势

力学教材的精炼化、现代化和通俗化是近年来改革的三个主要趋势。

随着现代社会的飞速发展，人类知识的大量增长，各个学科内容的急剧增加，新的学科门类的出现，以及一些传统学科的相互交叉渗透，使得力学教材的内容较以往有很大程度的增加。因而一个非常实际的问题就摆在了整个教育界和力学教育的面前了：是像以往一样将我们的教科书写成一种新的“百科全书”呢？还是另起炉灶，重新建构我们的教材体系呢？就目前的情形而言，结论显然是后者。通过对这些年来一些新的力学教材的观察，我们认为，新的力学教材体现了如下一些特点：

1. 教材的精炼化

20 世纪 50 年代以后，学科方向分类越来越细，学科内容急剧增加和膨胀，人们形容这种情况为“知识爆炸”。以往那种“百科全书”式的教材难于在有限的教学时间内教完，即使作为学生的阅读材料也不容易使人较快地抓住要领。为了纠正以往教材的这一弊端，出现了砍掉其中某些内容使教材精炼化的趋向。

所谓教材精炼化，就是在教材中只包含那些对学生今后发展最重要、应用最普遍的内容，并将这些内容按新的教学系统加以整理，而删去那些比较专门的、相当独立的课题。随之而来的便是一门学科的基础部分教材与讨论专门课题专著的分离。这种趋向是更进一步把巴黎综合工科学校的教育思想贯彻到每一门课程中去。以材料力学而论，较早的教材如铁摩辛柯的《材料力学》(1930 年出版)，不仅包含了梁、弹性基础上的梁以及薄壁梁等内容，还包含了简单的板壳理论、柱体扭转、塑性力学、应力集中等众多的专题内容。到了20世纪50年代，大多数的材料力学教材都删去了后面的那些专题内容。而铁摩辛柯的《材料力学》再版时也将专题部分与基础部分分离出来，独立出版为《高等材料力学》。

再以弹性力学而论，早期乐甫的《弹性的数学理论教程》是一本厚600多页的巨著，它不仅包含了弹性力学的一些基础知识，还包含了板壳理论、弹性体振动和波、弹性柔杆理论、非线性弹性理论等多方面的知识。到20世纪50年代以后，后面的各种专题都有了很好的专著出版，如苏联哥尔琴文塞尔的《弹性薄壳理论》、诺沃日洛夫(Novozhilov)的《非线性弹性力学》等。20世纪40年代苏联出版的列宾逊(Leibenzon)的《弹性理论》完全没有后面的那些专题，而60年代出版的卡茨(Katz)的《弹性理论》仅厚200页，只涉及弹性力学最重要的基础知识。

这方面代表性的教材还有德国人萨博的《高等工程力学》和马格努斯的《工程力学基础》，他们用相当小的篇幅讲述了相当于理论力学、材料力学、弹性力学和流体力学的最重要的内容(后一本书不到300页)。德国大部分的工科学校的力学课程都是按照这两本教材开辟的道路进行教学，辅以适当的习题课，教授时间却要四个学期。可以说内容充分精炼，而且要求学生牢固地掌握。

2. 教材内容的现代化

纯粹的只靠删去某些专题使教材的分量降低下来，突出最基础的知识，是不能使教材满足要求的。这是由于近代科学的发展，不仅仅是数量的增加，它往往要改写整个学科的内容，包括最基础的部分。这也就是说，科学的发展有时会使整个学科产生质的变化，它的最基础部分的叙述方式、逻辑体系以及应用领域都会发生很大的变化，有时若干年后人们对它会有面目全非的感觉。

由上所述，教材的内容还必须体现现代化的要求。对于力学教材来讲，现代化最主要是体现在以下几个方面。

首先，要引进现代化的数学语言。近三十年来，20 世纪 30 年代由数学家发展起来的一整套新的数学语言迅速地向物理界推广和普及，而且业已证明它在表述物理规律方面的重要性。例如，外微分和微分形式的引进，流形、切空间等概念的应用，黎曼几何、辛几何等新的学科在物理中的渗透，已经使得许多物理定律的描述简单明了了。苏联学者阿诺尔德(В. И. Арнолд)的《经典力学中的数学方法》一书，是为莫斯科大学三年级学生写的一本力学教材，它使用近代微分几何的概念，总结了从牛顿力学到拉格朗日、哈密尔顿力学的发展，实质上是对几何认识上的发展的不同阶段，即它们分别对应于欧氏几何、黎曼几何和辛几何。武际可、王敏中在 1981 年出版的《弹性力学引论》，随后美国马斯登(Marsden)写的《弹性的数学理论》都应用了外微分的语言来叙述弹性力学，十分精炼。前者主要应用于线弹性力学，后者则是非线性弹性力学。

其次，计算机的发展对力学教材内容的现代化提供了很重要的一个检验手段。原来需要靠解析解或手工计算的重要内容，现在让位给计算机了，于是原来的部分便相对陈旧了，由新的适应数值计算的方法取代了。例如，在弹性力学中，20 世纪 60 年代以前，复变函数解法几乎在每一本弹性力学的教科书中占有重要的位置，当时，它是唯一的较普遍使用的求解方法，而现在它已经被有限元法取代了。随着弹性力学边界元法的发展，弹性力学中位势理论和基本解显得比较重要了。近年来，随着计算机的普及与发展，计算力学通用及专用软件的完善，以及一些计算机辅助教学软件的出现，将力学内容与计算机紧密结合的材料力学、结构力学、流体力学、弹性力学、塑性力学的教材也大量出现了。与此同时，相应的数学教材的内容也有了较大的变化，以往的教材定积分的分量较大，有了计算机以及一些公式推导的软件，定积分的计算训练就可以相对减少一些了；过去，常微分方程的内容有很大一部分是讲述可积情形，而现在数值解法的普遍使用，使得定性理论就显得更为重要了。例如，阿诺尔德的《常微分方程》一书就重点介绍定性理论。

第三，现代化的教材还要以新发现的事实不断充实教材。科学总是在不断前进的，新发现的定理、定律、规律与新现象层出不穷，一本好的教材总是要从中选择影响深远的部分充实进来。例如，在20世纪60年代以前的力学教材中，有百分之八十到九十是关于线性问题的，非线性问题很少涉及。近年来随着非线性科学的发展，非线性这个名词在教科书中出现的频率也就越来越高了。非线性方程、奇异性、奇点、奇怪吸引子以及混沌等新概念已经在理论力学、振动理论、微分方程等教材中广为介绍。在弹性力学的教材中，值得一提的是英国人阿特金(Atkin)著的《弹性理论引论(An Introduction to the Theory of Elasticity)》，在薄薄的一本小册子中不仅介绍了线性弹性理论而且重点介绍了非线性弹性理论以及近代本构理论和不变性原理等新内容。它是作为英国高校大学三年级的教材，写得简单明了。

3. 教材的通俗化

一本教材，精炼了，有了现代化的内容，但如果人们不易看懂，仍然不能认为是一本好的教材。所以，近来国内外的学者在教材的易读性上花了很大的工夫。

要使得教材易读，必须重新改写重要定理、定律的证明和阐述，以简单易于了解的通俗的方式取代以往的方式。例如，在费曼写的《费曼物理学讲义》中，在介绍第一宇宙速度时，只要学生承认两件事，即：在地球表面水平飞行的物体第一秒下落16英尺；地球半径为4 000英里这两个事实。然后，利用简单的几何推理就可以论证地球的第一宇宙速度为5英里(即7.8公里)。在这里他没有引入速度，也没有引入加速度，更没有引入地心引力等概念的严格定义，却通俗地解答了人造卫星为什么能待在天上这一事实。类似的优秀论述在不少好的教材中不胜枚举。

利用新的数学工具也可以使事情叙述得简单明了。传说俄国学者 A. H. 克雷洛夫很不愿意使用向量的符号，张量则更不用说了，结果除了自己书写冗繁以外，上课时学生尽忙于抄黑板。现在的力学、数学教材中大部分都采用向量、张量的语言。如在场论中，一个无旋向量场有势的结论，以往要经过冗长的复杂推导才能得到，现在的许多教科书中利用闭形式与恰当形式的概念，只要几句话便可以阐述得清清楚楚。

在教材中尽量采用直观、生动和精美的插图，是教材易于读懂的努力方向之一。有的教材还采用了漫画式的插图更使教材富于趣味性。近年来随着视听技术和计算机技术的发展，出现了大量的光盘等影视教学教材。

四、应当怎样去改进力学教材

为了改进力学教学与人才培养，急需改进我们的力学教材。这是我们的共识。而我们的不少力学专业的数学、力学教材却还停留在二十世纪四五十年代的水平，不符合时代的要求。为了改变这种情况，力学科学工作者，特别是力学教师，必须努力工作，而首先是再学习。

第一要熟悉当前物理、数学和力学这些学科知识的现代化的进程，特别是其中较为基础的知识的现代状况。

第二要熟悉社会提供的教学条件的变化，特别是计算机、电化教学手段的发展。

第三要熟悉自己教学的本门学科内容，特别要用以上两条来重新审视这些内容，加以改进。

在这样的基础上，才能教好书，写出新的好教材。

目前，我们的主要问题是基础教材太老，基础课的内容太杂，在学校里基础课不受重视。由于在学校里具有显赫地位的大都是一些在比较狭窄领域取得研究成果的专家，他们满脑子的具体课题，认为这也重要、那也重要。搞断裂的说断裂重要；搞细观的说未来是细观的天下；搞计算的说编程序要紧。结果使学生学许多杂乱而无系统的知识。我国在春秋时代的重要著作《周礼·学记》上说："杂施而不孙，则坏乱而不修。"意思是说，把杂乱而没有条理的东西交给学生，是学不好的。还说："记问之学，不足为人师。"意思是说，像活字典那样，记得许多事情，是做不好教师的。这种状况也是不符合国际上现代高等教育重视基础的潮流的。我们现在这种在教学中轻视基础的风气，恐怕是社会上急功近利风气在教学中的一种反映。如果轻视基础的风气不能改变，基础课的教学内容和教学方法不能有明显的改善，我们的教学改革就有流于形式的危险。

针对这种情况，尤其要紧的是，应当组织一些专家仔细研究：在现在的水平上来说，哪一些知识是最为基础的，对学生今后的发展能起至关重要作用的，应当让学生确实学到手的知识。为此，可以开展适当的学术讨论，在充分地争论和讨论的基础上再做结论，或者不做结论。要避免过分简单化。不能某个有名的人写了一本教材，少数人一鉴定，没有经受过教学的实践考验，就匆忙向全国推荐，说是什么新世纪教材，如此等等。我们这么大的国家，应当鼓励多出几套教材，这并没有什么坏处。应当下大工夫，编好针对这些基础内容的教科书、教学参考书。并且编好一批围绕这些内容的辅助读物、通俗读物、视听材料等。还应当把那些知识面宽、表述能力强而又在研究上取得重要成果的教员推到最重要的基础课课堂上去。

与此同时翻译借鉴国外优秀教材也是一种可行的捷径，过去一些已经翻译出版了的国外的教材，都有许多可资借鉴之处，已经起到了良好的作用。

说到力学教材，我们不仅要关心课堂上使用的教材，还应当关心那种向公众普及力学的以及着重于提高的广义的教材。教材一共有三种，即供教师课堂讲授的教本、供学生和大众加深课堂讲授的辅助读物和供教师和学生提高的较深的教学参考书。目前我们所关注的只是教本，而对后两类教材注意很少。

说到力学科学普及读物，迄今我国优秀的力学科普著作、科普文章、科普影片、能够使学生玩味的加深课堂内容的课外读物等很少，这不能不说是力学界的一大憾事。这里应当特别推荐的是苏联学者基尔皮切夫（Кирпичев）在1907年出版的《力学谈话》，通过17次谈话将力学中最重要的原理与内容通俗地给以介绍。到1951年出版了第5版，至今它仍是一本适合大学生阅读的好书。

我国的力学家们曾经为国家作出了巨大的贡献。一个作出了很大的研究成果的科学工作者，如果他能用通俗的语言讲给学生，使学生对这件事感兴趣，才能算是一个好的教师。如果他又能用通俗的文体向大众介绍，使大众了解他做了些什么，那他才能算作一个好的科学家。《周礼·学记》上说“善歌者使人继其声，善教者使人继其志”，信然也。

愿我国力学教育中涌现更多的优秀科学家和教育家。愿我国的力学界健康繁荣地发展。

13

Chapter

漫话周期运动[注]

——天体的运行和乐器的发声

我们周围周期变化的事物，从远古起就引起了人们的兴趣，吸引人们去观察、探索、研究。早在二千多年以前，我国战国时期的思想家管仲在《管子》一书中就曾有“天覆万物，制寒暑、行日月、次星辰，天之常也。治之以理，终而复始”的论述。

西方哲学家亚里士多德(前384—前322)在他的名著《物理学》中给出了圆周运动的精确定义，并且说：“圆运动先于直线运动，因为它比较单一、完全”，“循环运动是一切运动的尺度”。

民间谚语“三十年河东，三十年河西”概略描述了河床周期性变化的规律。《三国演义》的第一句话“话说天下大势，分久必合，合久必分”，描述了社会现象的周期变化。《汉书·礼乐志》中有一句话：“阴阳五行，周而复始。”则将周期变化总结为一般的规律。

注：本文收在文集《力学诗趣》中，南开大学出版社1998年10月出版，此文集与王振东合著。

在众多周期变化的事物中，有两类特别引起人们的兴趣，一类是日月星辰即天体的周期变化，另一类是乐器的发声。

乍看起来，这两类事物是如此的不同。前一类是自然的，而后一类则是人造的。然而，它们都是周期运动，而且在今天看来都是最易于观察到的周期运动。它们都是同人类生活息息相关的。

中国历代统治者视科学技术为“奇技淫巧”，却对这两类现象的研究表现出特有的偏爱。在官修的廿五史之中，总是以显著的篇幅描述天体运行的历与乐器发声的律，合称律历志。这种偏爱基于对这两个领域重要性的认识。天体运行不仅关系草木荣枯的周期变化，关系人类作息，农事周期，而且在他们看来，“凡帝王之将兴也，天必见祥于下民”（吕不韦语），“治道失于下，则天文度于上”（陆贾语），即人世的治乱都可以从天体运行上看出来。对于乐则认为“乐也者，天地之和也”，“可以善民心”，“审声以知音，审音以知乐，审乐以知政，而治道备矣”（《礼记》）。天象和音乐有这么大的作用，难怪历朝历代都设有管天的钦天监、管乐的乐府、教坊等专门机构，组织专门的研究队伍，委派专门的官吏掌管。不少封建统治者本身就是这方面的专家：唐明皇和三国时代的周瑜是音乐家，明朝王子朱载堉是律学家，清朝皇帝康熙是通晓天文和乐律的专家。

日月星辰，在 1957 年人类首次发射人造天体之前，本身变化不大。描述它的观察资料日益丰富，描述它运行的理论、学说不断发展。至于乐器，从史前到现在，种类日益繁多、功能日臻完善、内容也不断丰富。

考古发掘证实，我国约八千年前就已有笛，而七千年前就已有埙这种古老的吹奏乐器；之后有钟、磬、鼓、琴、萧等。到了周朝，见于记载的乐器即有 70 多种，仅《诗经》中提到的乐器就有 29 种之多。《周礼》将它们大致分为 8 类，即匏（笙类）、土（埙或缶等）、革（鼓类）、木（板类）、石（磬类）、金（钟类）、丝

（琴类）、竹（管类）。唐代乐器空前发达，加上从外域传来的，据记载有300种以上。

胡琴的出现是乐器史上的大事，它是弓弦乐器的始祖。北宋的大学问家沈括（1031—1095）在《梦溪笔谈》中有“马尾胡琴随汉车”的名句，表明宋代已有了胡琴。《元史·礼乐志》中有正式的胡琴记载，说：“胡琴，制如火不思，卷颈、龙首，二弦用弓捩之，弓之弦以马尾。”西方的小提琴等弓弦乐器是从东方传去、历经改进到15—16世纪才定型为现代的式样。

电子琴是20世纪才出现的，它是把近代非线性电子管振荡器用于乐器制造的产物。1920年，一位苏联学者发明了差频式电子琴。由于那时电子管体积大，性能也不理想，虽几经改进，在20世纪60年代之前大多没有实用价值。六七十年代之后，由于三极管、集成电路的出现和振荡器性能的改进，新的电子琴可以模仿任何乐器的音色。一架电子琴在手，演奏起来可以达到一个乐队的效果。电子琴目前仍方兴未艾，它的前程无量。

天体运行和乐器振动的各种理论发展，其内容之丰富、道路之曲折，绝不是在一篇短文中所能详尽的。这里，我们仅将它作一简要的回顾。大致是：天体运动精确化描述，乐器的线性振动理论；天体动力学模型及乐器非线性振动几个重要阶段。

早期，无论东方还是西方，自然科学都是从观察天体运行迈出第一步。尽管天体运行相对简单，但还是经历了漫长的岁月。从对日月星辰运动的观察，不断积累资料、完善理论模型，从地心说到日心说，在西方经过从托勒密、哥白尼、第谷、开普勒、伽利略，经过了剑与火的斗争，才迎来了17世纪牛顿力学的诞生。牛顿力学的第一个胜利便是成功地精确地解释了行星运行的轨迹。关于天体运行的争论至此似乎画上了一个句号。牛顿力学也是近代精密科学的开始。它使人类形成了绝对时间、空间，运动的速度、加速度，质量以及力的概念，并能用这些概念及运动定律列出描述物体运动的运动方程。这些都为乐器发声理论的研究奠定了基础。

乐器的发声来自振动。振动也是一种周期运动，不同的是它的周期很短。天体运行的周期是以年为单位的。而乐器振动周期只有百分之一秒左右，以 C 调的 la 为例，它是每秒 440 赫兹，比天体运行周期快了约 10^{10} 倍，所以比起天体的周期运动来说更难于观测。

事情还得从意大利科学家伽利略(1564—1642)谈起。传说他小时候在教堂随大人作弥撒，对圣经毫无兴趣，却不时去观察教堂大吊灯的摆动，从而吸引他后来对单摆进行实验，得到了单摆周期等时性的结论，并且得到了周期同摆长关系的物理定律。基于摆的等时性，才产生了近代意义下的计时装置——摆钟。用它度量其他运动，这在技术上实现了亚里士多德的“循环运动是一切运动的尺度”。有了这个尺度，人们可以进而观察像乐器振动这样较快的运动了。

在众多的乐器中，弦乐器最易于研究。法国僧人马森(M. Mersenne，1588—1648)做了弦振动的实验，得到了弦长与振动频率的关系。之后拉格朗日、达朗贝尔、亥姆霍兹等对弦板和其他各种乐器进行了大量实验与理论研究。1877 年英国人瑞利的《声学理论》巨著集前人研究之大成，它概括总结了弦、板、管等的振动与发声，这就是现今关于线性振动理论的主要内容。

在我国历史上，这类问题提出得还要早。例如在《周易》中有“同声相应，同气相求”的记载，可谓共振原理的萌芽。在《汉书》等中有弦乐器音阶的“三分损益”的记载，它简单说明了音阶同弦长的关系。北宋沈括在《梦溪笔谈》中记载了琴瑟上调弦时的共振实验，他说：“欲知其应者，先调诸弦令和，乃剪纸人加弦上，鼓其应弦则纸人跃，他弦不动。”明朝王子朱载堉在世界上首先提出了十二平均律。这些贡献无疑都是了不起的。但由于量的精确化不够，没有形成精确的表述方式，所以甚至连振动的周期、频率、音速等基本概念也不是首先在中国准确形成的。

20世纪以前的研究结果应当说是相当丰硕的了，然而所有这些研究中，还没有涉及一个乐器发声的根本哲理性的问题。声由物体振动产生，而一般振动，如击鼓所形成的振动，总会由于材料的内耗和介质的阻尼衰减而最终停止。那么一个持续的声音或振动将是怎样产生的呢？例如埙、笛、笙，只要对吹口连续吹气，且气足够长，声音即可延续足够长；弓弦乐器只要弓足够长，持续拉动，弦即不断振动。即是说，单调的口风和弓子的平动怎能产生周期运动呢？直到19世纪末，人类还没法回答这一问题。

要回答这个问题，还得回到天体力学上，得从法国的数学家和哲学家庞加莱（1854—1912）开始。他在深入研究了天体力学后，将天体的运行归结为一组常微分方程，称之为动力系统。由于求解困难，他不得不转而开创了一个新的方向，这就是微分方程的定性理论。对于天体问题，特别是二体问题，他论证在一定条件下存在周期解即极限环，并设法去寻求它。1927年，苏联学者安德罗诺夫（Андронов Александр Александрович，1901—1952）（图1）指出，在无线电的振荡器中的自激振动可以用庞加莱的极限环来进行数学分析，并在此基础上提出“自振”这一名词。他说：“尽管这样的系统中有摩擦，却都存在不依于初条件的振动，这样的振动称为自振。”自振只有在非线性系统下才会出现。弓弦乐器、管乐器、簧乐器的发声无不是自振。

图1　安德罗诺夫像

1940年，E. 霍普夫（Hopf）（图2）将安德罗诺夫的自振概念进行了数学上的概括，这就是现今所说的安德罗诺夫－霍普夫分岔。这个概括可以简要总结如下：

考虑一个动力系统

$$\dot{\boldsymbol{x}} = \boldsymbol{f}(x, \boldsymbol{\lambda})$$

这里 $\boldsymbol{x}$ 和 $\boldsymbol{f}$ 都是 n 维向量，$\boldsymbol{\lambda}$ 是一个参数。它有平衡解 $\boldsymbol{x}_0 = \boldsymbol{x}(\boldsymbol{\lambda})$，对给定的 $\boldsymbol{\lambda}$ 是常向量，即满足 $\boldsymbol{f}(x_0, \boldsymbol{\lambda}) = \boldsymbol{0}$。为了在平衡解邻近讨论系统的行为，不妨将右端取主要项，即

$$\dot{\boldsymbol{x}} = \left.\frac{D\boldsymbol{f}}{D\boldsymbol{x}}\right|_{x_0} (\boldsymbol{x} - \boldsymbol{x}_0)$$

或令 $\boldsymbol{y} = \boldsymbol{x} - \boldsymbol{x}_0$，$\boldsymbol{\psi}(\boldsymbol{y}, \boldsymbol{\lambda}) = \boldsymbol{f}(\boldsymbol{x}_0 + \boldsymbol{y}, \boldsymbol{\lambda})$，有

$$\dot{\boldsymbol{y}} = \left.\frac{D\boldsymbol{\psi}}{D\boldsymbol{y}}\right|_{y=0} \boldsymbol{y}$$

图2　霍普夫像

这里$\frac{D\boldsymbol{\psi}}{D\boldsymbol{y}}$是 $\boldsymbol{\psi}(\boldsymbol{y}, \boldsymbol{\lambda})$ 对 $\boldsymbol{y}$，在 $\boldsymbol{y} = \boldsymbol{0}$ 处的雅可比矩阵。它是依赖于 $\boldsymbol{\lambda}$ 的。当 $\boldsymbol{\lambda}$ 值使$\frac{D\boldsymbol{\psi}}{D\boldsymbol{y}}$的特征值全部具有负实部时，任何在$\boldsymbol{y} = \boldsymbol{0}$邻近的解 $\boldsymbol{y}(t)$，亦称扰动解都趋向于零。即任何扰动都趋向平衡解。这时称平衡解是稳定的。对于某个特定的 $\boldsymbol{\lambda}_0$，$\frac{D\boldsymbol{\psi}}{D\boldsymbol{y}}$的特征值出现一对不为零的共轭虚根时，这时扰动解 $\boldsymbol{y}(t)$ 表现为周期运动，原系统会出现极限环。即系统出现自振，这就是分岔。

安德罗诺夫－霍普夫分岔揭示了动力系统的平衡解和周期解相互转化的内在规律。

我们周围的事物总是可以用动力系统来近似描述的，因而平衡解同周期解的相互转化也是普遍的。乐器的发声，生态中种群的此起彼伏，化学中的反应波，电磁振荡，股票市场的涨落，心脏的跳动，飞机和结构在风作用下的颤振，摩擦和流动产生的噪

声，地貌与河床的变迁，等等，无不可以用这一理论加以解释。

天体力学和振动理论这些成果又会反过来把人类观测天体以及制造乐器的实践推向更高的水平。1846 年海王星的发现、1930 年冥王星的发现，以及 1957 年以后数以千计的人造天体的发射和技术应用无不凝结了天体力学的研究成果。在非线性振动理论指导下，更精美的振荡器设计出来了，更精密的电子计时器诞生了，粒子加速装置、各种风动工具、机械都可以找到它的应用。而作为新一代的乐器——电子乐器正是各种复杂振荡器的综合，只要按下琴键，振荡器通过扬声器即可发出美妙的乐音，需要的话可以任意延长，没有气短弓尽之憾。

回顾这段历史，不免使我们中国人为之心酸。我们有五千年文明，我们也较早地提出了这类问题，而且历代对这些问题也不可谓不重视，确曾花了大力气去探索，但划时代的成果却总是出在西方。这种状况恐怕有两方面的原因。

第一，在研究学问上急功近利的哲学思想的长久统治。科学和技术不同，它是非赢利的事业。牛顿力学、庞加莱极限环、安德罗诺夫 - 霍普夫分岔都不能卖钱，都不可能成为商品，甚至从急功近利的眼光看，它们都没有“用”，然而它们都是人类文明的无价之宝。

我国在历和律的研究上虽然名家代有辈出，著作汗牛充栋，但考其内容无非是为了应用。在历上，主要为了发布准确的皇历和观察天象的祥瑞与凶兆。历史上，我国曾出现过 90 多种不同的历法，古书记载的天象也总是和世事的吉凶联系在一起阐明的，因而没有也不可能有更高层次的力学和天体力学产生。在律上，主要是应定调、定音、和弦之需，为制造乐器和为乐曲定调服务，没有也不可能产生一般的振动学和声学理论。总之都没有对客观规律超过应用的升华。“致用”的原则束缚了科学发展，“致用”只会产生技术却产生不了科学，也就谈不上在科学指导下的现代技术。何况这“用”往往被理解为爵位的晋升、俸禄的增加和更为功利主义的效用和效益。

其实，如果纯粹从应用的角度来看问题，地心说和中国古代的历法也便够了。按它制订的历法也不会延误农时，有点小的误差隔几年修订一次也没有什么麻烦。在律上，有中国明朝朱载堉的巨著《乐律大全》便够用了。他不仅提出了十二平均律而且计算精确到20多位有效数字。按照它，在乐队中绝不会有定不准调子的困惑。

中华民族是很擅长于发明的民族。据有的外国学者考证，世界上半数以上的发明起源于中国。除四大发明之外，诸如耕作技术、蚕桑、纺织、瓷器、火炮、众多的乐器、火柴、牙刷等可以举出成千上万。然而由于没有近代科学，当我们的发明还在不断改进连弩、红缨枪、水车、虹吸、沙漏、独轮车、烽火台、花炮、驿站、皮影戏等的时候，西方基于近代科学的洋枪、洋炮、飞机、原子弹、无线电、计算机、原子钟、彩色电视等的发明大批涌现，中国人只能长时期望洋兴叹。近代史告诉我们：科学的落后，会导致技术乃至经济的衰落。

在中国古代，不受急功近利观点影响的学者，也还是不乏其人的。屈原就是一位。在他的《天问》中，我们一点也看不出急功近利的影子。但唯其如此，它在三千年的历史中和者寥寥，只有唐朝的柳宗元和明朝的王廷相分别以《天对》和《答天问》遥相唱和，而屈原自己却由于政治上的其他原因投江而死。

第二，长期封建的皇权统治，扼杀了人民的创造力。科学的发展，是需要有民主的环境的。律和历，在中国古代受到重视，毋宁说受到封建帝王的重视。

在天体力学上有一件事也值得一说，这就是西方日耳曼学者汤若望(1591—1666)的遭遇。汤氏最初在中国传教，由于他熟悉西方当时的天文知识，明末被徐光启举荐参与历法制定。清初他曾任钦天监，受守旧派诬陷和反对，以他对荣亲王下葬的时日选得不好等罪名，再加上杨光先罗织罪名指斥新法十谬，被判极刑，他手下许多官员则罢官的罢官坐牢的坐牢，后来因为别人上书替他讲情方免死罪而蹲进牢房。这一事件致使西洋历法理论在中国的实行推迟了若干年。

随着西学东渐和封建王朝的腐败与崩溃，人民群众已不再能忍受愚昧与专制的枷锁。民国以后，近代有识之士提出科学和民主的口号。这无疑是一种历史的进步，从而也为迎接近代科学在中国的繁荣作出了贡献。

最后，我们再回到天体运行上来。经过若干世纪天体力学、动力系统的研究，似乎没有什么新问题要研究了。从 20 世纪初至前些年，在中外科学界里流行着一种颇为时兴的说法：科学的前沿在物理，物理的前沿在基本粒子。这种看法也有一定道理，在它指引下，许多大型加速器建立起来，迎来了不少新粒子的发现，迎来了核工程的诞生，这无疑是一段辉煌的历史。

然而，事物似乎又来了一个周期，正应了民谚说的："三十年河东，三十年河西。"近年来动力系统中的新的成果不断出现，奇怪吸引子、混沌概念的产生，计算力学、计算物理的兴起，吸引了众多学者投入；与此相比，许多大型加速器关闭；美国又中断了正在建造的大型加速器的拨款。这说明宏观动力系统的研究又热火起来了，而微观世界的研究开始转冷。

事实上，天体运行奥秘的探讨还远远没有完结。人类观察天体愈仔细，许多现象愈难以解释。随着望远镜的出现，人们就曾注意到木星上有一块斑点；望远镜愈改进，观察得愈精细就愈不可思议。几百年来，对这块斑点出现过多种解释，诸如岩浆说、气柱说不一而足。直到 1978 年，由人造天体旅行者 2 号发回的图片，方认清了那是一团大尺度的大气湍流。而湍流，即流体的紊乱流动，它的规律至今仍是不清楚的。

至于天体的运行，自古以来一直就有人在问：天体的周期运动是怎样产生的呢？屈原在《天问》中问道："遂古之初，谁传道之？上下未形，何由考之？"一千年之后，柳宗元在《天对》中是这样回答的：“本始之茫，诞者传焉。魂灵纷兮，曷可言焉。”意思是说：“原始渺茫的情形，都是荒诞者传下来的。巨神之类的传说，纯属无稽之谈。”牛顿虽然对天体的研究比柳宗元高明得多，可是他的回答却是：太阳系的周期运动是因为上帝给了它最初的一棍子。这个解释非但不能使人有“天降牛顿，万物生明”（波普，A. Pope，1688—1744）的感觉，而“最初的一棍子”不免使人更为糊涂和困惑。倒是柳宗元后半句不信上帝的话比牛顿还稍微高明一点。正由于解答得不能令人满意，中外学者在这个领域中仍旧继续探求。关于天体和宇宙起源的学说不断出现，康德和拉普拉斯都曾有过优秀的假说，不过，迄今还没有一种令人信服的说法。

如果亘古遂初宇宙是处于天地未分的混沌状态，用时下的话说，可以看作是连续介质的动力系统，亦即无限自由度的动力系统，那么在微团之间万有引力作用下，系统内部还存在耗散。这样的大系统将怎样演化为现今的模样呢？我们已有的理论是对于有限自由度动力系统的。即使对有限自由度动力系统，我们也还有许许多多的问题没有研究清楚。而无限自由度的行为则提出更多的理论问题需要我们去解决，它需要发展新的工具，需要力学、物理、数学多学科合作。它的重要进展，想必对天体演化、宇宙起源、湍流机理会有进一步的揭示。到那时，我们对周期运动和动力系统的认识也就会更上一层楼了。

参考文献

[1] 安德罗诺夫．振动理论[M]．《振动理论》翻译组，译．北京：科学出版社，1973.

[2] 戴念祖. 朱载堉——明代的科学和艺术巨星[M]. 北京: 人民出版社, 1986.

[3] 尤·阿·里亚波夫. 天体力学浅谈[M], 李进, 等, 译. 北京: 科学普及出版社, 1984.

[4] 周桂钿. 天地奥秘的探索历程[M]. 北京: 中国社会科学出版社, 1988.

14 Chapter

永动机漫话[注]

永动机的探求者们是想从虚无中得到些什么（*The seekers after perpetual motion are trying to get something from nothing.*）。

——牛顿

尽管早在19世纪中叶以前，能量守恒定律和热力学第二定律就已经发现，说明永动机是不可能的，而且任何受过中等教育的人，都会熟悉这些定律。可是直到现如今，在国内或国外的报章杂志上，还偶尔有关于永动机痴迷者的报道。

1999年8月，湖南桃源县仅有初中文化的彭清满，以自己制成一台“永动机”模型，以需筹集开发资金为由，伙同刘成善、冯姣月、刘志明成立“高科技筹款领导小组”，彭自封组长。百余群众上当受骗，将10余万元交给他们。结果四农民以诈骗罪进了看守所[1]。据2000年美国报道[2]拉斯维加斯的Michael J. Marshall组成了QSFG公司，声称拥有一种不用燃料启动的发动机，有64个国家请他去设厂，并承诺超过17亿美元的巨

注：1. 本文受到国家自然科学基金10172002项目的资助，特致谢意。

2. 英文标题：On perpetual motion machine（by Wu Jike）

本文最早在2003年8月9—10日在北京工业大学召开的中国力学学会力学史与方法论专业委员会成立与力学史与方法论研讨会上宣读，并收入会议文集中。

额资助。结果无非是一场骗局。

现今，积极从事永动机的只有两种人：一种是文化程度低的人，这种人对现代科学几乎一无所知，他们的科学文化水平不会到初中程度；另一种人是骗子，他们明知道永动机是做不成的，为了骗财物，推销他们的所谓发明。后一种人的活动范围，主要是第一种人，只有那些科学文化程度很低的人才会上当受骗。

不管怎么说，随着科学文化的进步和普及，现今积极于永动机的人是少多了。要知道，在历史上，研究永动机曾经时髦一时，特别在西方世界在发展现代科学技术的过程中，有成千上万的人卷入其中。为了说服那些现今对永动机还抱有幻想的人，我们不妨回顾一下永动机的兴衰历史。

据说永动机的概念发端于印度，在公元12世纪传入欧洲。

据记载欧洲最早、最著名的一个永动机设计方案是13世纪时一个叫亨内考(Villand de Honnecourt)的法国人提出来的。如图1所示：轮子中央有一个转动轴，轮子边缘安装着12个可活动的短杆，每个短杆的一端装有一个铁球。

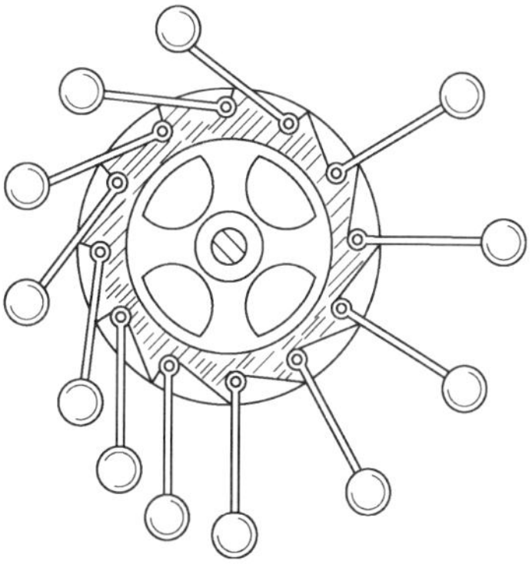
图1　亨内考设计的永动机

文艺复兴时期意大利伟大学者达·芬奇(Leonardo da vinc,1452—1519)曾经用不少精力研究永动机，图2上图所示的永动机的草图就是从达·芬奇的笔记中复制的。尽管达·芬奇花了不少精力于永动机，并且自己动手去做永动机，可贵的是他最后得到了永动机不可能的结论。

与达·芬奇同时代还有一位名叫卡丹的意大利人(Jerome Cardan,1501—1576)，他以最早给出求解三次方程的根而出名，也认为永动机是不可能的。

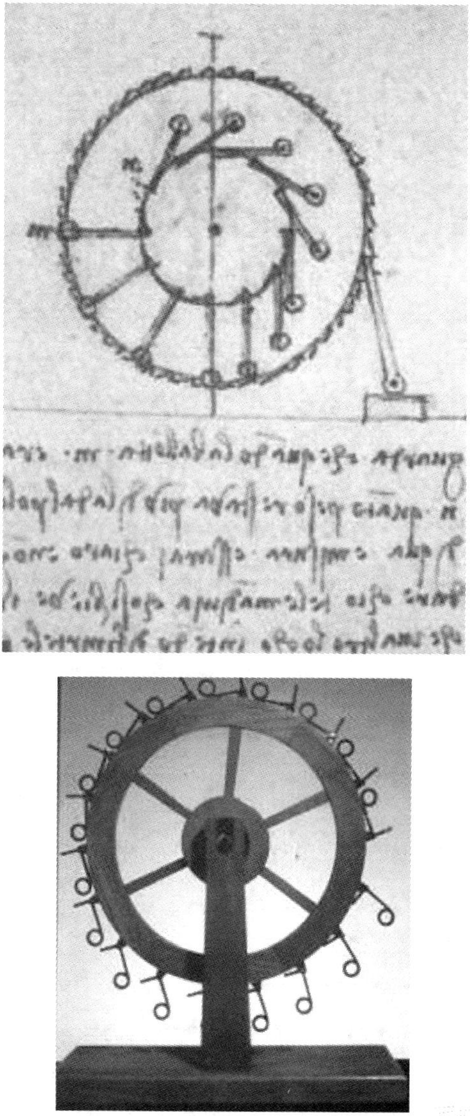

图2　达·芬奇笔记上的永动机与复原图

关于永动机的不可能，还应当提到荷兰物理学家斯提芬(Simon Stevin,1548—1620)。16 世纪之前，在静力学中，人们只会处理求平行力系的合力和它们的平衡问题，以及把一个力分解为平行力系的问题，还不会处理汇交力系的平衡问题。为了解决这类问题，人们把它归结于解决三个汇交力的平衡问题。斯提芬通过巧妙的论证解决了这个问题。假如你把一根均匀的链条 *ABC* 放置在一个非对称的直立(无摩擦)的楔形体上，如图 3 所示。这时链条上受两个接触面上的反力和自身的重力。恰好是三个汇交力。链条会不会向这边或那边滑动？如果会，往哪一边？斯提芬想象把楔形体停在空中，在底部由 *CDA* 把链条连起来使之闭合，如图 3 所示，最后解决了这个问题。在底部悬挂的链条自己是平衡的，把悬挂的部分和上部的链条连起来，斯提芬说：“假如你认为楔形体上的链条不平衡，我就可以造出永动机。”事实上如果链条会滑动，那么你就必然会推出封闭的链条会永远滑下去；这显然是荒谬的，回答必然是链条不动。并且他由此得到了汇交三力平衡的条件。他觉得这一证明很妙，就把图 3 放在他的著作《数学备忘录(Hypomnemata Mathematica)》的扉页上，他的同辈又把它刻在他的墓碑上以表达敬仰之意。汇交力系的平衡问题的解决，也标志着静力学的成熟。

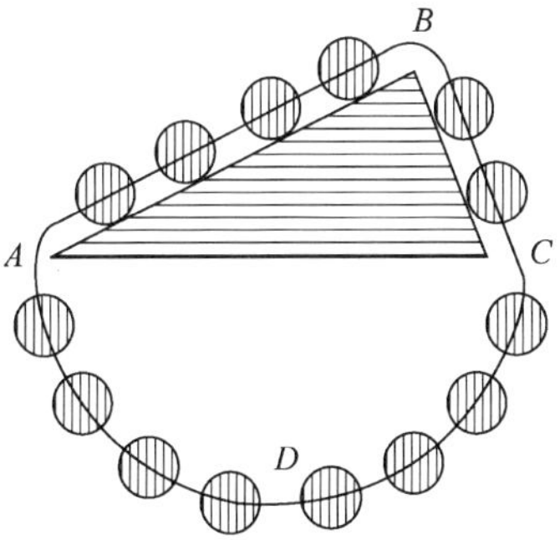

图 3　斯提芬的假想实验

随着对永动机不可能的认识，一些国家对永动机给出了限制。如早在 1775 年法国科学院就决定不再刊载有关永动机的通讯。1917 年美国专利局决定不再受理永动机专利的申请。

尽管如此，永动机的发明者仍然是前赴后继，顽强地奋斗着。据英国专利局的助理评审员 F. Charlesworth 称：英国的第一个永动机专利是1635年，在1617年到1903年之间英国专利局就收到约600项永动机的专利申请。这还不包含利用重力原理之外的永动机专利申请。而美国在1917年之后还是有不少一时看不出奥妙的永动机方案被专利局接受。

下面我们来列举一些历史上比较著名的永动机案例。

英国医生和哲学家傅勒德(Robert Fludd)，也是欧洲最后一个著名的炼金术士，图4所示是他1618年所设计的一个典型的永动机：它一方面利用水的重力推动水轮，以作功(磨麦子)，一方面又将水再抽到高处，以作循环之用。

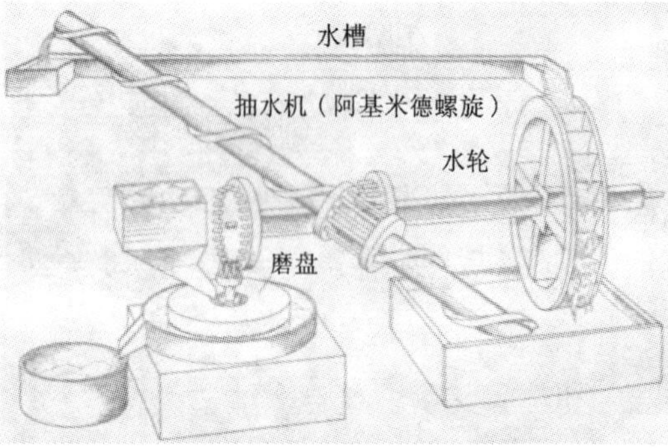

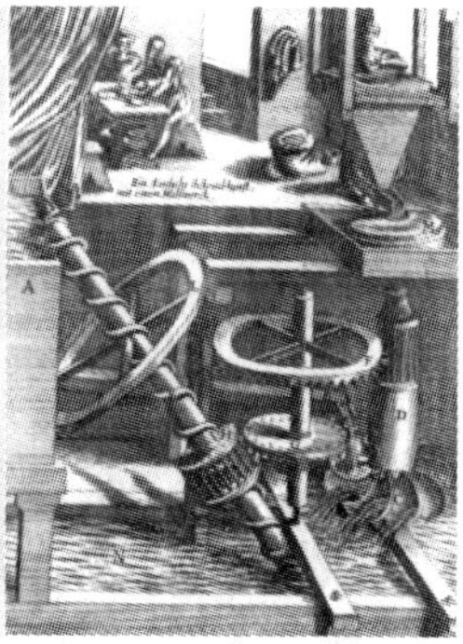

图4 傅勒德设计的永动机

Jon Wilkins(1614—1672)，英国皇家学会的成员，英国Chester地方的主教，后来得到Wadham学院的领导职位，在科学技术上有许多贡献。1670年他提出用化学力、磁力与重力三种方式去造永动机。他是最早提出在利用重力之外构造永动机的学者。当然他在永动机上的所有努力都以失败告终。

能量守恒定律的发现者之一Prescott Joule(1818—1889)也曾经是一位永动机的痴迷者。他年轻时，正是“永动机热”席卷欧洲的时代，焦耳也狂热地追求永动机，几乎消磨了他全部的业余时间。失败引起了焦耳的深思，他吸取了教训，终于找到了热功当量，为建立能量守恒定律作出了杰出的贡献。这个定律好比一块路标，插在寻找永动机的十字路口，警告迷途人：此路不通！据说焦耳还现身说法，语重心长地告诫那些仍旧迷恋永动机的人说：“不要永动机，要科学！”

在1712年德国人白斯拉(Johann Bessler或称为aka Orffyreus，1680—1745)研究了300种不同的永动机模型，并宣称他发现了永动机的秘密，从而得到了巨额的投资。他将他的发明用拉丁文和德文写了一本书，说是奉献给上帝、公众、学习的人和作为发明家的他自己。他建造了一部可以自行运转的机器，到1717年他赢得了数以千计的人的信服，其中有常人也有例如莱布尼兹这样显赫的人。这部机器通过了在严格的监视下的两次试验，一次是在1712年10月9日，由当地12名著名人物组成的委员会审查；另一次是在1717年11月10日到次年的1月4日，在更为著名的人员的监视下，连续运转了54天。不过机器总是用湿布紧紧地蒙上，被他严格看守，其内部秘不示人。当时公众要求他公布技术秘密，他要价是25 000英镑，这在当时是一个天文数字，由于无人能出得起这笔巨资，加以许多人的冷嘲热讽，说他是骗子，最后，他将所有的模型都打得粉碎，把他的秘密带进了坟墓[3]。有关白斯拉的永动机，迄今还有人收集资料进行研究，有的人认为他是骗子；有的人则认为他是一位天才的发明家，猜测他利用了迄今未知的储能方法。

在1812年，美国费城有一位名叫李德黑法(Charles Redheffer)的人，声称有一种无需能源的永动机，并且做成了一个模型，对好奇的市民们展示。他还向市政府申请经费去建造更大的模型。1813年1月21日，市政府派了8位专员来考察李的永动机。这些人注意到李的机器中的齿轮有反方向磨损的痕迹，推测该机器一定是另有一部机器在推动。于是便令当地的一位名鲁肯斯(Isaiah Lukens)的工程师依同样的原理也做了一部“永动机”，而且这部机器的能量来源藏匿得更为巧妙(鲁肯斯的机器迄今仍被费城的公共事物机构所收藏,图5)。然后把它展示给李德黑法。

图5　鲁肯斯的永动机

李德黑法看到他的把戏被揭穿，便带着他的把戏来到纽约。1813年，在纽约，他又展示他的机器，又吸引了许多人。这时有一位细心的机械工程师叫福尔顿(Robert Fulton)，他注意到这部“永动机”转动时有微小的晃动，他推论机器一定是由一个隐藏了的曲柄，有什么人不时摇动曲柄以致引起机器晃动，剩下的问题是去揭开隐藏的曲柄和它的操纵者。于是福尔顿就向李德黑法挑战说，他可以揭穿机器能源的秘密，并且说如果没有揭穿，则甘愿赔偿一切损失。李德黑法只好同意。福尔顿马上拆去靠近机器墙壁上的几块板，一根很长的绳子被显露出来。福尔顿顺着绳子来到二楼，在那里他发现一个有胡子的老头，一只手拿着面包在吃，另一只手在转动曲柄。随后李德黑法便逃之夭夭了。[4]、[5]

美国费城的机械师吉力(John Worrell Keely,1837—1898)(图

6)，于1872年声称发明了一种生产以太能的原理。他以一部在水上工作的机器，旅行展出，愚弄了许多科学家。他征集了约50万美元的投资，这在当时的确是一笔巨额的资金。他的“永动机”动作是靠一根藏匿了的通向压缩空气的管子。由于他的机器伪装得十分巧妙，再加他凭借巨额的投资，成了纽约吉力摩托公司的老板，很有社会地位，所以至今还有不少对他的技术的信仰者[6]。

图6　吉力像

说到中国人中永动机痴迷者，我想引用有关的回忆：“淮海战役中被俘的兵团司令黄维，在担任国民党联勤副总司令时，便听人说，全世界的科学界都认为迄今还没有发明出来的，是一种不需要使用任何能源的‘永动机’，如果能创造出来，则再也不会存在什么‘能源危机’，便给人类带来了无穷的幸福，永远为人类所敬仰。从那时起，这位拿枪杆子出身的将军，便下定决心，想突破全世界所有科学家没有发明出的这种不需用任何能源作动力的‘永动机’为人类造福。这种愿望虽好，但没有科学基础的人，想造出全世界的科学家都没有能制造出来的东西，真是谈何容易。可是，他始终坚决相信，‘只要功夫深，铁杵磨成针’，‘有志者事竟成’。所以，他在被俘前没有能完成的‘伟大事业’，被俘后，还是专心致志地钻研。这种精神实在可贵。但泼冷水的也很多，他却毫不动摇。战犯集中改造后，他更认为有条件可进一步研究，并绘制出图样，想进行试制。管理人员认为，在改造期间，是以学习与改造思想为主，这些似有点‘不务正业’，而不表示支持。他则不管在任何时候、任何场合都把自己这一愿望提出来，并给这种还没有发明出来的机器定名为‘黄维永动机’。他认为只要能制造成功，就可以惊动全世界，个人自由，不请自来。所以，他把学习等视为多余的、没有必要的事，不仅在学习发言中，不厌其烦地反复谈他的‘永动机’，而且在外单位找他写一些临时性‘外调’材料，询问他解放前的许多情况时，在他写材料的纸上，也是写上他坚决请求支持他创造‘永动机’的问题。管理所的负责人拿他实在没有办法，只好同意他的请求，把他设计出来的图纸，送到中国科学院去审查研究。几个月后，得到的答复是：‘经过反复实验，这种机器图纸，根本不可能达到不需要任何能源而能自己永远转动的设计要求。’很多人便认为既然经过科学院鉴定都认为不可能，就不要再搞了。他还是认为负责鉴定的人不懂科学，他的设计是可以实现的。管理所的领导便组织所有战犯和他辩论，他仍不服，还是坚持要继续研究，肯定可以制造出来。由于他始终不放弃他这一主张，而把学习改造放在一边，所以第一批特赦时，虽然他有许多优越条件可以争取早日出去，却没有轮到他。但他满不在乎。当时台湾还是陈诚的势力占优势，他是陈诚的亲信高干之一，他的同事和部下，都在台湾军事方面负重要责任，他的特赦可以起一些影响，而他却坚决表示决不改变他这一志愿，所以几次特赦都没有他。直到 1975 年，全部释放时，他才得到了特赦。可惜的是，他特赦后有了很多良好的条件，但‘黄维永动机’还没有制造出来。全世界的‘能源危机’也正在一天天加深，不知他作何感想！”“出狱后，黄维任全国政协常委，做了许多有益的工作。尽管社会活动繁忙，但他也没有放弃‘永动机’，继续研究。后来，周恩来总理得知后，让他把‘永动机’的模型拿过去看了。1979 年 6 月，黄维在政协分组会议上，就开发‘重力’能源作了长篇学术报告。会议通过决议，要支持黄维提出的科研项目。后来，黄维年迈无精力搞科研，将研制‘永动机’的项目交给在江西机械厂当工程师的儿子继续他的目标进行研究。"[7]、[8]可以想象，黄维的努力也会像历史上千千万万的永动机痴迷者一样，不会有任何结果。

有意栽花花不发，无意插柳柳成阴。这大概是科学发展的一般规律。科学往往得出和大多数人探求方向相反的结论。探求了三百年的以太，在 20 世纪初，以以太不存在而告终。追求对欧几里得几何中第五公设的证明，进行了几千年，结果是以 19 世纪非欧几何的诞生而结尾。数百年寻求永动机的热潮，也以能量守恒定律和热力学第二定律的确立而逐渐降温。

我国物理学家冯端等说："如果要对能量守恒定律的发现论功行赏的话，除了要为那些人所共知的有杰出贡献的科学家树碑立传外，还要建立一座无名英雄纪念碑，其上最合适的铭文将是：'纪念为实现永动机奋斗而失败的人们。'虽然他们的奋斗目标是荒谬的，但如果没有他们的彻底失败，就不能建立能量守恒定律。这样他们饱受冷嘲热讽的无效劳动才得到些许报偿。"[9]

这段话，对于能量守恒定律建立之前的永动机痴迷者来说，也许是合适的。但是在能量守恒定律建立之后，还痴迷于永动机，就非但没有任何功劳可言，而且是对人力、物力的无谓浪费，是无知可笑的行为。至于那些明知永动机做不成，披着科学外衣借以敛财的骗子，则应当坚决打击，并绳之以法。时至今日，还有不少永动机的痴迷者和借永动机行骗的骗子，说明对科学基本原理的普及和教育是一项永恒和艰巨的任务。

参考文献

[1] 竟扬言发明"永动机"四农民冒充科学家沦为阶下囚，2002 年 09 月 07 日，中国新闻网.

[2] DAN BELL, Inventor ready to display new motor, Neighborhood Newspaper, Saturday, November 25, 2000.

[3] BesslerWheel. com.

[4] Angrist, Stanley W. "Perpetual Motion Machines." *Scientific American*, 218 (January, 1968): 114 – 122.

[5] Ord – Hume, Arthur W. J. G. *Perpetual Motion: The History of an Obsession*. New York: St. Martin's Press, 1977.

[6] Eric's History of Perpetual Motion and Free Energy Machines[OL]. http://www.phact.org/e/crack.html; http://www.svpvril.com.

[7] 金源著. 奇缘——一个战犯管理所长的回忆[OL]. 崔泽, 译. shuku.net.

[8] 沈醉. 沈醉狱中趣闻[M]. 北京: 中国文史出版社, 2002.

[9] 冯端, 冯步云. 熵[M]. 北京: 科学出版社, 1992.

15 Chapter 能量守恒定律的发现

19世纪中叶发现的能量守恒定律是自然科学中十分重要的定律。它的发现是人类对自然科学规律认识逐步积累到一定程度的必然事件。尽管如此，它的发现仍然是曲折艰苦的和激动人心的。了解能量守恒定律的发现过程，对于理解自然科学发展中理论的积累和形成是有益的。本文简要叙述能量守恒定律的发现过程。

一、能量守恒定律发现的准备

能量守恒定律是联系机械能和热能的定律。不言而喻，在它发现之前人们必须对机械能和热能有较深入的研究。我们现在就这两方面来叙述。

1. 活力与死力的论战

1644年笛卡儿(Rene Descartes,1596—1650)在他所著的《哲学原理》中讨论碰撞问题时引进了动量的概念，用以度量运动。1687年牛顿(Isac Newton,1642—1727)在他的《自然哲学的数学原理》中用动量的改变来度量力。与此不同的是莱布尼兹(Gottfried Wilhelm Leibniz,1646—1716)在1886年的一篇论文中抨击笛卡儿，主张用质量乘速度的平方来度量运动，莱布尼兹称之为活力。把牛顿由动量所度量的力称为死力。莱布尼兹的主张正好和1669年惠更斯关于碰撞问题研究的结论一致，该结论说“两个物体相互碰撞时，它们的质量与速度平方乘积之和在碰撞前后保持不变。”

从莱布尼兹挑起争论起，形成了以笛卡儿和莱布尼兹两大派的论争。这场论战延续了近半个世纪，许多学者都参加了论战，并且各有实验佐证。一直到1743年法国学者达朗贝尔(Jean le Rond d'Alembert,1717—1783)在他的《论动力学》中说："对于量度一个力来说，用它给予一个受它作用而通过一定距离的物体的活力，或者用它给予受它作用一定时间的物体的动量同样都是合理的。"在这里，达朗贝尔揭示了活力是按作用距离力的量度，而动量是按作用时间力的量度。这场争论终于尘埃落定了。活力才作为一个正式的力学名词为力学家们普遍接受。

活力虽然为力学家接受了，但是它与力的关系并没有弄清楚。一直到1807年英国学者托马斯·杨(Thomas Young,1773—1829)引进了能量的概念，1831年法国学者科里奥利(Gustave Gaspard Coriolis,1792—1843)又引进了力作功的概念，并且在活力前加了1/2系数称为动能，通过积分给出了功与动能的联系，即

$$\left(\frac{1}{2}mv^2\right)\Big|_a^b=\int_a^b f\cdot \mathrm{d}s$$

这个式子表示力作功转化为物体的动能。也就是说自然界的机械能是守恒的。

2. 温度计的发明与潜热的发现

关于热的精确理论应当从制造温度计开始。从17世纪开始，在意大利有伽利略(Galilei Galileo,1564—1642)等人开始制作温度计。但是由于采用的温标比较不方便，所以后人使用得很少。

比较早的实用温标是德国物理学家华伦海(Daniel Gabriel Fahrenheit,1686—1736)从1714年开始使用水银做温度计，并且不断改进，直到1717年大致确定了现在所称的华氏温标。直到华伦海去世后，科学家才正式确定华氏温标为：以水的沸点为212度，把32度定为水的冰点。所以这样规定，是要尽量使通常的温度避免取负值。

瑞典天文学家摄耳修斯(Anders Celsius,1701—1744)(图1)于1742年到1743年发明了摄氏温标，以标准状态下水的结冰温度为零度、水的沸点为100度。摄氏温标在1948年被国际度量衡会议定为国际标准。

图1　摄耳修斯像

温度计的发明给热学的精确化准备了必要的条件，人们可以用它来测量各种不同条件下物质的温度变化。最早人们并没有把温度和热量区分开来，认为温度就是热量。

18世纪50年代，英国科学家布莱克(Joseph. Black,1728—1799)(图2)把32 °F的冰块与相等质量的172 °F的水相混合，结果发现，平均温度不是102 °F，而是32 °F，其效果只是冰块全部融化为水。

布莱克由此作出结论：冰在熔解时，需要吸收大量的热量，这些热量使冰变成水，但并不能引起温度的升高。他还猜想到，冰熔解时吸收的热量是一定的。为了弄清楚这个问题，他把实验反过来作，即观测水在凝固时是否也会放出一定的热量。他把-4℃的过冷却的水不停地振荡，使一部分过冷却水凝固为冰，结果温度上升了；当过冷却水完全凝固时，温度上升到摄氏零度，表明水在凝固时确实放出了热量。进一步的大量实验使布莱克发现，各种物质在发生物态变化(熔解、凝固、汽化、凝结)时，都有这种效应。他曾经用玻璃罩将盛有酒精的器皿罩住，把玻璃罩内的空气抽走，器皿中的酒精就迅速蒸发，结果在玻璃罩外壁上凝结了许多小水珠。这说明液体(酒精)蒸发时要吸收大量的热，因而使玻璃罩冷却了，外壁上才凝结了水珠。

图2　布莱克像

布莱克用一个很简单直观的办法来测定水汽化时所需要的热量。他用一个稳定的火来烧一千克摄氏零度的水，使水沸腾，然后继续烧火，直至水完全蒸发掉。他测出使沸腾的水完全蒸发所烧的时间，为使水由 0 ℃ 升温到沸腾所烧的时间的 4.5 倍，表明所供热量之比为 100∶450。这个实验当然是很粗糙的，所测的数值也有很大的误差；现在的测定表明这个比值为 100∶539。布莱克还用类似的方法测出，熔解一定量的冰所需要的热量，和把相同质量的水加热 140 ℉ 所需要的热量相等(相当于加热 77.8 ℃ 所需要的热量)，这个数值也偏小了一点，正确的数值为 143 ℉(相当于 80 ℃)，但在当时，这种测量结果也是很难得的。

布莱克基于这些实验事实于 1760 年开始认识到热量与温度是两个不同的概念，进而在 1761 年他引入了“潜热”概念。

其后，法国科学家拉瓦锡(Antoine - Laurent de Lavoisier，1743—1794)与拉普拉斯(Pierre Simom Laplace，1749—1827)合作在 1780 年提出了正确测量物质热容量的方法。由于热的精确度量的成熟，1822 年法国学者傅里叶(Jean Baptiste Joseph Fourier，

1768—1830)出版了他多年关于热学研究的总结著作《热的解析理论》。

3. 热力机械的发明

从远古开始人类就认识到由机械运动可以产生热。无论东方和西方，古代都有钻木取火的记录，这就是把机械运动转变为热的早期实践。不过几千年中一直没有人想到机械能和热能的定量转换问题。直到美国人朗福德(Rumford, Benjamin Thompson, Count, 1753—1814)1798年在慕尼黑注意到，当用镗具钻削制造炮筒的青铜坯料时，金属坯料像火一样发烫，必须不断用水来冷却。朗福德注意到，只要镗钻不停止，金属就不停地发热；如果把这些热都传给原金属，则足可以把它熔化。朗福德的结论是，镗具的机械运动转化为热，因此热则是一种运动形式，而不是以前人们认为的是一种物质。朗福德还试图计算一定量的机械能所产生的热量。这样朗福德首次给出一个我们现在称为热功当量的数值。不过他的数值太高。半个世纪以后，焦耳提供了正确值。

提到热能转变为机械能，最早应当提到的是亚力山大的希罗(Hero of Alexandria, 约公元62年)发明的蒸汽机。这项发明是一个空心球体上面连上两段弯管，当球内的水沸腾时，蒸汽通过管子喷出，这个球就迅速旋转，这是最早的蒸汽机。不过那时只是用于祭神与玩耍而没有实际应用。

1712年，英国人托马斯·纽可曼(Thomas Newcomen, 1663—1729)发明了大气压蒸汽机。这种机器具有汽缸与活塞，在工作时，先把蒸汽导入汽缸，这时汽缸停止供汽而汽缸内进水，蒸汽便遇冷凝结为水使汽缸内气压迅速降低，就可以使水吸上来。之后再把蒸汽导入汽缸，进行下一个循环。最初的这种蒸汽机大约每分钟往返十次，而且可以自动工作，使矿井的抽水工作大为便利，所以不仅英国人使用，在德国与法国也在使用。

瓦特(James Watt, 1736—1819)在18世纪后半叶对蒸汽机进行了改进。其中最重要的改进有两项，一项是发明了冷凝器大大提高了蒸汽机的效率，另一项是发明了离心调速器使蒸汽机速度可自由控制。在瓦特的改进之后蒸汽机才真正在工业上被普遍使用。

4. 永动机的不可能

在欧洲的中世纪，曾经有过一段研究永动机热(见本书《永动机漫谈》)。随后由于像达·芬奇、斯提芬、焦耳等著名科学家的研究，人们逐渐认识到永动机是不可能的。

随着对永动机不可能的认识，一些国家对永动机给出了限制。如早在1775年法国科学院就决定不再刊载有关永动机的通讯。1917年美国专利局决定不再受理永动机专利的申请。

据英国专利局的助理评审员F. Charlesworth称：英国的第一个永动机专利是1635年，在1617年到1903年之间英国专利局就收到约600项永动机的专利申请。这还不包含利用重力原理之外的永动机专利申请。而美国在1917年之后还是有不少一时看不出奥妙的永动机方案被专利局接受。

二、迈尔的发现与遭遇

在前面这些科学研究的基础上，机械能的度量和守恒的提出、热能的度量、机械能和热能的相互转化、永动机的大量实践宣布为不可能，能量守恒定律的发现条件是逐渐成熟了。这项发现最早就由迈尔开头。

图3　迈尔像

迈尔(Julius Robert Mayer，1814—1878)(图3)是德国的物理学家。大学时学医，但他并不喜欢当医生，他当过随船医生，工作比较清闲。

在西方大约从公元4世纪

开始有一种大量放血的治疗方法。一次大约要放掉 12～13 盎司(合 340～370 克,有一杯之多)的血，有的则一直放血放到病人感觉头晕为止。这种疗法的根据是，在古代的西方有一种所谓“液体病理”的理论，说人体含有多种液体，如血、痰、胆汁等。这些液体的过多或不足都会致病。放血的作用就是排除多余液体的一种措施。中世纪西方的有钱人，特别是那些贵族上层人物、绅士们，还要在一年中定期放血，一般要在春秋各放血一次。放血的另一种作用是使女人看上去更好看，这和西方当时的审美观有关，使她们既显得白皙，又不会因为害羞而满脸通红。所以西方的贵妇人也经常放血。迈尔作为一名医生，不用说也是经常使用放血疗法给人治病的。

大约是在 1840 年去爪哇的航行中，由于考虑动物体温问题而对物理学发生了兴趣。在印度尼西亚泗水，当他为一些患病的水手放血时，他发现静脉的血比较鲜亮，起初他还误以为是切错了动脉。于是他思考，血液比较红是在热带身体不像在温带那样需要更多的氧来燃烧以保持体温。这一现象促使迈尔思考身体内食物转化为热量以及身体能够作功这个事实。从而得出结论，热和功是能够相互转化的。

他又注意到当时许多人进行永动机的实验都以失败而告终，从童年时期就给他留下了深刻的影响。这些使他猜想“机械功根本不可能产生于无”。

在 1841 年 9 月 12 日他给友人的信中最早提及了热功当量。他说:“对于我的能用数学的可靠性来阐述的理论来说，极为重要的仍然是解决以下这个问题:某一重物(例如 100 磅)必须举到地面上多高的地方，才能使得与这一高度相应的运动量和将该重物放下来所获得的运动量正好等于将一磅 0 ℃的冰转化为 0 ℃的水所必要的热量。”

1842 年 3 月，迈尔写了一篇短文《关于无机界的力的看法》寄给了《药剂学和化学编年史》的主编、德国化学家李比希(Justus von Liebig,1803—1873)，李比希立即答应使用这篇文章。机械的热功当量在这篇文章中得到第一次说明。文中说："人们发现，一重物从大约 365 米高处下落所作的功，相当于把同质量的水从 0 ℃升到 1 ℃所需的热量。"他的文章发表于 1842 年 5 月。

迈尔是最早进行热功当量实验的学者，在 1842 年，他用一匹马拉机械装置去搅拌锅中的纸浆，比较了马所作的功与纸浆的温升，给出了热功当量的数值。他的实验比起后来焦耳的实验来，显得粗糙，但是他深深认识到这个问题的重大意义，并且最早表述了能量守恒定律。他在 1842 年底给友人的信中说："我主观认为，表明我的定律的绝对真理性的是这种相反的证明：即一个在科学上得到普遍公认的定理：永动机的设计在理论上是绝对不可能的(这就是说,即使人们不考虑力学上的困难,比方说摩擦等,人们也不可能成功地由思想上设计出来)。而我的断言可以全部被视为从这种不能原则中得出的纯结论。要是有人否认我的这个定理，那么我就能立即建造一部永动机。"

迈尔的论文没有引起社会重视，为了补足第一篇论文没有计算、过于简要的缺点，他写了第二篇论文，结果如石沉大海，没有被采用。他论证了太阳是地球上所有有生命能与非生命能的最终源泉。

后来亥姆霍兹与焦耳的论文相继发表，人们将能量守恒定理的发明人归于亥姆霍兹与焦耳。而他的论文既早又系统，却不仅得不到承认，而且还招来了一些攻击文章。再加 1848 年，他祸不单行，两个孩子夭折、弟弟又因参加革命活动受牵连。1849 年，迈尔从三楼跳下，从此成为重残，而后又被诊断为精神分裂，送入精神病院，医生们认为他经常谈论的那种新发现，是一种自大狂的精神病症状。

1858 年亥姆霍兹阅读了迈尔 1852 年的论文，并且承认迈尔早于自己影响很广的论文。克劳修斯也认为迈尔是守恒定律的发现者。克劳修斯把这一事实告诉了英国声学家丁铎尔(John

Tyndall, 1820—1893)，一直到1862年由于丁铎尔在伦敦皇家学会上系统介绍了迈尔的工作，迈尔的成就才得到社会公认。1860年迈尔的早期论文翻译成英文出版，1870年迈尔被选为巴黎科学院的通讯成员，并且获得了彭赛列奖(Prix Poncelet)。之后迈尔的命运有很大的改善。

三、亥姆霍兹与焦耳的工作

1. 亥姆霍兹与他的《论力的守恒》

亥姆霍兹(Hermann von Helmholtz, 1821—1894)(图4)出生在一个德国的穷教员家里。亥姆霍兹尽管在中学入学考试中获得十分优异的成绩，可是因为交不起学费而只好去作军医达8年之久。1842年亥姆霍兹获得了博士学位。1845年他参加了由年轻的学者组织的柏林物理学协会，之后他经常参加协会活动。除作军医之外他还研究一切他感兴趣的问题。

图4　亥姆霍兹像

1847年7月23日他向物理学协会作了题为《论力的守恒》的著名报告。报告后，他将文章交给《物理学编年史》的编辑，不料和迈尔的稿件一样的命运，编辑以没有实验事实而拒绝刊登。后来他将这篇论文作为小册子在另一家有名的出版社出版了。文章的结论与1843年焦耳的实验完全一致，很快就被人们称为“自然界最高又最重要的原理”。时间仅差数年，又由于有有名的出版社出版，他与迈尔的命运完全不同。后来英国学者开尔文采用了托马斯·杨所提出的能量的概念，采用“势能”代替“弹力”，以“动能”代替“活力”，使在力学中延续了近200年的概念上含混不清的情况得到改变。

关于亥姆霍兹值得介绍的是他在德国科学家发展中所起的组织作用。1870年，他的老师马格努斯(Heinrich Gustav Magnus，1802—1870)，德国最早的物理研究所所长，逝世了。当时还是副教授的亥姆霍兹继任为所长。那时，德国的科学研究水平，比英国与法国要落后得多。不久普法战争结束，德国从法国得到一大笔赔款，德国的经济状况有所改善，亥姆霍兹得到了300万马克的经费去筹建新的研究所，经过5年的努力新研究所建成。这个研究所后来吸引了大批优秀的年轻学者，而且它的研究课题同工业的发展紧密联系，后来形成德国科学研究的一个十分好的传统。在研究所的支持者中有德国的大企业家、大发明家西门子(Sir William Siemens,1823—1883)，他与亥姆霍兹是柏林物理学协会的第一批会员，是老朋友。亥姆霍兹担任德国物理学协会会长达数十年之久。被人称为“德国物理的宰相”。

2. 焦耳的热功当量实验

焦耳(James Prescott Joule,1818—1889)(图5)是一位英国富有的酿造商之子，他的经济条件可以提供他终生做研究工作。焦耳自幼身体虚弱，脊柱曾受过伤，因此他一心读书研究，他父亲为他提供了一个家庭实验室。1835年他认识了曼彻斯特大学的教授道尔顿，受到过后者的指导。焦耳的成功主要是靠自学的。焦耳的数学知识很少，他的研究主要是靠测量。1840年他经过多次测量通电的导体，发现电能可以转化为热能，并且得出一条定律：电导体所产生的热量与电流强度的平方、导体的电阻和通过的时

图5 焦耳像

间成正比。他将这一定律写成一篇论文——《论伏打电生热》。

后来焦耳继续探讨各种运动形式之间的能量守恒与转化关系，1843 年他发表了论文《论水电解时产生的热》与《论电磁的热效应和热的机械值》。特别在后一篇论文中，焦耳在英国学术会议上宣称："自然界的能是不能毁灭的，哪里消耗了机械能，总能得到相当的热，热只是能的一种形式。"

此后焦耳不断改进测量方法，提高测量精度，最后得到了一个被称为"热功当量"的物理常数(图 6)，焦耳当时测得的值是 423. 9 千克·米/千卡。现在这个常数的值是 418. 4。后人为纪念他，在国际单位制中采用焦耳为热量的单位，取 1 卡 = 4. 184 焦耳。

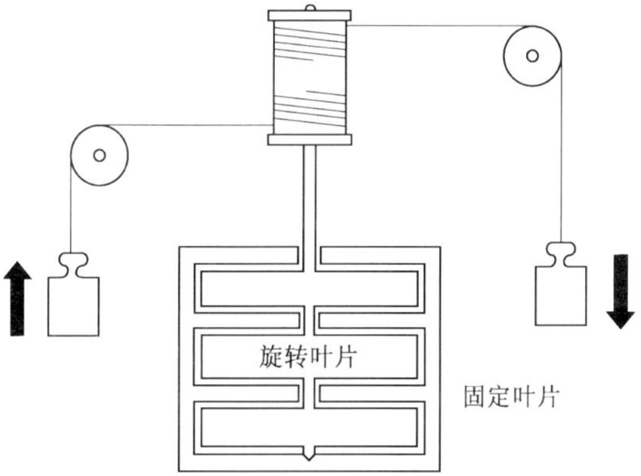

图 6 焦耳的热功当量实验

四、小结

只有在功与能的概念变得清晰、热量与温度能够区分，同时对它们能够精确量度，也只有热力机械走向实用为人们所熟悉，并且在大量永动机的失败条件下，能量守恒定律发现的条件才趋于成熟。

即使这样，人们对先知先觉者的理解也是相对缓慢的。迈尔的遭遇就说明这一点。

能量守恒定律至今仍然是力学乃至整个自然科学的重要定律。不过它仍然会发展。1905 年爱因斯坦（Albert Einstein，1879—1955）发表了阐述狭义相对论的著名论文《关于光的产生和转化的一个启发性的观点》中揭示了质能守恒定律，即在一个孤立系统内，所有粒子的相对论动能与静能之和在相互作用过程中保持不变，称为质能守恒定律。

参考文献

[1] 武际可. 力学史[M]. 重庆：重庆出版社，2000.

[2] 武际可. 永动机漫谈[M]//武际可，隋允康. 力学史与方法论论文集. 北京：中国林业出版社，2003：4－104.

16
Chapter

《远西奇器图说》[注]

——一部伟大的科学启蒙著作

在明天启7年(1627年)，我国出版了一部书，它也是我国历史上第一部力学著作——《远西奇器图说》。从机械方面来说，也是我国第一部介绍西方机械原理方面的著作。所以值得介绍一下。本文就是介绍这本书的概略情况的。

一、《远西奇器图说》取材的来源

德国耶稣会士邓玉函(Joannes Terrenz,1576—1630)，字函璞。邓玉函和同时代的科学伟人伽利略同属于罗马的林瑟学院(Accademia dei Lincei)的院士。所以他对当时西方的科学技术最前缘的情况是十分清楚的。1621年与其他22名教士，并携带7000多部书籍来华。

在《远西奇器图说》的序言中，王徵说："奇器图说乃远西诸儒携来彼中图书，此其七千余部中之一支。就一支中，此特其千

注：1. 本文受到国家自然科学基金10172002项目的资助，特致谢意。

2. 首刊于《力学与实践》，2004，26(5)：90-93.

百之什一耳。”又说：“私窃向往曰‘嗟乎！此等奇器何缘得当吾世而一睹之哉？丙寅冬(1626年)，余补铨如都，会龙精华(即龙华民)、邓函璞、汤道未(即汤若望)三先生以候旨修历，寓旧邸中。余得朝夕晤请，教益甚欢也。暇日，因述外纪所载质之，三先生笑而唯唯。且曰‘诸器甚多，悉著图说，见在可览也，奚敢妄?’余急索观，简帙不一。第专属奇器之图之说者，不下千百余种。”并说：“令人心花开爽”，“亟请译以中字。”

于是，在邓玉函教授之下，王徵学习西方的数学，而后由邓玉函口授，王徵笔录而成此书。

《远西奇器图说》究竟取材于西方的哪些著作呢？据该书卷一所说：“大名人亚希默得，新造龙尾车、小螺丝转等器，又能记万器之所以然。今时巧人之最能明万器之理者，一名未多，一名西门，又有绘图刻传者，一名耕田，一名剌墨里。此皆力艺学中传授之人也。”

现在，我们就来看一看上面一段话中所提到的几个人和他们的著作。

亚希默得，即阿基米德(Achimedes，前287—前212)(图1)是古希腊时代集大成的科学家。由于他在杠杆原理、浮力原理等方面的贡献，人们说他是力学学科的开创者。由于我们已有专文介绍阿基米德，所以不再详述。

图1　阿基米德像

未多(François Viète，1540—1603)，法国人，他的主要著作是1571年出版的一本数学原理，并附有三角学(*Canon mathematicus, seu ad triangula cum appendicibus*)，(英译名是 *Mathematical Canon with an Appendix on Trigonometry*)。其主要内容是天文学和宇宙学有关的数学。这类课题成了他后来毕生有兴趣的对象。

西门，即斯提芬(Simon Stevin，1548—1620)(图2)，荷兰人，他是一位军事工程师，曾当过商人的雇员。也可能是，他是文艺复兴以后第一个认真对力学问题钻研的人。斯提芬和伽利略几乎是同时代人，他比伽利略年长，但是他们研究的领域是不同的，斯提芬是在静力学方面的奠基人，而伽利略则是动力学的开山祖师，斯提芬侧重在地面上的实际工程问题，而伽利略则对天体的问题有兴趣得多。斯提芬著有《静力学原理》(1586年)、《数学札记》(1605—1608年)。

图2　斯提芬像

斯提芬在静力学上不仅对刚体，而且对流体静力学也作出了宝贵贡献。从他的著作中，已经可以看到虚位移或虚速度原理的萌芽。由于他最早解决了非平行力的合成和平衡问题，所以人们称斯提芬是静力学的奠基人。

所提到的两本绘图刻传的著作，有一本是耕田的，耕田即阿格里科拉(Georgius Agricola，1494—1555)(图3)。他是德国的一位矿物学家、物理学家和著名的医生。他的最出名的著作是《金属》，奠定了近代矿物学的基础，这本书以精致的木板画给了292幅插图，它在地质界、化学界、矿物界和冶金界产生了巨大的影响。图4就是一幅该书关于采矿的附图。

图3　阿格里科拉像

图4 《金属》中关于采矿的一幅插图

另一本带插图的书是1588年出版的刺墨里的《各种人造机械》。著者刺墨里即拉莫里(Agostino Ramelli,1531—1600)，是法

国和波兰亨利三世的军事工程师。书中有194幅双页刻版画，介绍泵、井架、织布机、起重机、锯子和攻城机械。图5是该书关

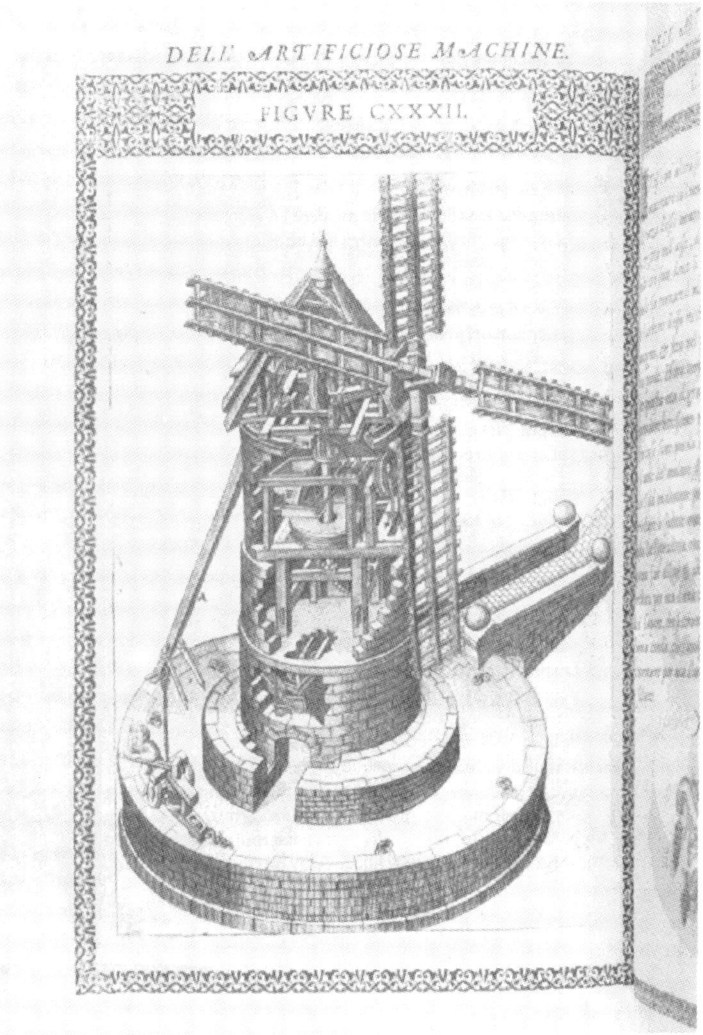

图5 《各种人造机械》中的一幅插图

于风车的一幅插图。拉莫里的这本书影响很大，当时就有法文和意大利文的版本。他所介绍的那些机械，作为商品，一直延续了一二百年。

二、《远西奇器图说》的内容

根据以上所介绍的《远西奇器图说》取材的几本书，确实是在西方科学技术上起过很大影响的书。而且《远西奇器图说》出版的1627年，距离上述几本书的出版时间只有三十多年。所以可以说《远西奇器图说》，在所涉及的范围内，还是反映了当时西方科学技术的水平的。

《远西奇器图说》又名《奇器图说》，1627年出版。全书图文并茂，每条定理都有插图说明，共分3卷。

第一卷介绍重学、力艺与力的定义，比重、阿基米德浮力定律、重心及简单形体重心的求法等基本概念和规律。在讲到力时引进了地心引力的概念说(图6)："重何，物每体直下，必欲到地心者是。试观上图，圆为地球，甲为地球中心，乙、丙、戊皆重物，各体各欲直下至地心方止，乃其本所故耳。譬如磁石吸铁，铁性就石，不论石之在上在下，在左在右，而铁必就之者，其性然也。"这本书出版在1627年，牛顿出生于1642年，可见早在牛顿出生之前，就有地心引力的结论。许多书上说地心引力是牛顿看到苹果下落发现的，这实在是一种不实之词。

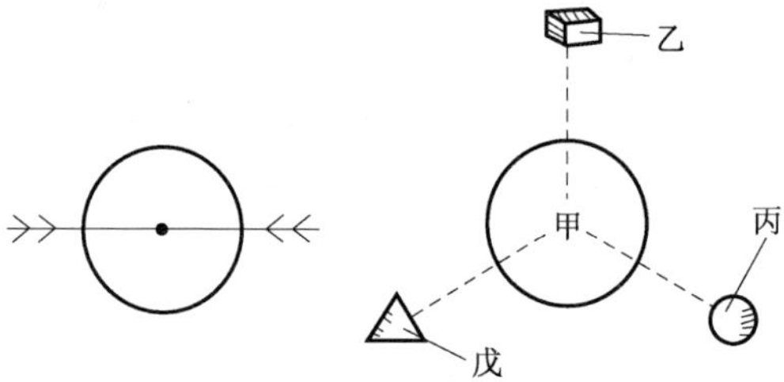

图6 《远西奇器图说》中解释地心引力的插图

在说到水在平衡时的状态时说："水随地流，地为大圆，水附于地，亦为大圆。前第二款已言之矣。而兹复云水面平者何，盖大圆不见其圆，祇见其长，故亦祇见其平面矣。假如地平之上有低凹处，四周水来必满凹处，与地相平，而后流焉。故水随地而圆亦随地而平也。"

第二卷介绍杠杆、等子、权度、轮轴、斜面、藤线器(即螺旋)等简单机械的原理及计算方法。书中就简单机械的效用说："力艺学所用器具总为运重而设，重本在下，强之使上，故总而名之曰强运重之器也。器之用有三：一、用小力运大重；二、凡一切人所难运力者用器为便；三、用物力、水力、风力以代人力。"

在讲到杠杆原理时说(图7)："此款乃重学之根本也，诸法皆取用于此。有两係重是准等者，其大重与小重之比例就为等梁长節与短節之比例，又为互相比例。"书中还说："有重係杠头上，支矶在内，杠柄用力，从平向下相距之所与杠头係重向上相距之所比例等于杠杆两端之比例。"在讲到轮轴时说(图8)："轮周攀索之下与轴係重之上比例为两半径之比。"又说："轮之用省力而费时。"在讲到藤线(即螺旋)时

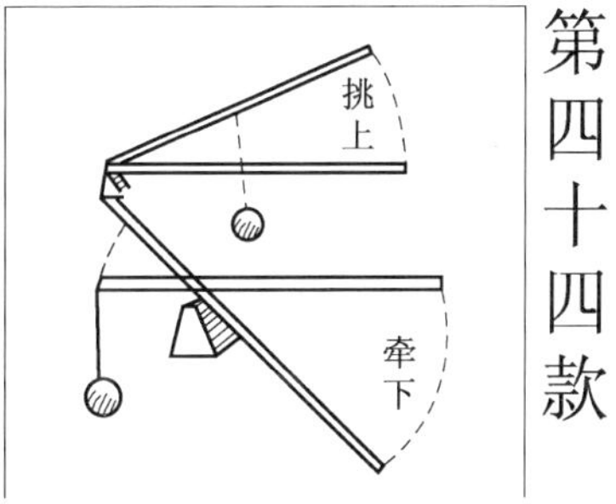

图7 《远西奇器图说》中解释杠杆原理的插图

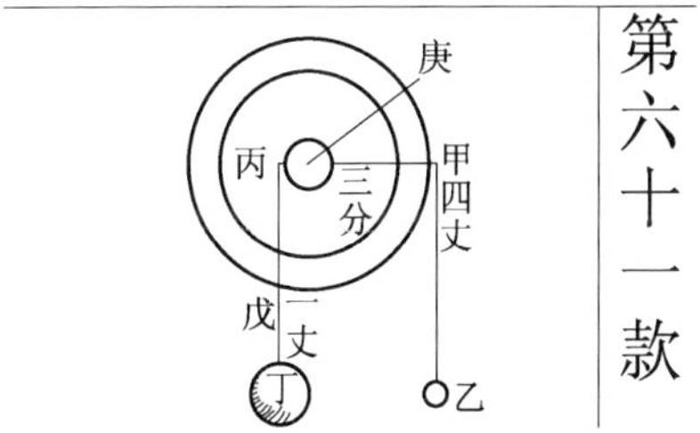

图8 《远西奇器图说》中解释轮轴的插图

说："藤线用力最省，其费时必相反。"

在上面所引的这几句话内，首先叙述了杠杆原理，此后对杠杆与轮轴给出了着力点与重力点位移的比例，最后说这种机械省力但是费时。在对轮轴和螺旋的讨论中，又再次强调了省力而费时的结论，还进一步讨论了力与位移的关系。这和当时通常所叙述的杠杆、轮轴和螺旋的原理中，只讨论力的关系，已经有了很大的进步，它已经包含有虚功原理的萌芽了。

第三卷介绍各种较复杂的实用机械，如起重机械、提水机械、风车、水泵、转磨、水日晷、解石、解木、耕作等。这些工具中，有些在我国得到仿制和应用。下面是介绍恒升（抽水机）的插图（图9）。

书中介绍的主要为平行力的平衡问题，或即重力的平衡问题。所以这本书将所涉及的学问称为重学。而如何利用这些学问节省力是属于"力艺"。

关于力学的定义大致反映了西方当时对力学的认识。书中说："力是力气、力量。如人力、马力、风力之类。又用力之谓，如用人力、用马力、用水风之力之谓。艺则用力之巧法、巧器，所以善用其力、轻省其力之总名也。重学者，学乃公称，艺则私号，盖文学、理学、算学之类，俱以学称，故曰公。而此力艺之学其取义本专属重，故独私号之曰重学云。"这段话，对重学（即当时对力学的译名）和力艺（亦即力学）名称的由来作了说明。由此可见，无论东方还是西方，力学早期的研究内容都大致和起重是分不开的。

这本书还说："凡学各有所司，如医学所司者治人病疾，算学所司计数多寡，而此力艺之学，其所司不论土、水、木、石等物，则总在运重而已。"这段话则把力学的研究内容作了概括。

该书谈到力学与数学的关系时说："造物主之生物，有数、有度、有重，物物皆然。数即算学，度乃测量学，重则此力艺之重学也。重有重之性。以此重较彼重之多寡，则资算学；以此重

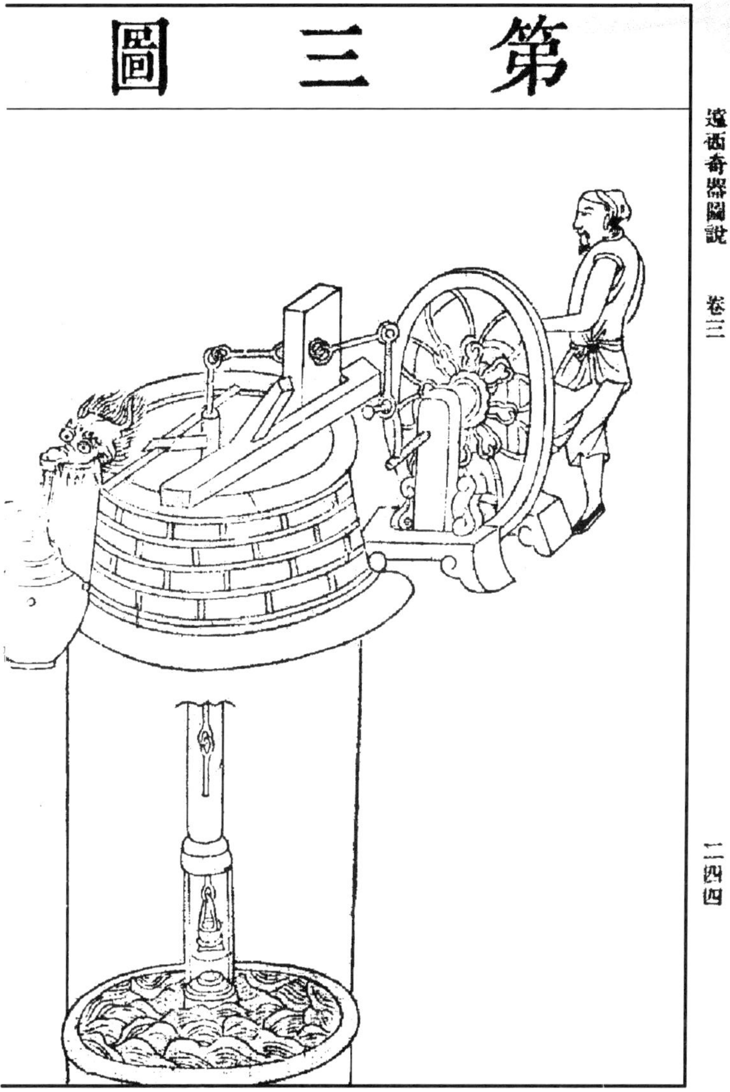

图 9　《远西奇器图说》中关于恒升的插图

之形体较彼重之形体之大小，则资测量学。故数学、度学、重学之必须，盖三学皆从性理而生，为兄弟内亲，不可相离者也。”这里数学是计算的意思，和现今数学的含义不同。度学是指测量学，更宽一点，指的是几何学。

该书在“表德言”，即关于力学的优点中说“天下之学，或有全美或有半美，不差者固多，差之者亦不少也。推算数测量毫无差谬，而此力艺之学，悉从测量算数而作，种种皆有理有法，固最确当而毫无差谬者，惟此学为然。”这段话把力学是精密科学的特点说得很清楚。

三、四库全书对《远西奇器图说》的介绍

《远西奇器图说》连同王徵所著的《诸器图说》为乾隆皇帝时所编修的四库全书一同收录。四库全书成书于1781年(即乾隆四十六年)底，该书对《远西奇器图说》和《诸器图说》所作的提要说：

“《奇器图说》三卷，《诸器图说》一卷。《奇器图说》，明西洋人邓玉函撰。《诸器图说》，明王徵撰。徵，泾阳人，天启壬戌进士，官扬州推官，尝询西洋奇器之法于邓玉函。函因以其国所传文字口授，徵译为是书。其术能以小力运大，故名曰重，又谓之力艺。大旨谓天地生物，有数、有度、有重，数为算法、度为测量、重则此力艺之学，皆相资而成。故先论重之本体，以名立法之所以然，凡六十一条。次论各色器具之法，凡九十二条。次起重十一图、引重四图、转重二图、取水九图、转磨十五图、解木四图、解石、转碓、书架、水日晷、代耕各一图、水铳四图。图皆有说，而于农器水法，尤为祥备。其第一卷之首，有表性言解、表德言解二篇，俱极誇其法之神妙，大都荒诞恣肆，不足究诘。然其制器之巧，实为甲于古今。寸有所长，自宜节取。且书中所载皆裨益民生之具，其法至便，而其用至溥。录而存之，故未尝不可。备一家之学也。《诸器图说》凡图十一，各为

之说，而附以铭赞。乃徵所作，亦具有思致云。”

以上这段介绍，充分表达了后来统治者对待这本伟大著作的态度。本来《远西奇器图说》这本书，在介绍西方的科技成果时，就存在过分强调其实用性的缺点，几乎略去了所有的推理和证明，而只介绍结论。而四库全书的评论中，对仅有的概论部分的表性言和表德言，说是“荒诞恣肆，不足究诘”。认为这本书的价值仅在于“裨益民生”、“其法至便”，故“录而存之”。而他们认为“荒诞恣肆，不足究诘”的部分，恰好是该书比较有特色的部分，很值得中国人仔细研读和玩味。

科学的历史的发展说明，力学是近代精密科学的开始。力学对人类所提供的，不仅仅是可应用的器具，而更重要的是它的一整套方法论和对待客观世界的态度。中国人“学以致用”的传统源远流长，其表现更是“急功近利”。近代力学与近代科学的精髓恰恰就是要捕捉隐藏在表面现象背后的普适规律，而“急功近利”的态度恰恰只能够触摸到事物的表面。这大概也就是为什么中国人在吸收西方科学的优秀成果上，表现得如此艰难和缓慢的原因吧。

参考文献

[1] 邓玉函. 远西奇器图说[M]. 王徵，译述. 上海：商务印书馆，1936.

[2] 武际可. 力学史[M]，重庆：重庆出版社，2000.

17 Chapter

调速器的发明与研究

调速器，是一个不起眼的东西。它的简单原理不过是一个现今理论力学课的习题。看似简单，但是它在近代控制技术和控制理论发展上，却起到了开天辟地的作用。所以有必要介绍一下它的简单历史。

最早的蒸汽机可以追溯到17世纪末，1698年英国人托马斯·塞维利(Thomas Savery,1650—1715)发明了利用蒸汽压力的抽水泵——“矿山之友”，并且报了专利。它的工作过程是：在容器中通入蒸汽，使蒸汽在容器中凝结，利用蒸汽凝结后所形成的真空把矿井中的水抽上来(图1)。这种泵有两大缺点：一方面是对地下水位较低(低于水泵10 m)时就抽不上水；另一方面是由于突然进入容器的蒸汽压力过高而易于爆炸。因此很少被采用。

1712年，英国人托马斯·纽可曼(Thomas Newcomen,1663—1729)发明了大气压蒸汽机。这种机器具有汽缸与活塞，在工作时，先把蒸汽导入汽缸挤出汽缸内的水，这时出水阀门关闭进水阀门打开，进汽阀门关闭，汽缸停止供汽而汽缸内进水，蒸汽便

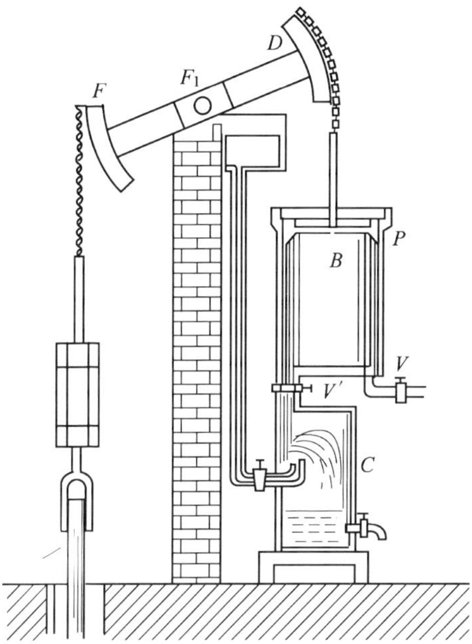

图1　纽可曼的蒸汽机

遇冷凝结为水使汽缸内气压迅速降低，就可以使水吸上来。之后再把进汽阀打开，蒸汽导入汽缸，这时将进汽阀门关闭出水阀门打开，蒸汽将水从出水阀挤出，进行下一个循环。最初的这种蒸汽机大约每分钟往返十次，而且可以自动工作，使矿井的抽水工作大为便利，所以不仅英国人使用，在德国与法国也在使用。

图2　瓦特像

英国人瓦特（James Watt，1736—1819）（图2）经过进一步的研究发现，纽可曼的蒸汽机的效率是很低的，其所以低是由于在用水去冷却汽缸时，汽缸的温度变冷了，这样汽缸又要消耗过多的蒸汽再加热。

1765 年 5 月瓦特提出了使蒸汽从汽缸排入另一容器的想法，这个容器后来被称为冷凝器。经过反复试验与改进，他的装有冷凝器的蒸汽机在 1769 年制成了，并在同年的 4 月 25 日提出了专利。新的蒸汽机效率提高了很多。

尽管经过了这一系列的改进，蒸汽机的效率算是有所提高，但是由于蒸汽机的速度不能很好地控制——烧煤多时蒸汽多机器就转得快，烧煤少时就转得慢，这种不能均衡地转动的蒸汽机是不能派上大用场的。其时蒸汽机的主要用途就是在矿井抽水。

瓦特的另一项重要发明是在蒸汽机上安装了离心调速器(图 3)，这大约是 1782 年前后的事情。据说调速器并不一定是瓦特的发明，不过瓦特想到把它装在蒸汽机上，也是一件了不起的创新(图 4)。这种调速器的构造是利用蒸汽机带动一根竖直的轴转动，这根轴的顶端有两根铰接的等长细杆，细杆另一端各有一个金属球。当蒸汽机转动过快时，竖轴也转动加快，两个金属小球在离心力作用下，由于转动快而升高，这时通过与小球连接的连

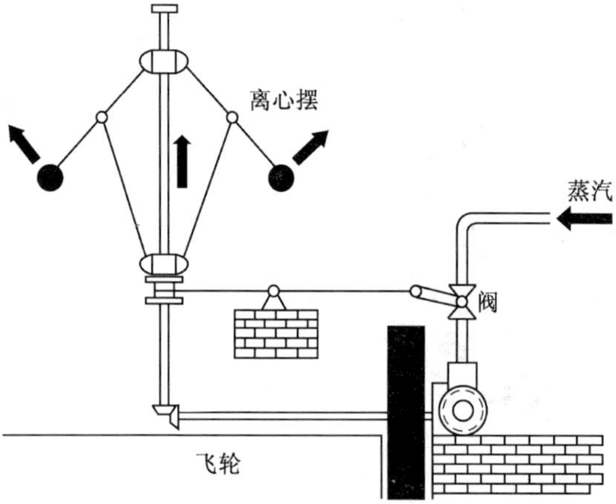

图 3　调速器示意

杆便将蒸汽阀门关小，从而使蒸汽机的转速可以降低。反之，若蒸汽机的转速过慢，则竖轴转动慢了，小球的位置也便下降，这时连杆便将阀门开大，从而使蒸汽机转速加快。离心调速器是一个基于力学原理的发明，它是蒸汽机所以能普及应用的关键，也是人类自动调节与自动控制的开始。由于人们能够自由地控制蒸汽机的速度，才使蒸汽机应用于纺织、火车、轮船、机械加工等行业，才使人类大量使用自然原动力成为可能，这才有产业革命的第二阶段。

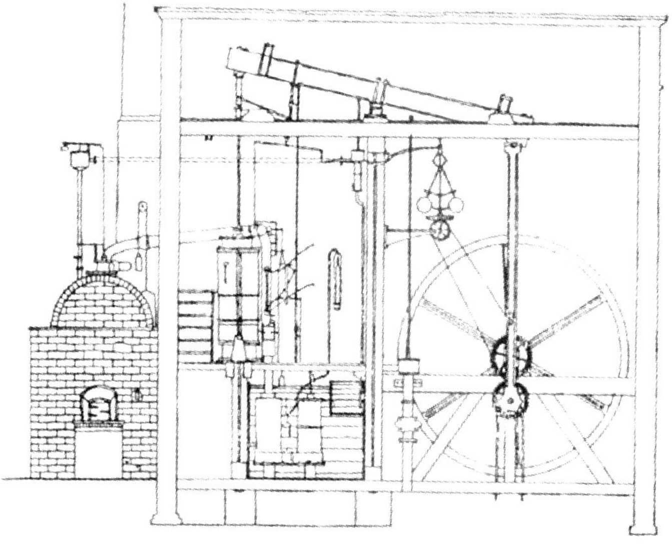

图4 瓦特的蒸汽机

瓦特的改进蒸汽机的普及速度是很快的，到1790年老式的纽可曼蒸汽机已经看不见了，到1790年大约有500台蒸汽机在英国工作。经过了大约不到100年，到了1868年，仅仅在英国就有75 000台蒸汽机之多。1805年，在美国蒸汽机被装上了汽车作为动力。1807年，美国的富尔顿(Robert Fulton, 1765—1815)发明以蒸汽机为动力的轮船。1825年斯蒂文森(George Stephenson, 1781—1848）造成了可以在轨道上行驶的蒸汽机车。1800 年英国的特里维希克（Richard Trevithik, 1771—1833）发明了高压蒸汽机。1801 年美国人埃文思（Oliver Evens, 1755? —1819）造出了真正适用的高压蒸汽机。

图 5　麦克斯韦像

调速器使用后，初期运行很正常。但是当蒸汽机的速度提高后，调速器就不能稳定运转了，会出现时快时慢的现象。最早研究调速器的稳定性问题的是英国物理学家麦克斯韦（James Clerk Maxwell, 1831—1879）（图 5）。1868 年麦克斯韦发表的《论调节器》最早把调速器的运动状态用微分方程来描述，他导出了调节器的微分方程，并在平衡点附近进行线性化处理，指出稳定性取决于特征方程的根是否具有负的实部。麦克斯韦在论文中对三阶微分方程描述的具体系统以及具有五阶微分方程的特殊系统进行了研究，并给出了系统的稳定性条件。

后来到了 1872 年，俄国的维斯聂格拉斯基（Иван Алексеевич Вышнеградский, 1831—1895）（图 6）写出了论文《论调整器的一般原理》，于 1876 年在法国科学院报上发表。他和麦克斯韦一样采用线性化的方法简化问题，得到了比较完全的稳定性条件。

图 6　维斯聂格拉斯基像

后来英国的儒斯（Edward John

Routh，1831—1907）和俄国的李亚普诺夫（Александр Михаилович Ляпунов，1857—1918）分别在 1877 年和 1892 年发表对于运动系统普遍稳定性的理论研究的论文，才最后从理论上比较完全地解决了力学系统的稳定性问题。

调速器是一项技术发明，由于它的重要性，才开始了蒸汽机的普遍使用，从而才有产业革命。工业控制论的研究也可以说是从调速器的研究开始的。并且由研究调速器的稳定性开始导致研究力学系统稳定性的开始和深入。因此，了解调速器的历史，对于了解蒸汽机的历史，对于理解控制论的历史，对于了解运动稳定性研究的历史都是十分重要的。

结构力学回顾与展望[注]

一、引言

结构工程是人类文明的脊梁。人类最早的结构大概是利用天然条件的巢居和穴居，后来发展为自己凿户建房而住。我国早在三千年之前的《周礼》这部书的《考工记》中就已经记载了各种建筑的形制。到了汉代在王延寿的《鲁灵光殿赋》中说："于是详察其栋宇，观其结构。"出现了结构的专门名词。

随着人类文明的发展，人类所建造的结构种类愈来愈多，愈来愈复杂。继房屋结构之后，又出现了道桥、车船、水利、机器、飞机、火箭、兵器、化工设备、输电等各色各样的结构。

随着结构种类的多样化和复杂化，结构的概念也在扩展。目前，所谓结构，是指凡是能够承受一定荷载的固体构件及其系统

注：1. 本文受到国家自然科学基金 19990510 和 10172002 项目的资助，特致谢意。

2. 本文是在 2002 年 10 月 20—23 日，在湖南大学召开的第 11 届全国结构工程学术会议上宣读的论文，并收入会议文集。

的人造物都统称为结构。从更广义的意义上说，凡是承受一定载荷的固体构件及其系统自然物，如植物的根、茎、叶，动物的骨骼、血管，地壳、岩体等也可以看作结构。

结构的发展紧密地和结构材料与结构力学有关。前者可以看作结构工程的硬件，后者可以看作结构工程发展的软件。

无论是东方还是西方，在使用钢、混凝土为主要建筑材料之前，时间最长的是以石、木、砖为建筑材料(图 1、图 2)。具体来说，西方多以石料作建筑材料，而我国和东方各国多以砖、木为建筑材料。木结构不耐火，也不耐腐蚀，所以我国存世古建筑历史很长的不多。

图 1　雅典女神庙坐落在雅典城，建于公元前 438 年

1774 年，英国工程师斯密顿(J. Smeaton)在建造海上灯塔时用石灰、粘土、砂混合物砌基础，效果很好。1824 年英国石匠营造者亚斯普丁(J. Aspdim，1779—1885)取得了烧制水泥的专利，因其与波特兰地方的石材很相近，所以称为波特兰水泥。法国 1840、德国 1855 设水泥厂。1970 年世界每人每年使用水泥 156 公斤。

19 世纪中叶之后，炼钢技术得到普及，于是在结构上普遍

图2　佛宫寺释迦塔(公元1056年)

采用钢铁。1859年英国建成世界上第一艘钢船；1846年英国在北威尔士建成布瑞塔尼亚铁路大桥(1846,铁管,图3)；1873年英

图3　布瑞塔尼亚大桥(1846,铁管)

国伦敦建成跨泰晤士河的阿尔伯特吊桥，最大跨度384英尺。

在人类有了水泥、钢铁等现代材料之后，结构的形式迅速复杂化。

结构力学，一直是结构设计的理论基础。它的基础是经典力学、弹性力学、塑性力学、弹性体的振动与波的理论，以及弹性体平衡的稳定性理论。

二、19世纪及以前的结构力学研究

在结构力学研究的历史上，最早是静力学的研究，因为在以砖、石、木为主要结构材料的时代主要遇到的问题是结构的平衡问题。后来才发展到有关强度的研究。

人类研究得最早的结构元件是梁。达·芬奇在他的手稿中研究和讨论了柱所能承受的载荷。伽利略在他《关于两种新学科的对话》(1638年)中提到、考查了固定端悬臂梁的承载能力的问题。马略特做了伽利略所做的实验，由于他们的截面上平衡条件都不对，所以结果的系数都不正确。雅科比·伯努利(Jacob Bernoulli,1654—1705)关于梁的研究，这就是现今人们所称的伯努利梁理论。

结构力学的其次一种重要元件就是板壳了。基尔霍夫(Gustav Robert Kirchhoff,1824—1887)在1850年发表了平板问题的重要论文，文章纠正了以往关于平板问题边界条件的错误。基尔霍夫采用虚位移原理推导板的边界条件，指出对于求解平板问题只要两个边界条件便够了。他正确地求解了圆板的振动问题。在建立平板问题的方程时，他假定：(1)变形时垂直于中面的直线仍保持为直线，变形后还垂直于中面；(2)中面的元素在变形时不伸长。这个简化平板问题的假设现今仍在使用，被称为直法线假设也称为基尔霍夫假设。1888年，英国人乐甫(Augustus Edward Hough Love,1863—1940)利用基尔霍夫对平板问题的假设导出了弹性薄壳的平衡方程，至今这个假设被人称为基尔霍夫-

乐甫假设。

实际的工程结构往往不是单一的构件，而是构件的复杂系统。早期精确的固体力学是在单个构件上进行研究，如梁的弯曲、柱的扭转等。后来随着近代工业的发展，越来越多地要求对复杂的结构系统进行研究。早期在静力学发展成熟时，就有处理多个构件的静力平衡问题的研究，现在，在有了变形体力学之后，有关变形固体的多个构件的内力与变形分析问题也便很自然地提到日程上来。结构力学的内容十分广泛，如吊桥、拱、桁架、梁、弹性地基、挡土墙等。它的应用又涉及铁路、公路、造船、机械、水利等众多的工程部门。所以，随着现代工业的发展，它的内容也逐渐丰富起来。

1. 连续梁的理论

纳维是实际上处理连续梁的最早学者。他在 1825 年的论文中最早给出了处理这一问题的三弯矩方程。但还不是现在的形式。真正现在形式的三弯矩方程是克拉珀龙（B. P. E. Clapeyron，1799—1864）于 1849 年在重建巴黎附近的一座桥梁时发展出来的，到 1857 年才以论文的形式发表。1855 贝尔托（H. Bertot）的论文最早提到了三弯矩方程。

2. 麦克斯韦及其对桁架的研究

1864 年麦克斯韦总结他关于桁架研究的一般结论。他已经可以区分静定与超静定桁架。对于静定桁架，麦克斯韦在前人的基础上简化了用作图的方式去求桁架的内力。对于超静定桁架，麦克斯韦从能量法导出了解超静定结构的一般方法。大约在 10 年之后，他的这个方法为莫尔（O. Mohr，1835—1918）加以整理，给出规范的形式，这就是目前通用的力法，又称为麦克斯韦 - 莫尔方法。

3. 卡斯蒂利亚诺定理

卡斯蒂利亚诺（A. Kastiliano，1847—1884）是意大利工程师。他的工程师学位论文在 1875 年正式出版。论文中包含了现今称为的卡斯蒂利亚诺定理与单位荷载法等结构力学的经典内容。

他的定理是，若将变形能写为广义力的函数

$V = V(P_1, \cdots, P_n)$，　　[$P_i(i=1,\cdots,n)$为广义外力]

则有

$$\frac{\partial V}{\partial P_i} = p_i, \qquad (i=1,\cdots,n)$$

其中 $p_i(i=1,\cdots,n)$为广义位移。

三、20 世纪结构力学的进展

求解超静定结构的力法在 19 世纪末就建立了。用形变法求解超静定刚架结构是 20 世纪初最早由本笛克森(Axel Bendixen)在 1914 年给出的。这种方法求解较多未知量问题时，在 20 世纪 30 年代由克罗斯(Hardy Cross)提出了一种逐次近似的方法，称为松弛法。这个方法在美国很快得到了推广。

随着人类文明的发展，结构变得越来越复杂。从 20 世纪开始，从建筑、造船、航空、桥梁、车辆、起重机械、大型水坝、隧道与地下结构等方面不断提出越来越复杂的结构课题，需要对它们的强度进行分析。为了对这些复杂结构进行分析，人们不得不引进一系列假设对结构进行简化。这种简化在现在看来未免过于粗略，但是它是人类在处理简单结构到迎来计算机时代之间的一种过渡手段。例如，拱坝是一种比较复杂的结构，要想准确分析它，需要求解变厚度壳的方程，那是十分复杂的计算工作。美国在 1929 年采用了一种称为“拱贯梁”的近似方法，这种方法是把坝在水平方向分为若干条拱，在铅直方向分为若干条梁，然后利用载荷分配的方法逐步近似求解。在计算机出现后，拱贯梁法已经被淘汰，但它的确在历史上起过重要作用。

结构的复杂化是沿着两个方向发展的：一个方面是构件简单，例如梁与杆，但是用它组成越来越复杂的系统，未知量成百上千；另一方面是发展复杂的构件，如板、壳及其组合系统。板壳理论在乐甫时代，就已经建立了，到20世纪30—40年代又有一个大发展的阶段。这时提出与解决了一批新的问题，如稳定性问题、非线性板壳问题、板壳的一般理论问题等。俄国杰出的工程师帕颇考维奇（П. Ф. Папкович，1887—1946）于1947年出版的《船舶结构力学》两大卷，是20世纪早期研究复杂结构成果的总结。

四、计算结构力学的发展

人类研究计算工具有很久的历史，从算筹、算盘、手摇计算机、电动计算机，已经有几千年了。1945年在美国诞生的电子计算机既是计算工具的革命，又是牵动整个科学技术的大革命。

最早的电子计算机ENIAC的设计方案是莫希利（J. W. Mauchly，1907—1980）提出的。研制小组的总工程师是埃克特（J. P. Eckert，1919— ）。1945年底，ENIAC宣告竣工。

计算机一来到世界上，便受到人们的热情关注与不断改进。先后经过了四次换代：从1945年到1958年以电子管来制造计算机为第一代，从1959年到1963年以晶体管来制造计算机为第二代，从1964年到20世纪70年代初以集成电路来制造计算机为第三代，从20世纪70年代以后用大规模集成电路制造巨型计算机为第四代。特别是，从20世纪70年代中开始的微处理机，使计算机的性能大大提高，并且由于价格便宜使计算机大为普及。据有人统计，从1945年第一台计算机诞生起，计算机的性能每18个月提高1倍，计算机的价格每18个月降低一半。

自有史以来人类发明的各种工具，都是延长人的器官，如望远镜、显微镜是延长人的眼，而计算机则是延长人的脑。所以人们又把计算机称为“电脑”。计算机从它的原理、设计、制造与应用已经形成了一个新的庞大的学科群，这就是计算机科学。

在20纪初，英国著名的力学家乐甫在他的名著《数学弹性理论》一开头，总结力学发展的规律时说：定理越来越少，计算越来越繁。意思是说一些有比较狭义意义的定理被一些更广泛意义的定理所包含，而计算公式越来越复杂。因而力学研究极大的困难在于计算太慢。计算工具太慢就成为力学研究与发展的瓶颈。美国人发明计算机的初衷也正是为了解决计算弹道这个典型复杂的力学问题开始的。计算机的产生使力学学科发生了巨大变化。结构分析、弹道计算、空气动力计算、数值天气预报、渗流与地下水的运动规律、天体力学中的轨道计算等越来越多、越复杂的问题都可以交给计算机计算了。

计算机产生后，力学学科的研究手段，从只有理论、实验，增加为理论、实验与计算三种手段。计算机的强大威力淘汰了一些不适应计算机的过时方法，适应计算机的特点发展了新的计算方法，在计算机的帮助下发现了许多新现象，如奇怪吸引子与混沌就是在计算机的帮助下发现的。

计算力学这一名词的出现大约是20世纪50年代末的事情。它是研究借助计算机求解力学问题、探索力学规律、处理力学数据的新学科。计算力学又是力学、数学、计算机科学的交叉学科。

在计算机发明后的早期，用计算机求解力学问题或别的问题仅仅利用了计算机快这一优点。紧接着而来的问题是程序工作量不能适应计算机的高速度。一台计算机需要数以百计的工作人员编程序才能喂饱。于是编写程序又成了合理使用计算机的瓶颈。人们想出了许多方法去解决这一困难。从20世纪50年代先后出现的符号汇编语言、FORTRAN语言、ALGOL语言等以及随之而迅速发展起来的软件产业，就是为解决这一问题应运而生的。

在适应于计算机求解力学问题节约程序人力方面，最成功的就是有限元方法的产生与发展。它的产生也是计算力学作为力学一个独立的分支学科形成的标志。

有限元法的思想尽管可以追溯得更早，如有人说有限元的思想是20世纪40年代美国人库朗(R. Courant)在1943年提出来的，有人说有限元是加拿大人辛格(J. L. Synge)在20世纪40年代提出来的，更有人说有限元是欧拉的折线法就包含的，还有人说在东汉刘徽的割圆术就是有限元法，不一而足。当然这些说法也不是完全没有道理。因为有限元法的思想的确是有一部分同上述人的工作有点联系。但是要知道，有限元法是同计算机紧紧相联系的。

事实是，在20世纪50年代中期世界各国都有一批人在思考用计算机求解结构力学与连续介质力学问题。如曾经在英、德工作过的希腊人阿吉里斯(J. H. Argyris)在1956年，美国的特纳(M. J. Turner)、克拉夫(R. W. Clough)与马丁(H. C. Mardin)在1956年，苏联的符拉索夫(В. З. Власов)在20世纪50年代，中国的冯康在20世纪60年代初，都提出了帽子函数插值或单元刚度的矩阵表示。所以很难说有限元的思想是哪一个人的发明，它是一种世界性思潮的产物。

不过在有限元法的发展历史上的重要事件是，20世纪50年代末加利福尼亚大学伯克利分校的威耳孙(E. L. Wilson,1930—　)在克劳夫指导下的博士论文《二维结构的有限元分析》，该论文于1963年完成了世界上第一个解决平面弹性力学问题的通用程序。这个程序的主旨是借助于它解算任何平面弹性力学问题不需再编程序了，只要按说明输入必要的描述问题的几何、材料、荷载数据，机器就可以进行计算，并且按照要求输出计算结果。有限元法的程序一经投产，立刻显出它的无比优越性：原来在弹性力学领域内对付平面问题，只有复变函数方法与平面光弹性方法两种，这两种方法在有限元法的对比下便渐渐退出了历史舞台。威耳孙在有限元程序系统方面后来还进行过许多有意义的研究，他编写了有限元的多种单元的程序SAP(structural analysis program)，在他的指导下，他的研究生编写了非线性结构分析程序NON-SAP，1981年他还最早编写了适应微处理机的程序SAP81。SAP程序经曲圣年、邓成光、吴良芝等移植与修正，SAP81程序经袁明武扩充改造形成独立的版本SAP84，这两个程序在我国工程建设中发挥了重大作用。NONSAP 经过美国巴特（Bathe）的改进形成有世界影响的非线性分析程序 ADINA。

随后，结构分析的有限元软件迅速发展。包含二维元、三维元、梁单元、杆单元、板单元、壳单元、流体单元等多种单元，能解决弹性、塑性、流变、流体以及温度场、电磁场各种复杂耦合问题的软件以及软件系统不断出现。在 10 多年内生产与销售有限元软件形成了有相当规模的社会新产业，而且使用有限元法解决实际问题迅速在工程技术部门普及。

1960 年克劳夫在匹兹堡举行的美国土木学会电子计算会议上的《平面应力分析中的有限元法》是最早提到有限元的论文。之后有限元的论文、文集、专著大量涌现，专题学术会议不断召开。新的单元、新的求解器不断提出，先后有等参元、高次元、不协调元、拟协调元、杂交元、样条元、边界元、罚单元等不同的单元，有带宽与变带宽消去法、超矩阵法、波前法、子结构法、子空间迭代法等求解方法，还有网格自动剖分等前后处理的研究，这些工作大大加强了有限元法的解题能力，使有限元方法逐渐趋于成熟。1988 年出版的《有限元法手册》是有限元法发展的一个阶段总结。①

五、应当注意的一些研究方向

计算力学的迅速发展，以及为它所取得的成功所鼓舞，使得一些学者对于计算力学的成就产生了过分乐观的估计。例如在 20 年前美国就有人说，再过 10 年风洞就要被计算机代替，20 年过去了，计算机还不能取代任何风洞。计算力学所取得的成就，大体上说，对于可以用线性理论来近似的那些问题，靠计算机大部可以较好地解决了，可是对于实质上是非线性的那种力学问题，目前计算机几乎还是无能为力的。

① H. 卡德斯图赛，诸德超等译，《有限元法手册》，北京，科学出版社，1996 年。

钱学森先生说，力学“是一门用计算机计算去回答一切宏观的实际科学技术问题，计算方法非常重要；另一个辅助手段是巧妙的实验。”①如果说，目前在宏观力学问题中线性问题有百分之九十的可以依靠计算机来求解，百分之十靠实验求解，那么在非线性领域内，情形正好反过来。所以自从计算力学这个学科产生以来，它努力的方向就有两个方面：一方面对于线性问题，主要是扩大它求解问题的规模；另一方面，对于非线性问题来说，在努力寻求计算方法。近年来非线性问题的求解已经成为计算力学学科发展的主攻方向了。现在看来钱学森先生的看法对于宏观问题中的线性问题，已经是一种现实，而对于宏观问题中的非线性问题，这只能当作计算力学这一学科的努力方向，我们还必须准备走很长的路。

从20世纪60年代开始，在结构分析的有限元程序中，逐渐计入非线性项。例如讨论结构材料的塑性性质的，称为物理非线性问题，讨论结构的大变形引起的修正，称为几何非线性问题。最初的计算方案都是采用荷载增量法，即逐步给荷载一个小的增量，求相应的变形增量。大约从60年代末，人们在实际解题中发现有的问题在荷载达到极大值时计算机总是溢出而停机。这个问题困惑了人们许多年，直到70年代末80年代初才解决。1971年美国学者温伯纳(G. A. Wempner)、1978年荷兰学者瑞克斯(E. Riks)分别从理论上提出解决这个问题的方法，80年代初人们在程序上实现了这个方法。这个方法后来被称为弧长法。

计算机登上历史舞台后，首先在力学中与结构分析结合形成计算力学。这时又提出结构优化问题与结构控制问题。即在给定的荷载与功能要求的条件下借助于计算机寻求最优的结构形式与结构参数，或在一定的外力条件下寻求最优的控制力使结构的内

① 钱学森，《我对今日力学的认识》，载于中国力学学会主编的《力学，迎接21世纪新的挑战》，北京，北京理工大学出版社，1997年，第41页。

力或位移符合要求。近年来，一种能在电信号刺激下可以很快产生应变反应的材料出现了，人们称之为电流变材料或智能材料，将这种材料用于结构上，给它一定的电信号，结构就可以迅速作出所需要的反应，这种结构也被称为智能结构。对于智能结构的研究是近年来兴起的一个重要研究方向。

结构的优化设计是计算力学中一个重要的非线性研究领域，它的主要目的是在满足一系列条件下（这些条件也被称为约束）寻求结构最优参数。通常这类问题是非线性的，而且计算量非常大，只有靠计算机的帮助才能解决。在钱令希（1916—　）教授的大力提倡、组织与推动下，大连理工大学的程耿东、钟万勰得到了一些重要结果，结构优化的研究在我国有很好的发展。

求解非线性问题紧接着而来的是遇到分叉的问题。在有限元的通用程序中，对于结构稳定性的问题，通常是将问题化归于一个特征值问题，它的基础还是线性理论。在用非线性程序来求解时，往往由于遇到分叉而不能前进。这是因为在分叉点结构的总体刚度矩阵退化问题无法继续求解。为了克服这一困难，对于高维系统中的平衡解的静分叉以及霍普夫分叉，人们又发展了一系列的方法，但是在实践上还不能说已经彻底解决了。这方面的总结可参阅武际可与苏先樾著的《弹性系统的稳定性》一书（科学出版社,1994 年）。关于高维系统的同宿轨道与异宿轨道的计算，以及高维系统向混沌转化的计算，迄今仍是难题。

参考文献

[1]　武际可. 力学史[M]. 重庆：重庆出版社，2000.
[2]　武际可，结构工程的基础性研究[M]//21 世纪初科

学发展趋势. 21世纪初科学发展趋势. 北京：科学出版社，1996：185.

[3] S. P. 铁摩辛柯. 材料力学史[M]. 常振檝，译. 上海：上海科学技术出版社，1961.

19 Chapter 经典力学发展的两条路径[注]

一、引言

在经典力学中有两个最重要的概念——动量和动能。而经典力学的核心内容是运动方程，如果令质点的质量为 m，速度为 v，所受的外力为 f，它可以表述为以下两种等价的方式：

$$\frac{\mathrm{d}(mv)}{\mathrm{d}t}=f \tag{1}$$

$$\frac{\mathrm{d}\left(\frac{1}{2}mv^2\right)}{\mathrm{d}s}=f \tag{2}$$

其中 t 是时间，s 是路程。

(1)和(2)的等价性是显然的，因为

注：1. 本文受到国家自然科学基金 10172002 项目的资助，特致谢意。

2. 本文在第九届现代数学和力学学术会议(MMM－Ⅸ)(2004 年 10 月 4—7 日，上海)上宣读。

$$\frac{d(mv)}{dt}=\frac{d(mv)}{ds}\frac{ds}{dt}=\frac{d(mv)}{ds}v=\frac{d\left(\frac{1}{2}mv^2\right)}{ds}=f$$

由于动量和动能是完全不同的两类概念，后者需要建立功、能等一系列新的概念。所以更不能说第二种表述是第一种表述的推论。

事情还得从意大利科学家伽利略（Galilei Galileo，1564—1642）说起。1638年，伽利略发表了他的巨著《关于两门新学科的对话》。在这本书中，虽然还不严格，但他第一次提出了对运动的两种度量。伽利略借对话的人物萨尔维亚蒂说："对于迄今为止所提到的抛体的动量、冲击或打击，我们必须添加一个非常重要的考虑；去确定打击的力和活力，只考虑抛体的速度是不够的，我们还必须考虑目标的性质与条件，它在不小的程度上确定了冲击的效果。首先，众所周知，从抛体的速度来看，当目标部分或完全阻止运动时，它遭受强烈的损害；因为如果冲击落在一个对象上，它就产生冲力，没有阻力这一冲击将是没有效果的；同样，当一个人用枪杆攻击他的敌人，并且在一个瞬时赶上敌人，而敌人以相等的速度逃跑，这将会是一种没有伤害的接触。但是如果打击部分地落在一个对象上，则冲击将不会有它的全部的效果，破坏将与抛体的速度超过目标后退的速度成比例的；这样，例如，如果射击以速度10达到目标，而后者以速度4后退，动量与冲击将以6来表示。最后，就抛体来说，当目标完全不后退而且如果完全抵抗和阻止了抛体的运动，冲击将是最大的。当涉及抛体时我曾经说过，因为如果目标会逼近抛体，碰撞的冲击会更大，它是与两个速度之和成比例的，它比单独是抛体要大。"

这里伽利略提出只考虑抛体的速度是不够的，还要添加非常重要的考虑去确定打击的活力。伽利略只是提出了这个问题，书中他远没有解决这个问题。而且这恐怕也就是经典力学后来发展的两条路径的起点。

二、第一条路径的完成

1644 年法国科学家笛卡儿(B. Descartes,1596—1650)在他的著作《哲学原理》中讨论了碰撞问题，他提出了8条定律，虽然这些定律都不正确，不过他引进了严格的动量的概念。

1668 年英国皇家学会提出碰撞问题的悬赏征文。应皇家学会的邀请，瓦里斯(J. Wallis, 1616—1703)、雷恩(C. Wren, 1632—1723)和惠更斯参加了这项研究。不久，三个人都交出了各人按不同方式研究写成的论文，他们都在这个问题上作出了贡献。

瓦里斯讨论了非弹性体沿它们重心连线运动时的碰撞，同时也讨论了斜碰撞的情形，随后于 1671 年还发表了弹性碰撞的结果。他在讨论中利用了动量的概念。他的结果是：若令 m 与 m_1 的速度分别为 v 与 v_1，碰撞后的公共速度为 u 则有在同向运动时 $u=\dfrac{mv+m_1v_1}{m+m_1}$，在反向运动时 $u=\dfrac{mv-m_1v_1}{m+m_1}$。现在看来，这就是碰撞后两个物体粘在一起时的动量守恒定律。

雷恩与鲁克合作做了碰撞的实验，于 1668 年提交了论文。马略特在论文《论物体的撞击与碰撞》中描述了这些实验。

马略特(E. Mariotte,1620—1684)是法国教士，又是惠更斯的朋友。他写过《水和其他流体的运动》，讨论了流体的浮力、射流等流动。在 1677 年还写了论文《论物体的撞击与碰撞》，描述了雷恩等球的碰撞实验。利用这些实验马略特证明了动量守恒定律。

牛顿在 1687 年出版的《自然哲学的数学原理》一书中明确提出了后人所称的牛顿第二定律。牛顿的表述是："定律Ⅱ　运动的变化永远与所加的外力成正比，而且是沿着外力作用的直线方向发生的。"这也就是式(1)的另一种表述。

至此，经典力学沿着第一条路径的发展就基本完成了。如果

第一条路径的研究开始于1644年笛卡儿提出准确的动量概念，那么，到1687一共只有四十多年。而沿着第二条路径的发展却刚刚开始，但花费了将近两个世纪之多的漫长岁月。

三、第二条路径的进程

1669年，惠更斯在论文《论物体的碰撞运动》中对碰撞问题进行了系统的讨论。他讨论的前提是：惯性定律，碰撞是完全弹性的。在这样的条件下他提出13个命题，得到了一些重要的定律。如："两个物体相互碰撞时，它们的质量乘其速度平方之和在碰撞前后保持不变。"这个定律正好是莱布尼兹关于活力定律的表述。莱布尼兹的叙述是："宇宙是一个不与其他物体进行交换的物体系统，所以，宇宙始终保持同样的力。"

通过碰撞问题的研究，产生了早期的动量守恒与动能守恒定律的表述。这样，瓦里斯、雷恩和马略特在碰撞问题上沿着动量的路线讨论，而惠更斯则是沿着动能或者说是沿着活力的路线来讨论的。

图1　莱布尼兹像

莱布尼兹(图1)对活力的研究是从反对笛卡儿的动量开始的。1686年，他投给《学术学报》(Acta Eruditorum)一篇论文，反对以质量与速度的乘积作为力的度量。之后笛卡儿派与莱布尼兹派就这个问题争论了多年，这场争论几乎席卷了欧洲各国，延续了数十年之久。最后法国学者达朗贝尔(Jeanle le Rond d'Alembert, 1717—1783)于1743年在他的书《论动力学》中指出，整个争端只不过是一场关于用语的无谓争论。他指出，"对于量度一个力来说，用它给予一个受它作用而通过一定距离的物体的活力，或者用它给予受它作用一定时间的物体的动量同样都是合理的。”在这里，达朗贝尔揭示了活力是按作用距离力的量度，而动量是按作用时间力的量度，这个结论是非常确切的。

莱布尼兹认为，以落体运动来说，物体升起的高度是与初速度的平方成正比，因之作用在物体上的力的效应必定是与其质量所给予的速度平方而不是速度成正比的。当时莱布尼兹取 mv^2 为活力，而不是用 $\frac{1}{2}mv^2$。

以现在的语言来说，令 a 为加速度，f 为力，m 为质量，v 为速度，s 为距离，则

$$ma = f \qquad \text{牛顿第二定律}$$

是与 $\mathrm{d}\left(\frac{1}{2}mv^2\right) = f \cdot \mathrm{d}s$ 等价的，在这里，f 被称为死力，$\frac{1}{2}mv^2$ 被称为活力。

到了 19 世纪 20 年代，当法国学者科里奥利（Gustave Gaspard Coriolis，1792—1843）引进了功的概念后，即功等于力乘物体在力作用线上的位移，才在前面加上了 $\frac{1}{2}$，成为 $\frac{1}{2}mv^2$。

四、拉格朗日与勒让德的工作

在第二条路径的发展过程中，应当提到的是两件重要的事。即 18 世纪的拉格朗日和勒让德的工作。

在牛顿的《自然科学的数学原理》出版后的 101 年，也是法国大革命的前一年，即 1788 年，在法国出版了一本不含几何推理也没有任何几何插图的力学书。这就是 J. L. 拉格朗日（Lagrange）著的《分析力学》。这本书的出版标志了力学发展的一个新阶段。

他首先引进可以完全描述力学系统状态的有限个参数 q_j（$j = 1, 2, \cdots, n$）称为广义坐标，后人也称为拉格朗日坐标。其次，他在系统运动时计算系统的动能 T，用 $\dot{q}_j = \frac{\mathrm{d}q_j}{\mathrm{d}t}$ 的函数来表示，并且

以 $I = \int_{t_0}^{t_1} T\mathrm{d}t$ 表示作用量，使 I 最小的 $q_j(t)$ 便是真实运动。拉格朗日称之为最小作用量原理。并且论证真实运动必须满足方程

$$\frac{\mathrm{d}}{\mathrm{d}t}\left(\frac{\partial T}{\partial \dot{q}_j}\right) - \frac{\partial T}{\partial q_j} = Q_j \qquad (j = 1, 2, \cdots, n)$$

这里 Q_j 是作用力在广义坐标中的表达式。如果将它表示为 q_j 的函数，且是有势力的情形，即

$$Q_j = -\frac{\partial V}{\partial q_j}$$

这时若令 $L = T - V$，则有

$$\frac{\mathrm{d}}{\mathrm{d}t}\left(\frac{\partial L}{\partial \dot{q}_j}\right) - \frac{\partial L}{\partial q_j} = 0 \qquad (j = 1, 2, \cdots, n)$$

这个方程称为第二类拉格朗日方程，函数 L 是 S. D. 泊松引进的，称为拉格朗日函数。

如果说拉格朗日所引进的拉格朗日函数是一种作用量，随后，拉格朗日的学生勒让德(图2)引进的勒让德变换就允许把这个函数以别的自变量来表述。1787年，勒让德在蒙日关于最小曲面研究的启发下，给出了勒让德变换。勒让德变换在力学和物理上的应用，可以把作用量的自变量换成与原来变量对偶的变量。由此就可以发展出一系列的另外的作用量和运动方程的新的表述形式。后来的哈密尔顿力学与雅科比力学，都可以由此推出。

图2　勒让德像

勒让德变换是从以下偏微分方程出发的

$$R\frac{\partial^2 z}{\partial^2 x^2}+S\frac{\partial^2 z}{\partial x\partial y}+T\frac{\partial^2 z}{\partial^2 y^2}=0 \tag{3}$$

其中令$\frac{\partial z}{\partial x}=p$，$\frac{\partial z}{\partial y}=q$，再令 R、S、T 仅是 p、q 函数，令曲面$z=f(x,y)$的切平面为

$$px+qy-z-v=0, \tag{4}$$

则应当有

$$R\frac{\partial^2 v}{\partial^2 p^2}-S\frac{\partial^2 v}{\partial p\partial q}+T\frac{\partial^2 v}{\partial^2 q^2}=0 \tag{5}$$

式(4)就在函数变量 x，y 与 p，q 之间给出了一个变换。即

$$\frac{\partial z}{\partial x}=p,\ \frac{\partial z}{\partial y}=q;\ \frac{\partial v}{\partial p}=x,\ \frac{\partial v}{\partial q}=y$$

由式(4)微分得

$$x\mathrm{d}p+p\mathrm{d}x+y\mathrm{d}q+q\mathrm{d}y-p\mathrm{d}x-q\mathrm{d}y-\frac{\partial v}{\partial p}\mathrm{d}p-\frac{\partial v}{\partial q}\mathrm{d}q=0$$

即$\frac{\partial v}{\partial p}=x$，$\frac{\partial v}{\partial q}=y$，由此

$$\begin{pmatrix}\frac{\partial^2 v}{\partial p^2} & \frac{\partial^2 v}{\partial p\partial q}\\ \frac{\partial^2 v}{\partial p\partial q} & \frac{\partial^2 v}{\partial q^2}\end{pmatrix}=\begin{pmatrix}\frac{\partial x}{\partial p} & \frac{\partial x}{\partial q}\\ \frac{\partial y}{\partial p} & \frac{\partial y}{\partial q}\end{pmatrix}$$

同样因为$\frac{\partial z}{\partial x}=p$，$\frac{\partial z}{\partial y}=q$，由此

$$\begin{pmatrix}\frac{\partial^2 z}{\partial x^2} & \frac{\partial^2 z}{\partial x\partial y}\\ \frac{\partial^2 z}{\partial x\partial y} & \frac{\partial^2 z}{\partial y^2}\end{pmatrix}=\begin{pmatrix}\frac{\partial p}{\partial x} & \frac{\partial p}{\partial y}\\ \frac{\partial q}{\partial x} & \frac{\partial q}{\partial y}\end{pmatrix}$$

考虑到上面两个式子的右端一个和另一个的转置互逆。就有

$$\frac{\partial^2 z}{\partial x^2}=\frac{1}{\Delta}\frac{\partial^2 v}{\partial q^2},\ \frac{\partial^2 z}{\partial x\partial y}=-\frac{1}{\Delta}\frac{\partial^2 v}{\partial p\partial q},\ \frac{\partial^2 z}{\partial y^2}=\frac{1}{\Delta}\frac{\partial^2 v}{\partial p^2}$$

其中
$$\Delta=\begin{vmatrix}\dfrac{\partial^2 v}{\partial p^2} & \dfrac{\partial^2 v}{\partial p\partial q}\\ \dfrac{\partial^2 v}{\partial p\partial q} & \dfrac{\partial^2 v}{\partial q^2}\end{vmatrix}$$

把以上结果代入式(3)就得到式(5)，这一变换可以把一个拟线性方程化归为一个线性方程求解。

把以上思想推广。设有 n 个自变量 $q_1,q_2,\cdots,q_n$ 的函数
$$U=U(q_1,q_2,\cdots,q_n)$$
它具有直到二阶的连续微商，取新的一组变量
$$Q_i=\frac{\partial U}{\partial q_i}\qquad(i=1,2,\cdots,n)\tag{6}$$
它们组成对 $q_1,q_2,\cdots,q_n$ 的一组变量替换，设其 Jacobi 行列式
$$\left|\frac{\partial Q_i}{\partial q_j}\right|=\left|\frac{\partial^2 U}{\partial q_i\partial q_j}\right|\neq 0$$

从式(6)就可以把原变量反解出来，得
$$q_i=q_i(Q_1,Q_2,\cdots,Q_n)\qquad(i=1,2,\cdots,n)\tag{7}$$
考虑新函数
$$U^c=\sum_{i=1}^{n}Q_iq_i-U\tag{8}$$
可以证明
$$q_i=\frac{\partial U^c}{\partial Q_i}\qquad(i=1,2,\cdots,n)\tag{9}$$

在勒让德变数替换下，两个函数 U 和 U^c 的关系由式(8)给出，对应的变量与函数的关系由式(6)和式(9)给出。它概括了力学与物理上各种作用量之间的关系。

五、静力学的两种路径

上面所说的关于动力学研究的两条路径，可以追溯到静力学的研究中。一条路径是直接研究力的性质与平衡，我们现今采用的工程力学教材中，大多是沿着这条路径展开讨论的；另一条路

径是研究位移并且把位移和外力在位移上作功联系起来，这就是从虚位移原理来讨论平衡。实际上，位移和力所表述的空间是相互对偶的，把一个的性质搞清楚了，另一个也就清楚了。以下我们采用第二条路径的方法，就刚体的平衡与位移来讨论。

设在空间中有 m 个质点，每个质点引进一个位移 $\boldsymbol{u}_i(i=1,\cdots,m)$，则这些位移构成一个 $n=3m$ 维的向量空间 $\boldsymbol{L}^{3m}=\underbrace{\boldsymbol{L}^3\otimes\boldsymbol{L}^3\otimes\cdots\otimes\boldsymbol{L}^3}_{m}$，而它的对偶空间相当于在每一点上给定一个力 $\boldsymbol{F}_i$，由这些力所构成 $3m$ 维空间 $\boldsymbol{L}'^{3m}$。

显然这个力系在任意位移上作功为零的条件为

$$\sum_{i=1}^{m}\boldsymbol{F}_i\cdot\boldsymbol{u}_i=0 \tag{10}$$

如果我们给定的位移并不是任意的，比如说 m 个质点是约束在同一个刚体上，则 $\boldsymbol{u}_i$ 可以表示为

$$\boldsymbol{u}_i=\boldsymbol{u}_0+\boldsymbol{\Omega}\times\boldsymbol{r}_i \tag{11}$$

这里 $\boldsymbol{u}_0$ 与 $\boldsymbol{\Omega}$ 为两个任意的常向量，$\boldsymbol{r}_i$ 为空间质点的坐标向量。在这一段的讨论中，我们采用通常三维空间中向量的运算。将式(11)代入式(10)，得

$$\begin{aligned}&\sum_{i=1}^{m}\boldsymbol{F}_i\cdot\boldsymbol{u}_0+\sum_{i=1}^{m}\boldsymbol{F}_i\cdot(\boldsymbol{\Omega}\times\boldsymbol{r}_i)\\=&\left(\sum_{i=1}^{m}\boldsymbol{F}_i\right)\cdot\boldsymbol{u}_0+\sum_{i=1}^{m}(\boldsymbol{r}_i\times\boldsymbol{F}_i)\cdot\boldsymbol{\Omega}\\=&\boldsymbol{F}\cdot\boldsymbol{u}_0+\boldsymbol{M}\cdot\boldsymbol{\Omega}=0\end{aligned}$$

由于 $\boldsymbol{u}_0$ 与 $\boldsymbol{\Omega}$ 的任意性，有

$$\left.\begin{aligned}\boldsymbol{F}=\sum_{i=1}^{m}\boldsymbol{F}_i=0\\\boldsymbol{M}=\sum_{i=1}^{m}\boldsymbol{r}_i\times\boldsymbol{F}_i=0\end{aligned}\right\} \tag{12}$$

这就是刚体的平衡条件。

同样，考虑作用在各点的力系任意变化下都作零功的位移所满足的条件，即考虑式(10)在 $\boldsymbol{F}_i$ 满足刚体平衡条件(12)时位移场应当满足的约束条件。在这种情形下，我们把式(10)与式(12)两式联立，寻求 $\boldsymbol{F}_i$ 任意变化下 $\boldsymbol{u}_i$ 的解空间。为此，将式(12)的两个等式分别乘以待定乘子 $\boldsymbol{u}_0$ 与 $\boldsymbol{\Omega}$ 两个向量后与式(10)相减，得

$$\sum_{i=1}^{m} \boldsymbol{F}_i \cdot \boldsymbol{u}_i - \sum_{i=1}^{m} \boldsymbol{F}_i \cdot \boldsymbol{u}_0 - \sum_{i=1}^{m} (\boldsymbol{r}_i \times \boldsymbol{F}_i) \cdot \boldsymbol{\Omega} = 0 \tag{13}$$

显然式(13)可以化为

$$\sum_{i=1}^{m} \boldsymbol{F}_i(\boldsymbol{u}_i - \boldsymbol{u}_0 - \boldsymbol{\Omega} \times \boldsymbol{r}_i) = 0 \tag{14}$$

由于上式中 $\boldsymbol{F}_i$ 是任意变化的，于是得到

$$\boldsymbol{u}_i = \boldsymbol{u}_0 + \boldsymbol{\Omega} \times \boldsymbol{r}_i \tag{15}$$

这也就是刚体位移的约束条件。

上面所讨论的刚体在两个相互对偶的空间内满足作零功的相互对偶的两个条件，就是刚体力学中的静力平衡条件[式(12)]和运动学几何条件[式(15)]。

六、结论

通过以上的讨论，我们至少可以有以下几点认识：

第一，把经典力学不加区分地称为牛顿力学，是不十分合适的。牛顿是完成第一条路径的大师，但对第二条路径来说，很难说有多少贡献。

第二，经典力学的这两条路径，可以追溯到力学的静力学中。在静力学的研究中，也一直存在着两种不同的方法。一种是直接从力的平衡着手讨论，另一种是从力系被扰动后系统的行为来讨论；前者是从力而后者是从几何来讨论的；或者从力学上来说，前者是平衡，后者是虚功原理；从几何上来说前者与后者是在互相对偶的空间中来讨论的。

第三，恩格斯说："mv 是以机械运动来量度的机械运动；$\frac{1}{2}mv^2$ 是以机械运动所具有的变为一定量的其他形态的运动的能力来度量的机械运动。这两种量度因为性质互不相同，所以并不互相矛盾。"可见，沿着第一条路径的研究，只是解决了前一类问题，而后一类问题是属于第二条路径的事。

第四，现今在大学力学教学体系上，主要是按照第一条研究路径来整理材料的。而把动能定理纳入它的框架内，可能是由于第一条路径完成得早而"先入为主"吧。从虚功原理开始的分析力学，要么不讲，要么分量很小。这和经典力学在现今整个科学中的地位是不相称的。近代科学的发展，恰恰需要加强分析力学部分，而这只有少数教材才反映这种要求的，如朗道栗复希兹的《力学》和阿诺尔德的《经典力学的数学方法》。

参考文献

[1] 恩格斯. 自然辩证法[M]. 中共中央马克思列宁恩格斯斯大林著作编译局，译. 北京：人民出版社，1957：72.

[2] 武际可. 力学史[M]. 重庆：重庆出版社，2000.

人类飞起来前后[注]

——纪念莱特兄弟飞行成功100周年

20 Chapter

1903年12月17日，莱特兄弟第一次实现了人类飞行的梦想。开辟了航空时代。这件事过去了整整一百年，现在世界各国都在隆重地纪念这一伟大的事件。本文就莱特兄弟发明飞机的前后，介绍几件有关的历史事实，以表纪念。

一、莱特之前的飞行研究

人类对飞行的向往是源远流长的。飞机的发明绝不是莱特兄弟心血来潮的幸运所得，而是人类世代前仆后继奋斗和积累的结果。

我国在战国时代有了风筝、三国时代有了孔明灯、晋代有了竹蜻蜓、宋代有了火箭的发明。它们是人类早期对重物升空的尝试。

在欧洲的文艺复兴时代，在达·芬奇的札记中记载了他对滑翔升空的构想。据说他曾经花了20多年观察与研究鸟、蝙蝠、

注：首刊于《力学与实践》，2003，25(6)：76－80.

昆虫的飞行，并且计划将他的发现写成一本著作。1505 年，达·芬奇写成了研究手稿《论鸟的飞行》。

19 世纪初，英国人乔治·凯利(George Cayley,1773—1857)(图 1)为了对空气的阻力与升力进行定量研究，1804 年 12 月，凯利自己设计和制造了一架悬臂机，用于研究平板的升力和阻力。利用这个装置，凯利得到了最早关于升力和速度方面的数据。他初步的结果是，平板的升力与面积成正比、与迎风角成正比、与速度的平方成正比。他在悬臂机试验中还发现了流线型对减少阻力的重要性。他经过精心计算，给出了一架飞机的设计参数，并且说："如果这块平板能在动力作用下高效率运动，空中航行就会实现。"

图 1　凯利像

大莱特曾说过："我们设计的飞机，完全按照凯利爵士的非常精确的计算方法。"所以后来西方的航空专家都称凯利为航空之父。

图 2　彭槐像

在 19 世纪的后期，在英国、俄国、德国、法国都有一些动力飞行的探索者。其中法国的彭槐(Alphonse Pénaud,1850—1880)(图 2)1871 年发明的橡筋动力的飞机模型，飞行距离超过 60 米，后来几经改进。他是 19 世纪继凯利之后在欧洲影响最大的空气动力学家。

1842 年英国的汉森申请了他的飞机设计专利，这是世界上第一个有关飞机的专利。他的飞机上装置的动力是蒸汽机，他将这种飞行器定名为“空中蒸汽车”。后来他自己进行了模型试验，在头几次试验失败后，他的财力已经耗尽，无力继续而停止了。

1857 年，法国的布里斯制造了一架大型滑翔机，他的起飞方式是将滑翔机固定在马车上，然后驱车沿大路奔跑，当马车达到一定速度时，把滑翔机放出去。在第二从试飞时，不幸遇到了下降的气流，滑翔机摔坏，他本人也摔断了大腿。过了 10 年，他又东山再起，继续滑翔机试验，试验又遭失败，从此他退出了航空界。

德国的利林塔尔（图 3），1889 年发表了一本《鸟类飞行的艺术》，这本书对后来的飞行影响很大。他还制造了具有蝙蝠形状机翼的滑翔机，为了改进他制造的滑翔机，他进行了 2500 次以上的飞行试验。他对滑翔机不断改进，最长的一次飞行是从 15 米高的山头上起飞，滑翔了 300 米远。

图 3　利林塔尔像

利林塔尔对航空最大的贡献是在准备飞行前，要在地面上进行一系列的试验。他试验了不同的翼型以确定对飞行最为有利的特点。有些机翼是平直的，而有些就像鸟翼一样是弯曲的。利林塔尔发现弯曲的形状更有利。后来莱特兄弟知道了利林塔尔的这些结果，并且把它应用到自己的设计中。

利林塔尔在滑翔机上增加了舵，并且准备装上动力，可惜在 1896 年 8 月的一天，在试飞时，因为机翼折断而折断了脊骨，于次日逝世。他离开人世时最后的遗言是："如果没有牺牲，任何事都不会成功。"

这些只是动力飞行的早期探索者中的少数例子。是这些勇敢的冒险家的前仆后继的探求，人们又不断从中总结经验，才有后来的飞行世纪。诚然，像后来最早飞行成功的莱特兄弟那样的胜利者的业绩值得庆贺，而像利林塔尔，这样的失败者的业绩也是可歌可泣的。

兰利(Samuel Pierpont Langley,1834—1906)(图4)是美国的职业科学家，起先曾从事土木工程工作，后来靠自学成为著名的天文学家。他发展了测辐射热仪，对太阳光谱测量作出了重要贡献，1867年，任美国匹兹堡大学的物理与天文学教授。他从幼年便对鸟的飞翔产生了极大的兴趣。经常连续数小时观看鸟的飞行。

1887年兰利移居华盛顿，出任当时美国学术权威机构斯密森学会的秘书。他建造了一座60英尺的悬臂机，该机靠煤气发动机驱动，外周速度可达每小时70海里。利用这座悬臂机，他进行了大量的空气动力实验，研究平板与鸟翼在空气中运动时的阻力与升力的规律，由此得到了许多定量的结果，并且纠正了前人的不少错误。兰利将他的研究结果写成一本书《空气动力学实验》，于1891年由华盛顿的斯密森学会出版。这本书是最早的比较系统的实验空气动力学著作，对后来的飞机研究者，包括莱特兄弟影响很大。

图4　兰利像

除了实验室研究外，兰利还动手做飞行试验。他先后从1891年开始试制了橡筋动力模型飞机，设计并制造了轻型蒸汽机；并且设计了空中旅行者 0、…、6 共 7 个型号的飞机模型，对其中的第 5、6 两号飞机模型在 1896 年进行了成功的飞行，又在 1903 年进行了两次不成功的载人的飞行试验。后来因为财政拮据和新闻界的冷嘲热讽，以及兰利本人年事已高(接近 70 岁)等诸多原因，放弃了试验，兰利也于 1906 年逝世。后人总结他载人飞行的失败原因主要是由于结构上的不合理，当时他的发射架如果采用轮式起落架，试飞很可能是另一种结果。

二、莱特发明的飞机(图 5)

图 5　莱特兄弟最早的试飞

人类探索飞行的牺牲，给媒体带来了冷嘲热讽的口实，报纸上说试制的飞机是“自杀机”。

在俄亥俄州制造自行车的莱特兄弟(哥哥威布尔 Wilbur Wright，1867—1912，图 6；弟弟奥维尔 Orville Wright，1871—1948，图 7)却不顾媒体的嘲讽，决心试制飞机。莱特兄弟自幼痴迷于航空，这可以从兄长威布尔·莱特写给纽约斯密森学院的一封信里看得很清楚。这封信说(图 8)：

图6　威布尔·莱特

图7　奥维尔·莱特

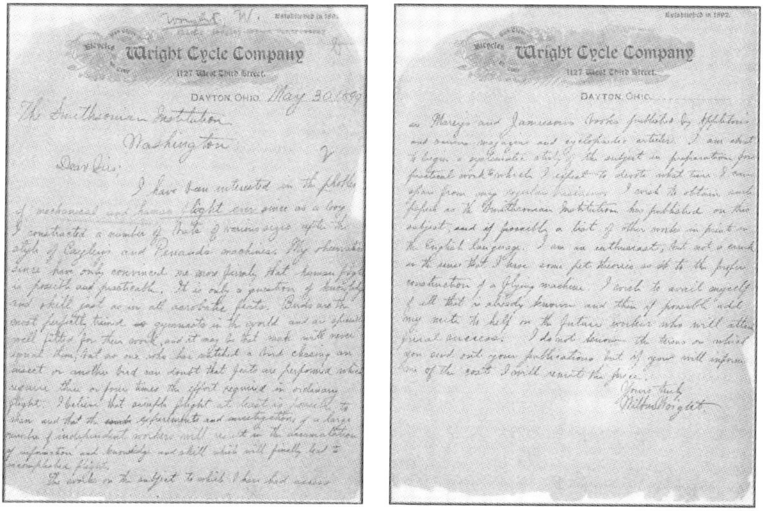

Established in 1892.
Bicycles
Wright Cycle Company
1127 West Third Street.
DAYTON, OHIO. May 30, 1899

The Smithsonian Institution
Washington

Dear Sirs;

I have been interested in the problem of mechanical and human flight ever since as a boy I constructed a number of bats of various sizes after the style of Cayley's and Penaud's machines. My observations since have only convinced me more firmly that human flight is possible and practicable. It is only a question of knowledge and skill just as in all acrobatic feats. Birds are the most perfectly trained gymnasts in the world and are specially well fitted for their work, and it may be that man will never equal them, but no one who has watched a bird chasing an insect or another bird can doubt that feats are performed which require three or four times the effort required in ordinary flight. I believe that simple flight at least is possible to man and that the experiments and investigations of a large number of independent workers will result in the accumulation of information and knowledge and skill which will finally lead to accomplished flight.

The works on the subject to which I have had access are Marey's and Jamieson's books published by Appletons and various magazine and cyclopaedic articles. I am about to begin a systematic study of the subject in preparation for practical work to which I expect to devote what time I can spare from my regular business. I wish to obtain such papers as the Smithsonian Institution has published on this subject, and if possible a list of other works in print in the English language. I am an enthusiast, but not a crank in the sense that I have some pet theories as to the proper construction of a flying machine. I wish to avail myself of all that is already known and then if possible add my mite to help on the future worker who will attain final success. I do not know the terms on which you send out your publications but if you will inform me of the cost I will remit the price.

Yours truly,
Wilbur Wright.

图8

亲爱的先生：

打从我还是一个孩子起，我一直对机械的和人类的飞行问题感兴趣，继凯利和彭橈的机器之后，我曾做过许多不同大小的飞行物。我的观察使我更坚定地确信人类的飞行是可能的和行得通的。仅有的问题犹如在所有的杂技表演中的技巧和知识。鸟类是世界上最理想的经过训练的体操运动员，并且特别适应于它们的工作，而人类可能永远不能够与之相比，但是当注视一只鸟追赶昆虫或别的鸟时没有人能怀疑这种能力的形成需要通常飞行的三或四倍的时间。我相信对人类来说，简单的飞行至少是可能的，独立的工作人员的大量的实验和研究，其信息、知识和技巧的积累结果将最终导向飞行的实现。

在通向这一主题的工作上，指引我入门的有 Appleton 出版的 Marey 和 Jamieson 的书以及许多杂志和内容丰富的文章。我为准备在我经常的买卖的时间之余期望作贡献，刚开始对这一主题的系统地学习。我希望得到像斯密森学院出版的关于这一主题的文章，并且如果可能还希望得到在以英文印刷中的文章的目录。我是一位热心者而不是没有耐心的人，我有一些去严格建造飞行机器的宠爱的理论。我希望所有已知的对我有用，并且如果可能，对未来获得最后胜利者略尽绵薄之力。我不知道你能送给我的是哪些出版物，不过一旦你通知我价格，我将如数汇出。

忠实于你的

Wilbur Wright

莱特兄弟首先从制造滑翔机开始，逐渐改进。上面这封信，讲述的就是他们1899年5月30日写信给斯密森研究院索取有关航空资料的情形。他们研究前人的经验，其中包括达·芬奇、乔治·凯利、兰利教授、马克辛(机枪的发明者)、查纽特、帕森斯、托马斯·爱迪生、利林塔尔、阿代尔等的事迹与经验。到1902年秋，已经积累了上千次滑翔经验，掌握了飞行的理论与技术。

最后，他们决心制造装有发动机与螺旋桨的飞机。经过艰苦的研究，终于制成了4缸8马力的内燃发动机，并且用枞木制造了螺旋桨。1903年12月17日在北卡罗来纳州的刺鬼山海岸(Kill Devil Hills beach)，对他们制成的“飞行者”1号进行了试飞。经过4次试飞，最好的成绩是在空中飞行59秒，飞行距离259.7米的记录。那次试飞，他们发了50封邀请信，结果只来了5个人，报界对此反映冷淡。到1905年，美国著名的科学普及杂志《科学的美国人》说这次试验只不过是一个骗局。可是，就在这一年，莱特兄弟的第三个改型飞机在10月5日那天，一次飞行了38.6千米，在空中持续飞行38分3秒。

三、最早的飞行与力学

20世纪产生的航空事业，可以说是力学科学的产儿。它自始至终是在力学研究成果的指导和哺育下发展和成长的。一般人以为，既然莱特兄弟是卖自行车的，所以他们只是凭借他们与自行车有关的机械学的知识制造飞机的。其实不然，他们的成功一直伴随着对力学，特别是空气动力学的深入钻研。以下略微说一说这方面的事实。

为了获得有关空气动力学方面的知识，莱特兄弟向许多人写信求助。下面是莱特兄长1899年6月14日写给纽约斯密森学院的信，信中说(图9)：

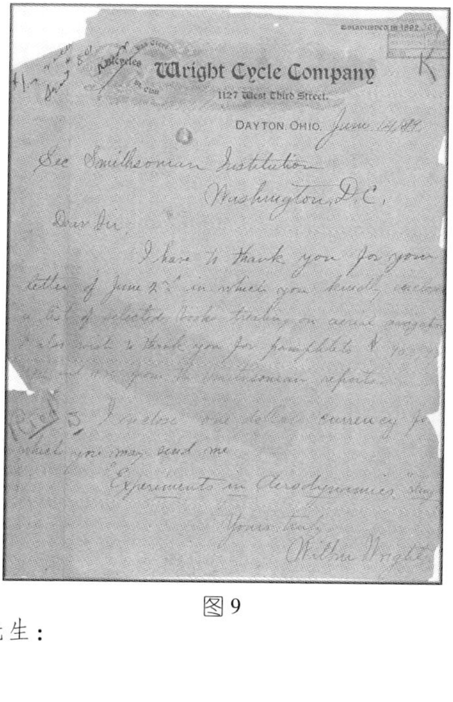
Wright Cycle Company
1127 West Third Street.
DAYTON OHIO.
Sec Smithsonian Institution
Washington, D.C.
Dear Sir,
I have to thank you for your

图9

亲爱的先生：

我必须谢谢你6月2日的来信，在其中你亲切地附上了一张选出的涉及航空的书目的单子。我还想感谢寄来的斯密森报告中的#903，93[....]，1134与1135等小册子。附上一美元的现钞，是打算预付你们寄给我兰利的《空气动力学实验》的。

忠实于你的

Wilbur Wright

从这封信里可以看出，莱特兄弟是很好学的。前面说过，兰利在当时至少是处于实验空气动力学的前缘。他们向他索要兰利的有关著作，并且进行了十分认真的实验。

1901年莱特兄弟为了实验和改进机翼，建造了风洞(图10)，他们研究与比较了200种以上的机翼形状。这个风洞大概是美国第一座风洞。

图10　莱特兄弟的风洞

除了莱特兄弟好学，向一切从前的和当时的人学习以外，还应当特别提到的是有一位著名的工程师直接指导莱特的力学知识。这就是法裔工程师恰纳特(Octave Chanute, 1832—1910)(图11)。他是一位著名的铁路工程师，主持设计过复杂的铁路桥梁，采用新的材料进行施工。他对飞行一直保持浓厚的业余兴趣，而且他关于飞行的力学知识在19世纪80年代一直处于前缘。他与莱特兄弟一直保持通信，指导他们，并且亲自去过莱特兄弟的试验场地。在1886年8月于布法勒(Buffalo)他在美国第一次组织召开了关于航空研究可能性的讨论会。

图11 恰纳特像

这也就是美国科学促进协会(American Association for the Advancement of Science, AAAS)的第一个系列会议。之后他与他知道的任何有志于航空研究的人通信。1889年在多伦多又召开了AAAS的会议，会上他正式将航空计划作为一个工程问题。在1893年他趁芝加哥世界博览会之机，在芝加哥组织召开了一次国际航空会议。许多对航空有兴趣的著名人物出席了会议，其中有斯密森学院的秘书兰利、发明家爱迪生等。之后于1894年他出版了《飞行力学进展》，后来这本书成为这方面的一本经典著作。所以美国人罗杰·劳纽斯(Roger D. Launius)说："莱特兄弟教会了世界飞行，但是是谁教会了莱特兄弟去飞行的呢？从最广泛的意义上说是一位出生于法国，在芝加哥长大的工程师——恰纳特。"[1]

四、飞机发明权之争

1903年5月，莱特兄弟曾就他们对飞机两翼升力差及平衡等问题，向英国和美国提出了专利申请，英美两国分别于1904

年和1906年批准了这项专利。

图12 柯蒂斯像

柯蒂斯(Glenn Curtiss, 1878—1930)(图12)早先在造摩托车与摩托发动机的行业中很有成就。1907年他以自造的摩托车在佛罗里达创造了每小时136海里的记录，被誉为“活着的最快的人”。后来他制造气球飞船用的发动机。1906年他在纽约展出他的发动机，受到电话的发明人贝尔的注意，而贝尔正想制造一架飞机，邀请柯蒂斯参加他的计划。从此投身到航空事业中去。后来专门生产飞机用的发动机。

1908年，柯蒂斯发现了飞机的副翼原理，其作用是使两翼产生升力差。

莱特兄弟闻讯，以为柯蒂斯侵犯了他们的专利权，就向法院提出了控告。

1914年1月，联邦高等法院判决莱特兄弟胜诉。柯蒂斯不服，他想重新试飞比莱特兄弟早的兰利的“航空站号”飞机。如果兰利的飞机试飞成功，他就能在诉讼中击败莱特兄弟。

柯蒂斯找到了斯密森研究院院长沃尔科特。沃尔科特一直想替前任院长兰利争得荣誉，自然很赞同柯蒂斯的想法。他向柯蒂斯提供了2000美元的实验费。

1914年4月，兰利的飞机被送到柯蒂斯工厂重新组装，柯蒂斯对飞机改动了35处。飞机试飞成功了。

沃尔科特十分高兴。他在研究院的年度报告上，专门登载了一则声明："根据1914年实验证明，1903年的兰利飞机是不加以任何实质性改进，就能够由人操纵进行连续飞行的、最早的、比空气重的飞机。"

从此，兰利飞机就被人们认为是世界上第一架飞机，它被陈列在国立博物馆最显要的位置。

莱特兄弟对此自然不服，他们又向有关部门申诉。双方从1914年诉讼开始，一直争执了28年。直到1942年，莱特兄弟的飞机从伦敦博物馆运回美国，争议才告一段落。莱特的优先发明权终被确立，莱特的飞机才被放在博物馆最荣耀的地方。[2]

在这场争议中，他们彼此造成了一些损伤，不过在柯蒂斯与莱特兄弟争讼的同时他们为了共同的利益还是有合作的。柯蒂斯不仅是一位发明家还是一位很卓越的企业家，在第一次世界大战中，生产了一万多架飞机，柯蒂斯成为世界上最大的航空公司的主席，其雇员超过两万。1929年7月5日柯蒂斯与莱特正式联合成立柯蒂斯—莱特公司。迄今这个公司已经有70多年的历史，它虽然不是最大型的企业，但良好的经营，在强手如林的美国企业中仍然办得独具特色。它目前是以制造控制系统、金属加工为主要业务。在纪念人类飞行100周年的活动中，它表现得非常活跃。

参考文献

[1] Roger D. Launius. OCTAVE CHANUTE, The Chicago Connection, and the Birth of Aviation, Illinois Periodicals Online (IPO), Northern Illinois University Libraries funded by the Illinois State Library, 2003.

[2] 武际可. 力学史[M]. 重庆：重庆出版社，2000.

什么是分岔?[注]

21
Chapter

道路可以分岔，树枝可以分杈，这在日常生活中，是我们常见的。而在现代自然科学中，特别是在物理学、化学、力学、生态学、气象学中，近二十年来越来越多地遇到“分岔”(bifurcation)这个名词。这个名词有许多译法，有时也译为“分叉”、“分歧”、“分支”或“分枝”。它在这里的含义，不像在道路和树枝的分岔或分杈那样具体，有点抽象和难以捉摸。但是在众多的领域中越来越多地提到，说明它的重要性越来越大，是从事自然科学的研究和教学的人应当了解的。它的含义是什么呢？我们将在这篇文章中简单给以介绍。

一、从一个例子说起

为了具体说明什么是分岔现象，我们先举一个比较简单的例

注：1. 本文受国家自然科学基金资助(编号为 19990510)，特此致谢。

2. 本文是作者为 2000 年在《世纪大讲堂》作同一题目的讲演所写的讲稿。这次报告的记录刊登在辽宁人民出版社 2002 年出版的《世纪大讲堂》第二辑中。

子来分析。

如图 1 所示，考虑一个半径为 a 的光滑的圆环，绕它的一根铅垂直径以等角速度 ω 旋转。在圆环上有一个质量为 m 的光滑小环。我们来求小环在大环上的位置。

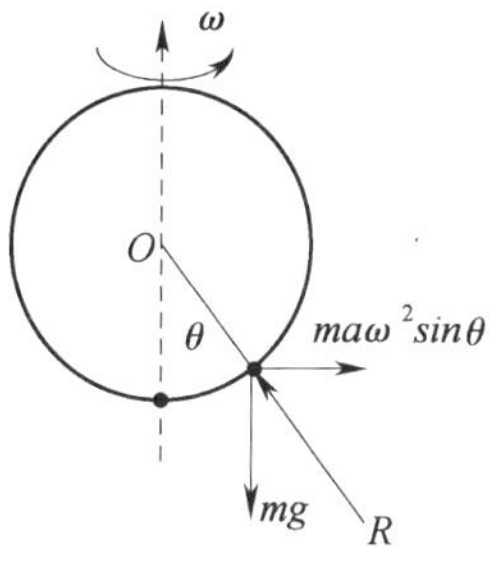

图 1

设小环处于大环上与铅垂方向成 θ 角的位置。由于小环受大环的约束力 R 必然是如图中所示垂直于大环的方向，作用在小环上的惯性力是水平方向，重力是铅垂方向。作用在小环上的这三个力应当平衡。所以有

$$\frac{ma\omega^2 \sin\theta}{mg} = \tan\theta \tag{a}$$

即 $\sin\theta\left(\dfrac{a\omega^2}{g} - \dfrac{1}{\cos\theta}\right) = 0$。

由这个式子可以算出 θ 和 ω 的关系。把角度 θ 和 ω 的关系曲线画在图上就得到图 2 上的两条线。一条是 $\theta = 0$，另一条是 $\theta = \arccos\left(\dfrac{g}{a\omega^2}\right)$。后一条曲线是从点 $P = (\theta, \omega) = \left(0, \pm\sqrt{\dfrac{g}{a}}\right)$ 分出来的。即从 $\omega = \omega^* = \pm\sqrt{\dfrac{g}{a}}$，$\theta$ 不再是 0 而逐渐随 ω 增加。当 θ 趋近于 $\pi/2$ 时，转速 ω 趋于无穷。这个点 P 就称为分岔点。整个问题的解在分岔点分为两支称为分岔现象。

这个例子是一个典型的、简单的分岔问题。在我们的例子中，θ 是表征系统状态的量。此外在系统中还包含一个参量 ω。显然系统的状态是依赖于参数的。当 $\omega < \omega^*$ 时，系统只有唯一的解，即小环处于 $\theta = 0$ 的平衡位置。这时，平衡是稳定的。而当 $\omega > \omega^*$ 时，平衡解成为不稳定的，出现了另外一支解，小环处于 $\theta = \arccos\left(\dfrac{g}{a\omega^2}\right)$，随大环以角速度 ω 旋转。就是说在系统的分岔点，

原来的状态成为不稳定的，出现了另外一个稳定的状态分支。

从这个例子中，我们可以看出一个具有分岔现象的系统，要有以下的条件：

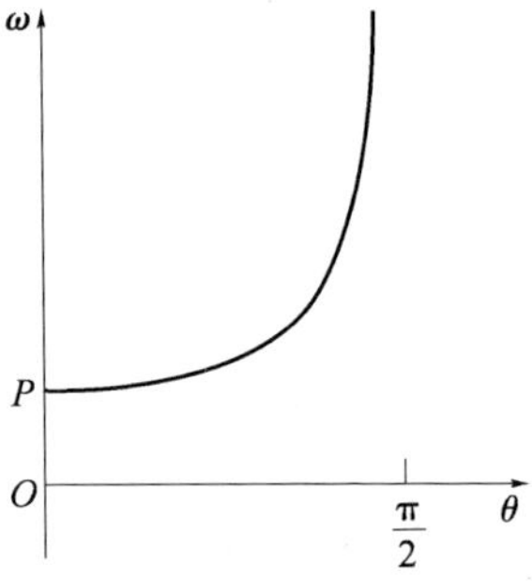

图2

第一，要求有一组描述系统状态的量。在上面的例子中，θ 就是这样的量。在一个复杂的系统中，描述系统状态的量，可以是很复杂的。它们可以是由许多数组成的向量或矩阵，也可以是描述过程的时间和空间的函数，还可以是许多函数组成的函数向量或矩阵。由于使用了复杂的描述状态的数量系统，人们就可以描述十分复杂的自然界的现象和过程。例如，刚体绕固定点运动，像导航控制中的陀螺的运动就需要三个角度来确定它的状态；飞机的飞行姿态则需要六个参数来确定；梁和杆的变形需要用一个定义在长度上的函数来确定它的挠度；确定大气流动情况需要在空间的每一点都给定三个速度分量，它们是空间和时间的三个函数；等等。一句话，只要引进了适当的描述状态的参量系统，在自然界的现象，不论是天上的白云、海里的波浪、反应罐中的化学反应过程，还是股票市场的涨落，都可以来描述。

第二，要求有一组表征过程的参量。在上面的例子中，就是表征旋转角速度的 ω。在实际问题中，为了使问题不过分复杂，这组参量只取一个，这个参数也称为系统的分岔参数。不过这个参数的实际意义可以是各式各样的。它可以是转动角速度，还可以是速度、加速度、长度、角度、温度、电磁场强度、时间、质量、密度、黏性系数，等等。于是我们讨论的问题就不是仅仅关于系统的一个状态，而是在参数变化时考虑系统的状态依赖参数变化的过程。在上例中，我们讨论的是系统的状态 θ 依赖于旋转加速度 ω 变化的过程。在实际的复杂系统中，就是要去研究这些复杂系统的状态随所选定的参数的变化过程。

第三，要有一组控制系统状态的方程，即描述系统状态的量所必须满足的方程。在上面的例子中，平衡方程(a)就是这样的方程。这组方程通常是根据系统的状态所遵从的物理化学规律得到的。它的复杂程度与描述系统状态的量的复杂程度是相关的。在上面这个简单的例子中，一个方程就够了，在多个量描述其状态的系统中，一般说来，有多少个量，就要有多少个方程。进一步，如果系统的状态是由函数描述的，则这种方程还需要是常微分方程(状态量是单自变量函数的情形)或偏微分方程(状态量是多自变量函数的情形)。对于讨论分岔现象来说，方程必须是非线性的。就是说，在方程中，问题的未知量，包括系统的分岔参数，它们之间不能只是以一次项的形式出现。

关于非线性，我们还需要略作介绍。设描述系统的 n 个状态量记为 $x_1,x_2,\cdots,x_n$，如果系统的 n 个控制方程是

$$a_{i1}x_1+a_{i2}x_2+\cdots+a_{in}x_n=b_i,\quad (i=1,2,\cdots,n)$$

其中 $a_{ij}(i,j=1,2,\cdots,n)$ 都是常数。这种形式的方程称为线性方程。研究表明，由线性方程控制的系统是不可能有分岔现象的。不过也不是所有的由非线性方程所控制的系统都会产生分岔。例如，在平面上画一条弯曲的光滑曲线，它不是直线，所以是非线性的。但是这条曲线上并没有分岔点。而我们所举的例子中解曲线是由在分岔点相交的两条光滑曲线组成的。所以分岔问题是非线性问题，但是它比一般的非线性问题更为复杂，因此分岔问题也被称为实质的非线性问题。这是因为，对于一般没有分岔的非线性问题，可以逐段用线性问题来逼近，如同平面曲线可以用逐段的直线去逼近。而对于分岔问题，在分岔点附近，是不可能用线性问题去逼近的，就像在我们的例子中，过图 2 的 P 点作直线，只能逼近解的一支而不能对两支都逼近。

二、形形色色的分岔现象

最常见的分岔有两类：一类是平衡解的分岔，如果在旋转的圆环中来看小环，上面的例子就是一个平衡解的分岔，起先小环在大环的最低点平衡，在旋转参数 ω 超过临界值后，就在大环的另一点平衡，这种分岔也叫静分岔；一类是霍普夫(Hopf)分岔，它是由平衡状态分出一支周期运动，在上面的例子中，如果在固定参考系中来看小环，在临界转速后，小环便产生了一个周期运动。

一根理想的弹性直杆，在两端压力 p 的作用下，直的状态总是一种平衡位置。如果把图 2 上的 ω 轴换作参数 p，把状态 θ 换为杆中点的挠度 w，则 p 轴是一种平衡。当压力 p 增加时，起初杆还是直的。一旦 p 超过了某个临界压力 p^*，直杆的直的状态就不再是稳定的了，杆便产生了弯曲变形，w 与 p 的关系类似于图 2 上的曲线。我们看到当超过临界压力时，挠度随压力增加得是很快的。这是一类典型的静分岔问题。

我们知道，许多结构物都是由受压的杆或其他的受压元件组成的，这些结构的受压部分的行为也像受压杆一样，超过某个临界压力结构的挠度或变形会迅速增加而常常导致结构破坏。

人们常见的口琴上有许多簧片。拿其中的一片来看，当吹的风小时，簧片不发生运动。而当吹的口风稍大时，即超过了某个临界风速，簧片就会产生周期运动而振动起来。这是一种典型的霍普夫分岔。风琴、唢呐、单簧管、双簧管、号、笛等乐器都是利用这个原理制作出来的。进一步讲，如果，激发振动的来源不是风，而是摩擦或水力等其他作用，大量的弓弦乐器也都是这种分岔。当然，霍普夫分岔，并不只可以被利用来制作乐器给人们带来快乐，也还带来烦恼和灾难。

几乎所有的噪声，如树叶的沙沙声、机器的隆隆声、摩擦噪声、有时水管子流水的嗡嗡声等都是和霍普夫分岔相关的。在

20 世纪 30—40 年代，航空中曾经有一种可怕的空难：在飞行中当速度超过某个临界速度时，由机翼产生突然的“颤振”而发生的机毁人亡。如果把机翼看作上面说的口琴上的簧，那么“颤振”现象就容易理解了。不仅如此，在 1940 年建成的美国一座吊桥——长 853.4 米的塔科马(Tacoma)大桥，建成后不久，由于同年 11 月 7 日的一场不大的风(仅每秒 19 米)引起了振幅接近 1.9 米的“颤振”，在这样大振幅振荡下结构不一会便塌毁了。

在生态学研究中，有一种所谓“捕食者”的模型。它是研究有两种动物，例如是大鱼和小鱼，大鱼吃小鱼。一般讲，大鱼和小鱼可以在一定的数量上得到平衡。不过，还有一种更为常见的现象是，大小鱼的数量周期性地振荡变化。当大鱼多了时，小鱼就少了，于是大鱼就因为找不到食物而饿死减少；大鱼少了，小鱼又因为没有天敌大量繁殖而增加。如此周而复始。这种振荡也是一种典型的霍普夫分岔。同样，股票市场的涨落、经济危机的周期性地发生、沙漠中沙丘周期性地起伏、心脏从正常跳动转化为颤动也都是一种分岔现象。

1900 年，法国人白纳(Benard)做了一个实验。在温度均匀的水平金属板上盛放一薄层液体。当加热金属板且上下的温差不大时，液体的状态处于静止，热量是通过热传导的方式自下向上传递。当温差达到某个临界值时，静止平衡的液体成为不稳定的，液体开始流动。此时流场成规则的胞状结构，在每一胞中，流体自中心至边沿形成环流(图 3)。这个现象解释了白天在日照下地面温度升高后产生局部地区的风的成因。

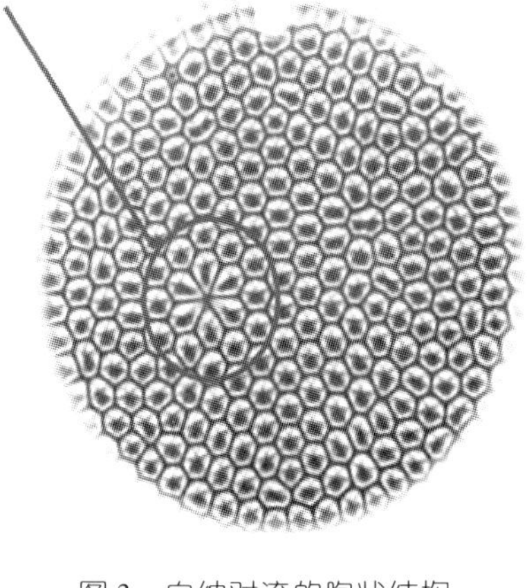

图 3　白纳对流的胞状结构

在物理学中，从19世纪中叶就发现物质气、液、固三态之间的变化是依赖于压力和温度等参数的。并且发现这些态之间变化，和所谓的临界参数有关，例如临界温度、临界压力等。水在普通气压的条件下在100 ℃沸腾，变为气相。这100 ℃就是一种临界温度，也就是一个相变的分岔点。临界现象在磁学、电学中还可以找到许多。

好了，分岔现象的例子我们已经举了许多。实际上，还可以举出许多。这些例子足以说明它同现代的自然科学多么密切，同现代技术的联系多么紧密。这也就是为什么分岔现象近年来研究得如此之多的原因。

三、分岔现象研究的过去和将来

分岔现象的研究可以追溯到关于平衡的稳定性问题的提出。1644年，意大利著名学者伽利略的学生，托里拆利给出了关于平衡的稳定性的最原始的提法。他说："如果物体的重心可以沿一个球运动，而且将物体提离球的最低点，则物体不可能保持静止。"1788年法国学者拉格朗日在他的《分析力学》中将托里拆利的平衡条件加以推广，提为："当保守系统处于势能严格极小的状态时，系统处于稳定平衡。"这是判断静力平衡稳定性的最早的一般论述。当平衡系统依赖于参数时，稳定性可以随参数变化发生改变。这种从稳定到不稳定或者从不稳定到稳定的变化，就是静力平衡问题的分岔。从托里拆利讨论平衡的稳定性之后，过了100年，欧拉在1744年给出了弹性受压杆在屈曲(即直杆平衡不稳定)后的大变形分析，即所谓的欧拉弹性线，这可能是弹性体平衡分岔的最早的例子。

最早关于动力学分岔的研究，大概是法国学者庞加莱开始的。1855年，他研究在万有引力场作用下的旋转流体团，他经过精密的计算得到结论说："让我们想象一个旋转的流动物体由于冷却而收缩，但是收缩慢得足以保持均匀，并使旋转在一切部分都一样。一开始，形状很近似一个球的这团物体，变成一个旋转椭球，它将变得越来越扁，然后在某个一定的时刻，它将变成一个有三个不同轴的椭球。再后来，形状不再是椭球，而成了梨形，直到最后这一团物体在它的腰部越来越凹进去，分成两个隔开的、不同的物体为止。”庞加莱并且提出了在非线性振动问题中，存在极限环的现象。所谓极限环，是考虑在相平面上运动的点，它的轨道趋向于一个闭曲线，这个闭曲线就称为这个问题的极限环。庞加莱的这些研究工作都是针对在天体力学中提出的问题得到的。

自然科学中的普遍问题，特别是力学中的重大课题，经常是从两方面提出来的。一方面是从天文学中提出来的，另一方面是从地球上的生产实践中提出来的。周期解和极限环的问题也是这样。

1782 年瓦特发明了蒸汽机上的离心调速器。起初这些调速器工作得很好。可是随着蒸汽机的功率增大，有些调速器就不灵了。情况是蒸汽机的速度产生了振荡现象。这就是一种周期解。如何消除这种讨厌的振荡，成了改进蒸汽机的关键。后来这种现象引起人们从理论上加以研究。最早从理论上研究这个问题的是麦克斯韦，他在 1868 年发表论文讨论这一问题，并且给出了一个使调速器稳定工作的条件。在二极管（1904 年）和三极管（1906）发明后，人们利用三极管制成了用于通讯的振荡器。电子振荡器的状态变化也是一种周期运动。1926 年人们研究了一个描述电子振荡器状态的微分方程，称为范德泊尔方程。这个方程中含有一个参数。周期解的形状是随这个参数变化的。它正好就具备了我们前面介绍的关于讨论分岔问题所必需的三个条件。所以它是从一般观点讨论动力分岔的一个典型的例子。

1928 年苏联力学家安德罗诺夫在讨论振动和极限环时引进了自振的概念。随后德国数学家霍普夫在 1942 年严格论证了一个动力系统从平衡解转化为周期解的条件。这个结论说明分岔是在动力系统中十分普遍的现象。所以后人把从平衡状态进入振荡状态的分岔称为霍普夫分岔。也有人称为安德罗诺夫－霍普夫分岔。

现在看来，分岔可以看作一个依赖于参数的系统，当参数达到某个值时，即临界值时，系统的状态发生了与原来状态很不同的情况。从这种观点来看，自然界的许多现象，凡是发生突然变化，而且变化前后有显著不同的情况，都可以从分岔的角度加以研究。不管这个系统是属于科学的、技术的、经济学的、心理学的，还是社会学的。

湍流是常见的现象，不管我们去观察河水的流动还是烟筒中冒出的烟，都可以看见湍流。它被认为是近代科学中十分困难的难题。所谓湍流是流体微团作不规则运动。它和层流不同，层流中流体微团在作光滑的规则的运动。流体力学中的从层流转为湍流，即湍流的形成机理的研究，是非常重要的基本理论课题。近年来，人们较多地从分岔的观点研究这一课题。因为人们认为既然湍流和层流有着很不同的特点，它们显然是同分岔相联系的。有的人认为无穷多次分岔产生湍流，也有人认为只要若干次分岔便可以产生湍流。

近年来在整个自然科学中还有一个非常时髦的名词——混沌。所谓混沌，大略说来，是系统的状态呈现了一种不规则的状态。在机械振动中出现混沌，在电子运动中有混沌，在小行星的转动中还有混沌。人们把混沌理解为在不同系统中的湍流。由于混沌的普遍性，有人竟提出说“处处有湍流”的论点。与对湍流的研究一样，既然系统的规则运动状态同它的混沌状态是很不同的状态，人们也把它看作一种分岔，从分岔的角度加以研究。

总之，对分岔问题的研究，一方面来自各个具体的出现分岔现象的邻域，这种研究的目的在于揭示那些具体领域中现象的本质；另一方面人们把分岔作为一种各个领域共有的普遍规律来研究，旨在发现分岔问题共同规律。前一方面的研究是属于各门具体的学科，而后一方面的研究则是数学或数学物理的课题。由于在分岔研究中，人们遇到越来越复杂的方程，这些方程又都是非线性的，所以大多要借助于计算机求解去发现分岔点和追踪系统分岔后的行为。因之，关于分岔问题在计算机上的数值方法，就成为分岔研究和数值方法的一个重要的研究方向。

说　梁[注]

22

Chapter

梁，它的概念形成很早。中国在春秋战国时期的文章中就有梁的概念。《国语》上说："造桥为梁"。人类有记载的桥梁据说是公元前 18 世纪在巴比伦建造的一座拱桥。可以想象，用木头搭的简单的桥还会更早。

人工建造的房屋上的屋梁恐怕比桥梁还要早。中文的"梁"字，最早就是从桥梁和屋梁来的。房屋屋脊上那根重要的梁，一般称为栋。《易·系辞下》上说"上栋下宇"的栋，就是指的房屋的脊梁。我们经常说栋梁之才，就是从这里引申出来的意思。

图1　金文"梁"字

在汉字中，梁的金文是如图 1 所示的象形字。右半是一座桥，左半是水。梁字下面的木字是后来加上去的。再后来人们又加了一个木字，写成"樑"。在英文中 beam 这个字是梁的

注：1. 首刊于力学与实践，2008，30(6)：106－109。

2. 作者感谢魏丰博士提供的若干原始文献，包括文献[2]和文献[4]的复印本。

意思。它的原来的意义中有“树”的意思。可见无论东方还是西方，古代的梁都是木质的，后来才有钢梁、钢筋混凝土梁和其他材料的梁，等等。

中国在明末翻译外国的力学知识时，把力学翻译为“重学”是很有道理的。因为在动力学的概念还没有形成之前，古代人们最通常打交道的力就是重力。而承受重力的结构，也主要是两种——梁和柱。它们的形状都是柱或杆状，区别是梁的重力作用线垂直于柱的轴线，而柱的重力作用线平行于柱的轴线。在以砖石和木材为主要建筑材料的时代，柱的承载能力比较高，“立柱可以支千钧”，所以很少有压垮柱的事故。而梁就不同了，大部分的事故出在梁上。所以以前民间建筑房屋时，将“上梁”看作大事，一定要挑选吉利日子，举行严肃的仪式和庆典，以表示对上梁这道工序的重视。所以梁也是力学最早研究的对象之一。

其实，梁岂止在屋梁和桥梁上见到呢，我们日常见到的横向受载的柱状物体多得不可胜数。古时常用的扁担、轿杠、旗杆、桅杆、推磨的磨杠、起重的撬杠都是梁。现今建起的摩天楼、烟筒、电视塔、电线杆在地震时，惯向力是横向作用的，它们所受的风载也是横向作用的，所以都可以看为梁。汽车、火车底盘上有梁，轮船的船身可以看作在浮力与重力作用下的复合梁，飞机的机翼是空气动力作用下的悬臂梁，而机身则是在机翼向上作用力与机身重力作用下的梁。竹、木、庄稼等植物的茎，在风作用下也是梁。动物的骨骼、脊柱在它们横向受力时，也是梁。

正因为梁的普遍性和重要性，所以梁的精确研究和梁的精确概念的形成，是整个材料力学、结构力学和弹性力学最早的事件。也是人类技术科学进步的大事。

1. 伽利略、马略特与胡克的工作

最早系统研究梁的著作是伽利略(Galilei Galileo, 1564—1642)在1638年出版的《关于两门新科学的对话》[1]，这本书写的一共是三个人在四天中的谈话，其中的第二天就全部是讲梁的强度问题的。在这本书中，伽利略提出了关于柱、梁和杆的强度方面的17个命题。涉及梁有8个命题，实质上提出的是两个问题：一个是悬臂梁的强度问题，另一个是在自重作用下等强度梁的问题。这两个问题一直影响后来近二百年的研究。

伽利略并没有正确解决他提出来的问题。在讨论悬臂梁的强度的论证时(图2)，隐含了两个错误，一是把根部AB上的拉应力看作是均布的，二是把梁的中性层取在梁的下侧。不过由于他在讨论力的平衡时所用的平衡条件是对的，所以也得出了一些正确的结论。如说等长圆截面梁的强度与截面直径的三次方成正比等。

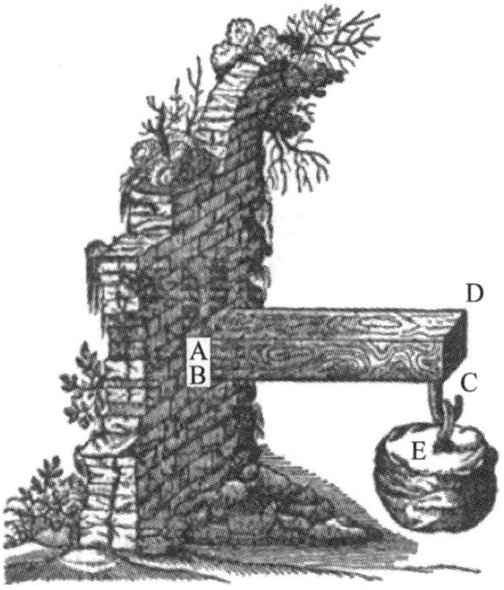

图2　伽利略《关于两门新科学的对话》中悬臂梁的插图

据1886年出版的托德汉塔(I. Todhunter,1820—1884)所写的《弹性理论与材料力学的历史》[2]一书的第一部分评论说，他的错误是假定了梁的纤维是不可伸长的，因而还没有中性层的概念，实际上是把梁的下面的纤维误认为是中性层。这说明，梁既然是变形体，如果不考虑梁的变形，在理论上是不可能彻底解决梁的强度和变形问题的。

法国学者马略特(E. Mariotte,1620—1684)在1686年出版了研究输水装置的著作《论水和其他流体的运动》[3]，这本书是第一部研究流体阻力的著作，在书的第五部分中，讨论了固体的抗力和水管的强度问题。在伽利略关于梁的断裂抗力的结论中有

$$W=\frac{1}{2}\frac{Td}{L}$$

其中 W 是悬臂梁端的断裂载荷，T 是通过悬臂梁底中心纵向作用力，d 是梁高或梁的直径，L 是梁长。马略特实际做了实验来确定梁的抗力(图3)，得到的结果是

$$W=K\frac{Td}{L}$$

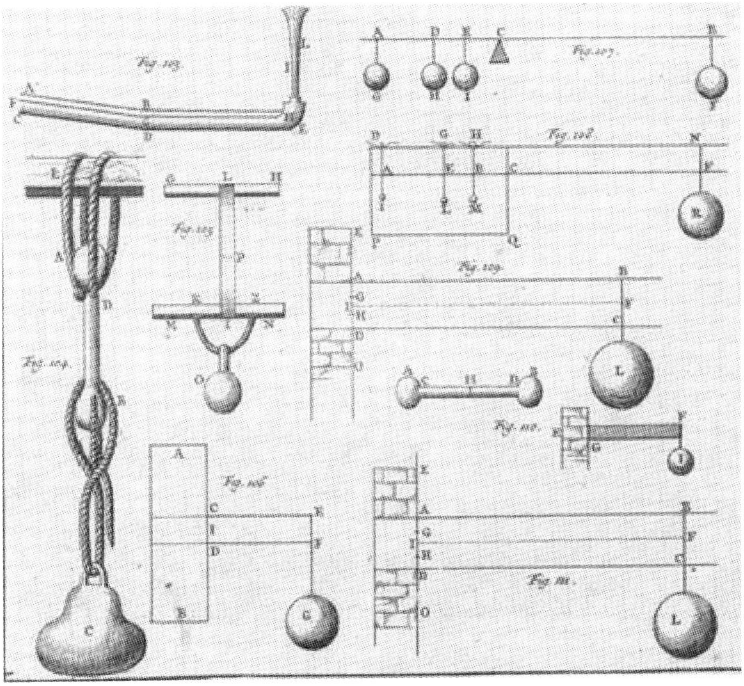

图3　马略特原著中关于梁的实验的插图

马略特得到的 K 为 1/3 或 1/4。

马略特的讨论比起伽利略进了一步，伽利略认为在梁的截面上应力是均匀分布的，而马略特则认为应力是从梁的下面纤维起沿高度是线性分布的。马略特的结果虽然比伽利略进了一步，但 K 的值还是不正确的。因为他同样没有精确考虑梁的变形，而且与伽利略一样也默认中性层是在梁的下侧。

1678 年，英国学者胡克(Robert Hooke, 1635—1703)出版了他的著名的著作《论弹簧》[4]，书中不仅叙述了他对各种材料弹性实验的结论，还描述了一根受弯曲的杆的变形。他正确地指出，在弯曲时杆的一侧的纤维伸长，另一侧被压缩。不言而喻，按照胡克得到的弹性定律，梁截面内的应力分布应当是以梁的中性层为零的线性分布，即一侧受拉另一侧受压。不过这个思想他没有进一步展开，也仅是如图 4 所说为止。

Having thus explained the most sfimple way of springing in solid bodies, it will be very easy to explain the compound way of springing, that is, by flexure, supposing only two of these lines joyned

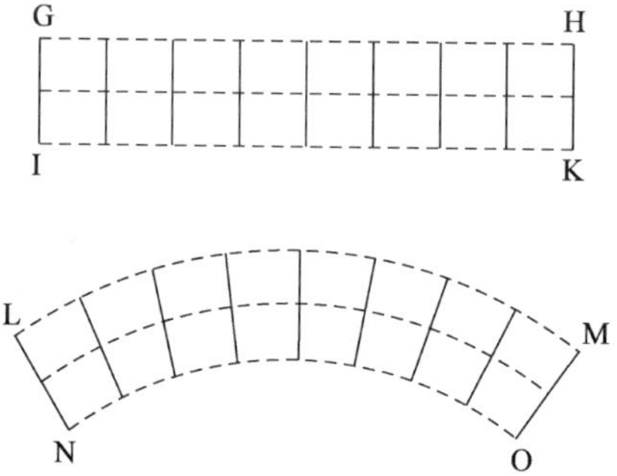

together as at GHIK,which being by any external power bended into the form LNNO,LM will be extended, and NO will be diminished in proportion to the slexure, and consequently the same proportions and Rules for its endeavour of restoring it self will hold.

图 4　胡克《论弹簧》中的一段原文与插图

亚·沃尔夫(Abraham Wolf,1877—1948)在他1935年出版的《十六、十七世纪科学、技术和哲学史》[5]一书中，把前面所述的伽利略、马略特和胡克的理论得到的应力分布列在图5中。

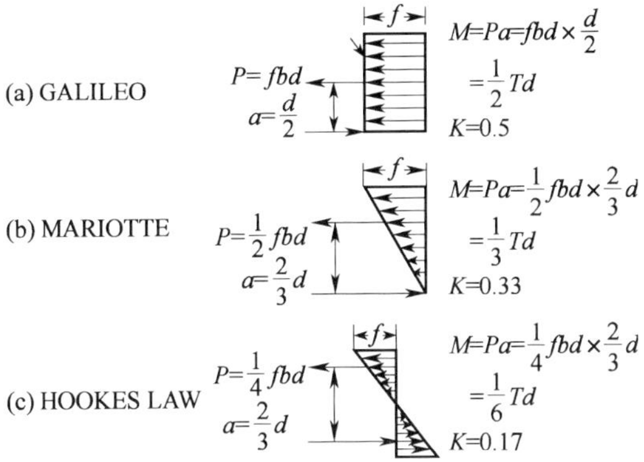

图5　亚·沃尔夫根据伽利略、马略特和胡克的表述画出的应力沿截面的分布图

2. 瓦利农与伯努利的工作

从以上关于梁的研究中，我们看到，要精确解决梁的强度问题，必须涉及梁的变形的精确描述。而关于梁的变形问题，虽然在达·芬奇(Leonardo Da Vinci,1452—1519)的笔记中、在荷兰物理学家和力学家比克门(Beeckman I.)于1620年的描述中、在1684年莱布尼兹(Gottfried Wilhelm Leibniz,1646—1716)关于固体抗力的论文中、在胡克1678年关于弹簧的论著中，都先后提及。但都是定性的描述，而没有精确的表述。

法国数学家瓦利农(Pierre Varignon,1654—1722)是在法国早期研究和发展数学分析的学者，他在静力平衡和分析方面都有重要的贡献。他沿着伽利略和马略特的思路对梁进行讨论，在1702年他发表的关于固体抗力的论文中：把梁内不同层的纤维有不同的伸长，认为对应的应力也在变化，他用积分工具来求这些应力的合力，并且比较了伽利略和马略特的结果。遗憾的是他仍然默认了梁的下侧为中性层的位置，所以结果也是不对的。

从变形角度第一次比较精确的研究梁的问题，应当说是从雅科比·伯努利(Jacob Bernoulli,1654—1705)。在1694年的论文《弹性梁的弯曲》以及他在1705年的论文中，不是像以前研究梁从应力出发，而是最早用微积分工具研究梁的变形。他假定梁在变形时梁的横截面保持平面，这就是平截面最早的提法。由此，他得到了悬臂梁的变形的微分方程

$$C\frac{1}{r}=Px$$

这里 r 是梁的曲率半径，P 是梁端的荷载，x 是所计算曲率的地方与梁端的距离，C 是常数。雅科比·伯努利得到的 C 是

$$C=\frac{mbh^3}{3}$$

这里 b 和 h 分别是梁的宽与高，m 是材料的弹性常数，即现在说的杨氏模量。

平截面假定是材料力学的重要假定，因为它抓住了梁的变形的主要特征。所以后人把基于平截面假定的梁的理论称为伯努利梁。

不过，伯努利并没有彻底解决梁的问题，原因是，他对中性层的位置仍然没有跳出马略特的思路。所以他的常数 C 定得还不对。这一点从他1705年的论文中如图6所示的插图可以清楚地看出，他的中性层画的地方还是不正确的。另外，由于在他所得到的微分方程中，是用的曲率的表达式，而没有根据位移的微小性加以简化处理，所以在实际工程中也没有得到广泛应用。

3. 帕朗、纳维与后继的工作

直到伯努利的研究，虽然对于梁的变形有了比较准确的描述，但一直被一种错觉所支配，即认为在弯曲时梁的截面上纤维的伸长是主要的，压缩似乎不明显，所以对中性层的位置一直没有取准，也就不会得到正确的结果。

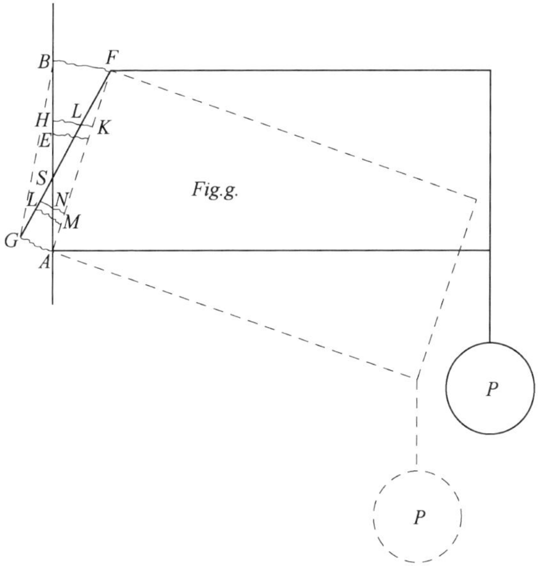

图6　伯努利1905年关于梁的论文的插图

历史上第一次认真讨论悬臂梁的中性层，即梁截面上没有应力作用的那一层的位置的学者是法国数学家帕朗(Parent Antoine, 1666—1716)。因而他得到的悬臂梁的截面上的应力分布也比较正确。

帕朗的论证是从马略特的假定开始的，既然马略特认定悬臂梁在受载荷后，截面上的应力分布是根部下侧为零，整个截面上都是受线性分布的拉应力。从简单的平衡就可以得出推论，梁根部下侧所受的一定是压应力。由此他认定中性层一定是处于梁的中间某个位置。他经过与实验对照，确定对矩形截面梁，中性层与梁的上侧距离和梁高之比为9∶11的地方。

梁的中性层最后准确定位是直到1826年法国力学家纳维(Navier, claude-Louis-Marie-Henri, 1785—1836)给出的。纳维1826出版的《力学在机械与结构方面的应用》[6]是系统讲述材料力学的第一本书，也是他在巴黎综合工业学校讲课的讲义。在这本书中，他第一次给出中性层准确定义。他的结论是：中性层通过截面的形心(图7)。

至此，关于悬臂梁的正确的应力分布问题才算是尘埃落定了。

在伯努利平截面的假设中，在梁的变形过程中，截面始终垂直于中性层，这不言而喻是忽略了在梁中的剪应力的，因而不能满足梁内局部的平衡条件。纳维给出了正确的中性轴的位置，因而可以说他最后解决了梁的线性理论问题。又由于在其后的材料力学中，梁的理论占有突出的位置，所以可以说，现代的材料力学是从纳维在巴黎综合工业学校的教材《力学在机械与结构方面的应用》开始的。

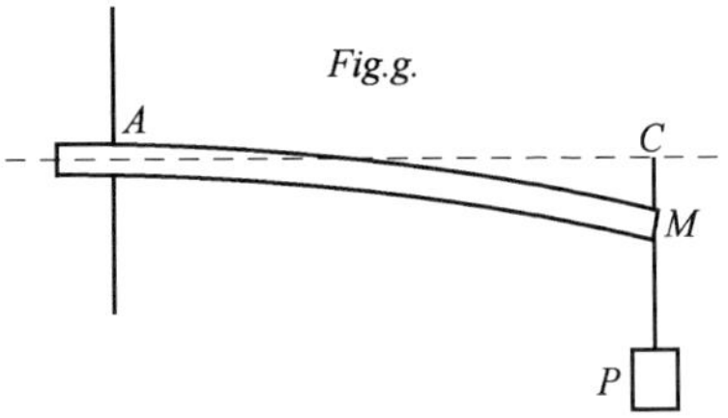

图7　纳维讲义中的原始插图
(图示他对中性层的位置画的是正确的)

俄罗斯铁路工程师儒拉夫斯基(Журавский, Дмитрий Иванович., 1821—1891)于1855年得到横力弯曲时的切应力公式[7]。

在同一年，即1855年，在彼得堡出版了俄罗斯工程师别斯帕罗夫(Беспалов П.)的一本小册子——《用初等方法求解关于材料力学与结构稳定性的问题》，书中最早介绍了弯矩图并开始使用弯矩图求解问题。

梁的力学模型一旦提清楚以后，人们便进一步处理更为复杂的问题。

后来，人们逐渐发现柱的受压和弯曲经常是不能分开处理的。1744年欧拉(Leonhard Euler, 1707—1783)解决了压杆的屈曲和杆的弯曲大变形问题，拉格朗日(Joseph Louis Lagrange, 1736—

1813)在1770年前后也深入讨论了这类问题的求解。基尔霍夫(Gustav Robert Kirchhoff,1824—1887)则在1859年把柔韧的细杆在弯曲与扭转下的一般情况与刚体绕固定点的动力学问题对应了起来。

又由于梁的弯曲与扭转，在很多情况下也是耦合在一起的。对于横截面不是圆截面的情形的扭转问题也变得比较复杂，而且对于一般情形，外力也经常会同时引起扭转和侧向弯曲。关于梁的弯曲与扭转问题的一般提法和解决是法国力学家圣维南(Saint-Venant,Adhemar Jean Claude Barre. de. 1797—1886)在1855年前后给出的。他给出了一般截面的柱体受横向力时，不发生扭转的条件；给出了弯曲中心的概念，即横向力的合力通过弯曲中心时，柱体不会产生扭转；他还给出了计算截面上弯曲中心位置的方法。

4. 铁摩辛科梁

直到19世纪发展起来的已有的梁的理论，对于求解静力学问题，在工程实际问题中，精确程度是足够了。但是对于求解动力学问题却表现出明显的不合理。原来在以伯努利梁的静力学方程，简单地添加梁的惯性项，所形成的梁的动力学方程，冲击的传播速度可以是无限大的。这有点像线性热传导方程，是属于抛物型的。对于热传导问题，得到的热传播速度的不合理还可以忍受。而对于梁的冲击传播速度是无限大，就会在实际工程问题中引起很大的误差。

为了克服这种不合理情况，曾在乌克兰基辅大学执教，1922年移居美国的铁摩辛科(Stepan(Stephen) Prokofyevich Timoshenko,1878—1972)提出了一种对伯努利梁的修正理论，并于1921年发表[8]。其中最重要的改进是考虑了梁内的剪切变形的一阶近似，从而放弃了平截面假定。另一项改进是在惯性项中加进了截面转动的惯性力。由于这一改进，梁的振动问题的方程就变成双曲型方程，相应的冲击传播速度也就是有界的了。目前铁摩辛科梁被广泛地应用于求解动力传播问题和控制问题中。

5. 小结

如果从1638年伽利略的《关于两门新科学的对话》中梁的问题的提出开始，到1921年铁摩辛科梁对于动力问题的完善，其间经过了漫长的近400年的时间。可见一个实际问题的完全解决，绝不是一朝一夕之功，需要许多学者的努力，还需要实践的不断检验和修正。

梁的问题虽然已经可以说能够告一段落了，不过人类的科学技术发展是无穷尽的，工程技术还会提出更精确的要求。例如梁的材料可以是压电材料、各向异性材料、不均匀材料、有时效的材料、组合材料等问题；又例如在失重下杆的行为的问题，有磁电感应力作用的问题；再例如由于更精确的需要，从三维弹性力学出发研究梁的问题，讨论不要任何变形假定的梁的理论。梁的问题还不断有人继续研究。可以说，梁的问题至今还是一个开放的问题，还会吸引许多的人投入。

参考文献

[1] 伽利略. 关于两门新科学的对话[M]. 武际可，译. 北京：北京大学出版社，2006.

[2] I. Todhunter. A History of the Theory of Elasticity and of the Strength of Materials, from Galilei to the Present. Dover Publications, 1886.

[3] E. Mariotte, Traité du mouvement des eaux et des autres corps fluides, Oeuvres de Mr. Mariotte Tom. II, 1886.

[4] R. Hooke. *Lectures* (*de Potentia Restitutiva*) (*Lectures of springs*). 1678.

[5] 亚·沃尔夫. 十六、十七世纪科学、技术和哲学史[M]. 周昌忠,苗以顺,毛荣运,等,译. 商务印书馆,1991.

[6] M. Navier. L'application de la mechanique a l'établissement des constructions et des machines, 1826.

[7] Журавский, Дмитрий Иванович, О мостах раскосной системы Гау. СПб, 1855.

[8] S. P. Timoshenko, On the correction for shear of the differential equation for transverse vibration of prismatic bars. *Phil. Mag.*, XLI, 744 - 746, 1921. Reprinted in *The Collected Papers of Stephen P. Timoshenko*, McGraw Hill, London, 1953. See also[18], pp. 329 - 331.

说　板

23 Chapter

在固体力学中，也许弹性梁的研究是最早的。梁的研究的起因与航海、建筑等工程应用是分不开的。板的工程应用比较晚，最早激起研究板的理论的热情，却不是由于工程应用的要求，而是从人们的好奇心所激发的。

最早讨论弹性板的变形问题的人可能是詹姆斯·伯努利(James Bernoulli,1654—1705)，他在1788年向彼得堡科学院提交的论文《矩形弹性板的自由振动》(Essai théorétique sur les vibrations des plaques élastiques rectangulares et libres)于1789年发表。詹姆斯·伯努利是以研究概率论出名的，他是丹尼尔·伯努利的侄子。由他得到的板的振动方程是

$$\left(\frac{\mathrm{d}^4 z}{\mathrm{d}x^4}+\frac{\mathrm{d}^4 z}{\mathrm{d}y^4}\right)=c^4\ \frac{\mathrm{d}^2 z}{\mathrm{d}t^2}$$

他把板看作两个方向弯曲的梁，所以方程是不正确的，因此对后来的研究影响很小。

据记载，早在1680年7月8日英国物理学家胡克(Robert Hooke,1635—1703)就曾经做过一个实验：用小提琴的弓子拉一块

玻璃板的边缘，如果在玻璃板上铺一层细沙粒，结果就会看到细沙粒往某些线上集中，形成不同的花纹。到18世纪一位德国律师、业余物理学家和业余音乐爱好者，克拉尼(Ernst Chladni,1756—1827)(图1)，重复胡克的实验，并且详细描述了这个实验，记下了对不同支撑条件、不同摩擦部位、不同形状的板的实验所得到的花纹(图2)。这些花纹显示的就是在沙粒集中的地方，板的振幅为零，即所谓的节线。克拉尼把得到的结果写成一本书——*Entdeckungen über die Theorie des Klanges*(《声学理论中的新发现》，1787年出版)。其后，克拉尼还计算和测量过声音在不同气体中传播的速度，由于这些研究，克拉尼被誉为“声学之父”。1802年，克拉尼将他有关声学的研究成果汇编成《声学》一书出版。

图1　克拉尼像

1808年到1810年之间克拉尼访问巴黎，他的关于板的振动的讲演和演示引起巴黎科学界的注意。他的《声学》在此期间于1809年被翻译为法文。著名的科学家拉普拉斯等一批学者观看了他的演示，一时谁也不能够作出比较合理的解释。拿破仑也观看了他的演示，并且说：“克拉尼使声音变得可以看得见了”。为了解开克拉尼花纹的秘密，巴黎科学院设立了一项悬赏奖金，要给予能够在数学上对于弹性板的克拉尼节线与实验符合的解释的研究者，奖金额度为 3 000 法郎，为当时一千克金子的价值，时限为两年。这大概就是现代关于弹性薄板理论研究的开始。唯一响应这项悬赏的，是一位带传奇色彩的女科学家热尔曼(Sophie Germain，1776—1831)(图 3)。她是一位不向命运屈服的妇女。当她 13 岁的时候便阅读各种书籍，她天天泡在图书馆里，阅读数学、外文等书籍。

图 2　圆板与方板的克拉尼花纹

图 3　热尔曼塑像

强烈的求知欲与她所处的歧视妇女的社会产生了矛盾。妇女无权上大学，使她进不了她渴望进入的巴黎工科大学。

她没有屈服于命运，她借阅大学生们的笔记，冒用一名男生的名字勒伯兰(Leblanc)去交读书报告。她读正在那里执教的大数学力学家拉格朗日(Lagrange)的名著《分析力学》后，将读书报告交给他，拉格朗日十分欣赏她的才能，最后当拉格朗日发现她是一位妇女后，非常爱护与支持她。

热尔曼后来在数论和弹性力学方面做出了开创性的工作，受到人们的尊敬。德国著名数学家高斯说她："按照我们的传统和偏见，作为女性的她作这些困难的研究必然会比男人遇到无限多的磨难，而她竟克服了这些困难并能穿透其最不清楚的部分取得成功，她无可怀疑地具有最高尚的勇气、十分异乎寻常的才能和超常的天才。"

1811 年热尔曼以匿名向巴黎科学院投递了她响应悬赏的论文，由于她没有受过正规的教育，而且是初次接触到这个问题，所以她没有得到奖赏。这项奖金因为没有人获得而延后。

两年以后，1813 年 10 月 1 日，她再次投递了响应悬赏的论文，这篇论文曾经受到过拉格朗日的帮助，作为评委的拉格朗日指出过文中推导的错误。这一次她虽然没有得到奖赏，但由于论文的高水平，得到评委们的赞赏。最后，由于她坚持不懈的努力，于 1815 年投出了关于薄板振动的论文，终于在 1816 年获得了科学院的奖励。令公众失望的是她并没有出席授奖仪式，原因可能是她感觉到公众没有对她应有的尊重。

热尔曼遇到的困难，不仅是她不熟悉不久才由欧拉与拉格朗日发展的变分法，而且由于在当时弹性力学的一般理论还没有建立，唯一可以参考的是欧拉关于梁的工作。她的天才的表现是她引进了板的弯曲的平均曲率的概念，并认为板的变形能密度是平均曲率的函数。即

$$V((1/r)+(1/r'))=\frac{c}{2}[(1/r)+(1/r')]^2$$

其中括弧内的两项是平均曲率。但是由于她的变分法运用得不正确，所以得到的方程为

$$\frac{d^2z}{dt^2}+gEbc\left(\frac{d^6z}{dx^4dy^2}+\frac{d^6z}{dx^2dy^4}\right)=0$$

后来由于拉格朗日的指正，她才得到正确的方程。拉格朗日指明的方程是

$$\frac{d^2z}{dt^2}=k^2\left(\frac{d^4z}{dx^4}+2\frac{d^4z}{dx^2dy^2}+\frac{d^4z}{dy^4}\right)$$

热尔曼在得到奖励后，并没有停止对板的振动问题的研究。后来还发表了若干篇关于板的振动问题的论文。特别是在1821年、1828年提交的论文，由于还含有缺陷而没有被重视。

或许有人会问，既然热尔曼得到的方程中，连前面的刚度系数 k^2 也没有给定，更没有关于薄板问题边界条件讨论，为什么法国科学院还会授予她奖赏呢？问题很简单，法国科学院悬赏的问题是要解释板振动时的节线，节线处的挠度是零，求解节线和刚度系数没有关系。在板作自由振动时，边界条件也是容易满足的，无需专门讨论。因此她得到奖金是很自然的。

1823年法国学者纳维(Claude-Louis Navier, 1785—1836)(图4)发表了论文《弹性板挠曲研究摘要》(Extrait des recherches sur la flexion des plans élastiques)。论文得到了弹性板的方程，随后用重三角级数求解了矩形板在自重和集中力作用下的挠度。这个解被后人称为板问题的纳维解。

提到板的问题，应当提到泊松(Simon Dinis Poisson, 1781—1840)(图5)的工作。他在1814年发表了论文《弹性薄板》(Mémoires sur les surfaces élstiques)。泊松在这篇文章中首先正确地提出受均匀张力的薄膜的平衡方程，随后，他以不同的方式得到了弹性薄板的平衡与运动方程。随后他在1816年又得到了板的弯曲方程。他的推导与热尔曼不同在于利用板弯曲时板曲面面积的变分为零来得到的。在1829年，泊松发表了他的重要著作《论

图4　纳维像

弹性体的运动与平衡》(Mémoire sur l'équilibre et le movement des corp élastiques)。文中除了讨论弹性体的一般平衡与运动方程外，还最早引进了现今称为泊松比的系数。文章最后讨论了板方程的边界条件。不过从现在的观点看，他提的边界条件是不正确的，比正确提法的要求要多。

泊松关于板的研究中的错误，虽然有一些学者指出过，不过在德国物理学家基尔霍夫(G. R. Kirchhoff, 1824—1887)之前一直没有彻底解决问题。1850年，在柏林大学执教的基尔霍夫发表了他关于板的重要论文《弹性圆板的平衡与运动》(Ueber das Gleichgewicht und die

图5　泊松像

elastischen Scheibe: Credles Journal Bd. 40, S. 51 – 88)。

基尔霍夫的论文指出了泊松的错误。论文从三维弹性力学的变分开始，引进了关于板的变形的假设，这就是:

(1) 任一垂直于板面的直线，在板变形后仍保持垂直于变形后的板面。

(2) 板的中面，在变形过程中没有伸长变形。

这个假设后来被逐步改进，形成现今的直法线假设。在论文中基尔霍夫给出了板的边界条件的正确提法，并且给出了圆板的自由振动解，同时比较完整地给出了振动的节线表达式，从而较好地回答了克拉尼问题。至此弹性板的理论问题才算是告一段落。

图6　乐甫像

1888 年，英国力学家乐甫(A. E. H. Love, 1863—1940)(图 6)推广了基尔霍夫关于板的直法线假设，把它应用于薄壳理论中，之后系统发展了弹性薄壳理论。后来直法线假设也被称为基尔霍夫 – 乐甫假设。

进入 20 世纪后，随着铁摩辛科梁的研究，也开始了厚板的研究，提出了不同类型的厚板方程和边界条件。

参考文献

[1]　Entdeckungen über die Theorie des Klanges, 1787.

[2] Louis L. Bucciarelli and Nancy Dworsky, Sophie Germain, D. Reidel Publishing Compony, 1980.

[3] Todhunter, A history of the Theory of Elasticity and of the Strength of material, Vol. 1, Vol. 2. Cambridge University Press, 1893.

24 Chapter

说说风洞[注]

我们人类所赖以生存的贴近地球表面的大气层里，有许多与我们的生活密切相关值得研究的现象。其中最为普遍的现象就是风对物体的作用力，以及物体运动时所受的力。大风呼啸而过时，可以折树倒屋、掀翻航船，造成严重的灾难，而利用风能的风车又可以提水发电，为人类效力。车船在空气中前进，会受到阻力，而飞机又靠在空气中高速前进引起的空气动力才能够在空中飞行。

物体表面与空气接触，会产生两种力：一种是垂直于表面的，一种是与表面相切的。这些力的大小，在表面和周围情况不变的条件下，只与物体和空气的相对速度有关。也就是说，同样的物体以同一姿态均匀速度在空气中运动，和物体在同样姿态下，空气以相同的速度流过物体，所受的力是相同的。物体表面所受的这些力，组成合力和合力矩，决定了物体在空气中的行为。特别是当物体在风作用下所受的力，或者物体在空气中运动

注：本文为《物理教学》约稿。

时所受的阻力和升力是人们十分关心的问题。

最早为了测量这些力是在英国数学家和工程师若宾(Benjamin Robins,1707—1751)所设计的悬臂机的设备上进行的(图1)。将要测量的物体固定在悬臂的末端，当悬臂以一定的速度旋转起来时，从所加的驱动力 P 就可以换算出物体所受的阻力。这种悬臂机使用了很长的时期。不过它有一个缺点，就是当悬臂旋转了一些时间之后，空气或水会随着悬臂一同旋转，这样会使实验的精度大受影响。

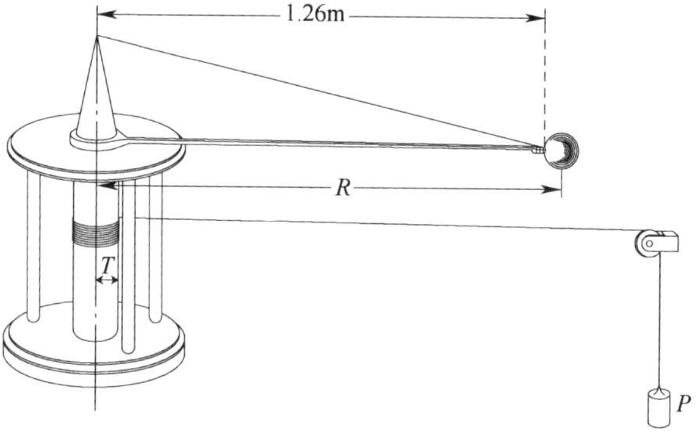

图1　若宾测量空气阻力的悬臂机示意图

既然在空气中物体所受的力只与物体与空气的相对速度有关，于是就可以让空气运动而物体固定来测量物体所受的力。这就是原始的风洞的想法。最早的风洞是为了研究物体在空中飞行时所受的升力与阻力的需要来设计的，也就是为了早期设计飞机所需要来设计的。第一个设计与建造实验风洞的是英国人温翰姆(Francis Herbert Wenham,1824—1880)，他是英国航空学会创始人之一。他在1871年设计建造了一个风洞。1884年另一个英国人菲里普(Hiratio Phllips,1845—1912)又建造了一座改进的风洞。1901年，美国发明家莱特兄弟(哥哥 Wilbur Wright,1867—1912，弟弟 Orville Wright,1871—1948)为了研制飞机建造了一座风洞

（图2）。1902年俄罗斯的力学家茹可夫斯基（Nikolai E. Joukowski，1847—1921）在莫斯科大学建造了一座直径2英尺的风洞。

图2　莱特兄弟风速为12米/秒的风洞

1903年，莱特兄弟成功地实现了人类的第一次飞行，开辟了航空事业的新时代。1901年莱特兄弟为了实验和改进机翼，建造了风洞并在风洞中研究与比较了200种以上的机翼形状。到1902年秋，已经积累了上千次滑翔经验，掌握了飞行的理论与技术。这些为他们的成功奠定了坚实的基础。

1903年以后，随着航空事业的开展，各国纷纷建造了各种各样的风洞。风洞的尺寸越来越大，功能不同，形式各异。德国早在1907年就成立了“哥廷根空气动力试验院”，为德国航空工业长期处于世界领先地位作出了卓越贡献。美国1915年建立了航空（航天）咨询委员会（NACA，后改为NASA）那样的机构，除了领导和组织航空和航天方面的研究外，还建造和管理不同形式的风洞。1918年苏联成立了中央空气动力学研究所（ЦАГИ），苏联力学家茹可夫斯基出任所长，1921年当茹可夫斯基逝世后，由他的学生恰普雷金(Сергей Алксеевич Чаплыгин,1869—1942)继任。研究所也建造了许多不同功能的风洞。据统计，仅20世纪90年代，美国、英国、法国、德国、加拿大、荷兰和日本7个国家共建有186座风洞，其中美国就有114座。目前全世界的风洞已经有千余座。

我国第一座风洞是1934年清华大学自行设计的低速风洞。该风洞于1936年建成，后因日本侵华战争爆发，风洞被毁。此后，在南昌筹建的4.57米/秒低速风洞1937年基本完工，1938年受损于日本飞机的轰炸中。抗战胜利后，清华大学、浙江大学都建过风洞，主要用于教学。

1949年之后，哈尔滨军事工程学院、北京大学等都相继建造了低速风洞。为了加速发展中国的航空航天事业，根据力学家钱学森、郭永怀的构想，我国于1965年在四川组建了高速空气动力研究机构，随后又相继迅速组建了超高速和低速空气动力研究机构。

四十多年来，中国空气动力研究与发展中心建造了数十座高质量的风洞，其规模堪称亚洲之最，为我国航空航天事业的发展作出了突出的贡献。

现今，风洞的形式和功能已经发展得很复杂。

从吹风的形式来说，有直流式，有的为了节约能耗做成回流式，从吹风持续时间来说有持续式和暂冲式。从实验段形状看有圆形、方形、六角形、八角形等。

从风速来说，有低速风洞(风速在130米/秒以下)、高速风洞(实验段内气流马赫数为0.4~4.5的风洞)、亚音速风洞(实验段气流马赫数为0.4~0.7)、跨音速风洞(实验段气流马赫数为0.5~1.3)、超音速风洞(实验段内气流马赫数为1.5~4.5)、高超音速风洞(实验段内气流速度马赫数大于5)。马赫数是气流速度与声音传播速度之比。

从风洞的特别用途来说，有模拟风对近地结构作用的大气边界层风洞，用于测量车辆行进时的阻力的汽车风洞，有模拟沙漠迁移规律的风沙风洞等；为测量高空气流特性的稀薄气体风洞，为研究飞机穿过云雾飞行时飞机表面局部结冰现象的冰风洞；此外还有激波风洞、热冲风洞等，不一而足，也许你认为，建造一个风洞是很简单的问题，无非是建造一个大的洞体，再由一个巨大的风扇吹风就妥了。其实风洞的建造是很复杂的问题，就洞内的气流来说，要实验段各处风的速度均匀，速度的方向平行，湍流度要控制在一定范围内，这就是所谓对流场品质的要求。对于高速风洞，除了对流场品质的要求外，对气流的湿度和温度还有要求。另外洞体合乎要求后，还要有配套的许多测试设备和仪器。要有测力、测力矩和测量流场各点的速度压强的设备。由于这些数据的量很大，所以又需要有数据的自动采集和处理的设备。

所以，现代化风洞的建立是现代科技水平的体现。风洞的水平完全能够体现一个国家的综合科技水平和实力。有的风洞的尺寸很大，可以把一架飞机装在里面吹风。任何一架飞机或火箭的设计都需要成千上万次的风洞试验。建造一座现代化的风洞，耗资可以达数亿美元乃至数十亿美元。

有了合格的风洞，究竟能够做些什么实验呢？风洞的产生和发展首先是同航空航天科学的发展紧密相关的。风洞广泛用于研究空气动力学的基本规律，以验证和发展有关理论，并直接为各种飞行器的研制服务，通过风洞实验来确定飞行器的气动布局和评估其气动性能(图 3、图 4)。现代飞行器的设计对风洞的依赖性很大。例如 20 世纪 50 年代美国 B-52 型轰炸机的研制，曾进行了约 10 000 小时的风洞吹风实验，而 80 年代第一架航天飞机的研制则进行了约 100 000 小时的风洞实验。包括测量在不同姿态、不同速度、不同大气条件下的阻力、升力和压力分布。所以风洞实验的水平，体现了一个国家航空航天的水平，也体现了一个国家国防中制空权的水平。

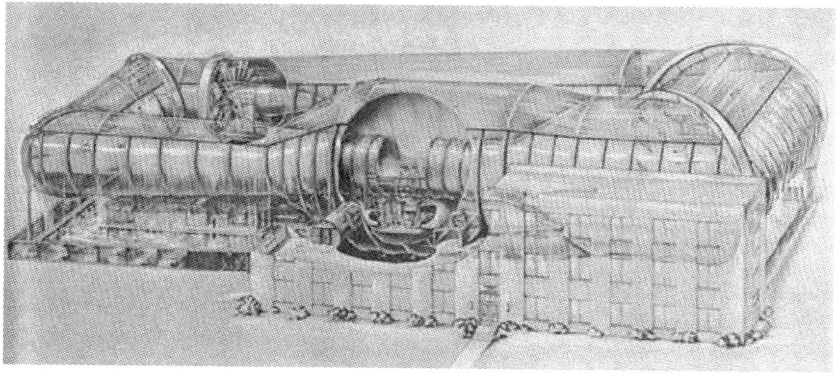

图 3　美国 1939 年投入运行的实验段 19 英尺直径的回流式风洞
（第二次世界大战中美国若干战斗机和轰炸机机型都靠
在这座风洞内实验数据设计的）

图4　一架歼击机全机正在做风洞中实验

随着现代科学发展的整体化趋势的出现，空气动力学特别是低速空气动力学已跨出航空航天领域，正在向国民经济各个领域渗透，发挥越来越大的作用，并逐步形成了一门新兴的边缘学科——工业空气动力学(Industrial Aerodynamics)。工业空气动力学这个名词最早在20世纪60年代初使用，主要是指非航空、航天工程的空气动力学问题。

随着科学技术的发展，风洞的应用范围愈益广泛。降落伞、船帆、球类、标枪、铁饼、汽车、建筑物、桥梁、奥运火炬、风车、通风机、冷却塔，等等，凡是在空气和风中的行为不清楚的，都需要在风洞中试验和研究(图5~图7)。

举例来说，在1940年建成的美国的西北部一座跨海湾的吊桥，即长853.4米的塔科马(Tacoma)大桥，建成后不久，由于同年11月7日的一场不大的风(仅每秒19米)引起了振幅接近1.9米的“颤振”，在这样大振幅振荡下结构不一会便塌毁了。事后的风洞研究发现了这座桥在设计上的问题，这是以往设计桥梁的土木工程师们所没有预见到的。自此之后，凡是设计跨度较大的吊桥，都必须进行风洞模型试验，对桥梁所受的空气动力进行详

图 5　汽车在风洞中试验

细的论证。

在气流中的物体，所受气流的迎风阻力 f，是由公式

$$f=\frac{1}{2}\rho kSv^2$$

给出的，其中 ρ 是空气密度，S 是物体的截面积，v 是气流的速度，而 k 是与物体形状有关的系数，也称为阻力系数或形状系数。这个系数 k 只能靠风洞实验

图 6　在风洞中测量赛车运动员的阻力

图 7　桥梁模型进行风洞试验

来确定。图8示出了不同形状的物体的阻力系数，可以看出形状不同，对所受阻力的影响可以达到数倍到数十倍之大。从20世纪70年代以前一般小汽车的阻力系数约在0.4到0.6之间，在70年代以后，由于油价飙升，节油成为汽车的重要指标，经过不断改进，现今一般小汽车的阻力系数已经降低到0.28到0.4之间，这都是借助于风洞来实现的。目前全世界有专用于汽车空气动力学研究的风洞有50多座，大部分分布在欧、美、日等国。

关于自行车在空气中的阻力，测试表明，当车速度上升到每秒11米时，空气阻力便占前进总阻力的80%。而最有效的措施是减少"人－车系统"在前进方向上的截面面积。身体蜷伏、臀部高跷、背部平直的骑行姿势能大大减少空气阻力，"羊角把"的设计便是为了实现这种姿势。

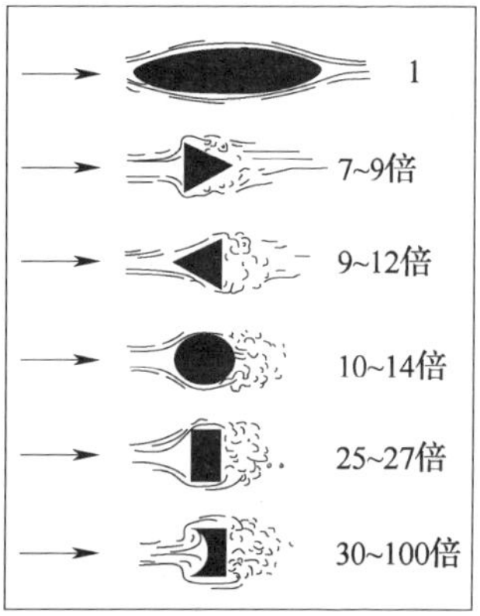

图8　不同形状物体的阻力系数

近年来人们对环境问题日益重视。例如美国洛杉矶市市区三面环山，很少有风，20世纪40年代初，由于有250多万辆汽车每天向大气排放大量的碳氢化合物、氮氧化物、一氧化碳等废气，致使废气在日光作用下，形成光化学烟雾，造成严重的光化学烟雾污染事件，许多居民出现了眼睛红肿、流泪、喉痛、胸痛和呼吸衰弱等现象。65岁以上的老人两天内死亡400多人。城市中高楼鳞次栉比，密集的建筑群与风相互作用，在不同的风场条件下出现绕流涡、下冲流、角区流、变化的尾流和穿堂风等效应和现象，这些给城市环境都带来了很大影响。如城市建设中缺乏科学合理布局，使得有些地方尘土飞扬，而有些区域由于楼群的阻塞使得空气滞留，通风不畅、空气混浊、乌烟瘴气。据统计，我国空气质量超过国家三级标准、属于严重污染的城市占到40%左右。城市悬浮颗粒物超标比较普遍，酸雨的覆盖面积已占国土面积的30%以上，污染造成了经济损失，影响了人体健康。因此，研究建筑群及城市的环境流动指导科学合理的城市规划建设是十分必要的。

由于这方面的研究，利用风洞实验来模拟大气边界层流动特性及大气扩散现象早在20世纪20年代就开始摸索了。1941年，Sherlock和Stalker在风洞中研究地形及建筑物对烟囱排放出来的烟气扩散的影响。1952年，Strom在风洞实验段装上加热气流的格栅及阻尼网，形成温度梯度及速度梯度的气流，研究大气扩散现象。直到1963年世界上第一座长实验段大气环境风洞——美国科罗拉多州立大学气象风洞的出现，使大气扩散风洞模拟研究从在常规的航空低速风洞中的探索阶段进入到专用的大气环境风洞中的发展阶段。

由于水和空气都是流体，风洞不仅可以模拟物体在空气中的受力，也可以模拟物体在水下受力。只不过在实测阻力系数下，用水的密度来计算实际阻力。所以风洞在研究潜水艇的改进中也发挥了和发挥着巨大的作用。

总之，风洞经过一百多年来的发展和改进，本身就是一种体现综合科学技术实力的高科技领域。它的种类愈益繁多、功能愈益完善。发展航空航天事业，离不开风洞，改进建筑离不开风洞。风洞还可以为减灾、环境保护、提高体育运动成绩、车船节能贡献力量。

参考文献

[1] 中国空气动力学会风工程和工业空气动力学专业委员

会网页

http://www.chinawes.net/default.aspx

[2] WIND TUNNELS OF NASA

http://www.hq.nasa.gov/office/pao/History/SP-440/contents.htm

25 Chapter 以　太

以太是历史上纯粹由思辨和推理产生的一种假想的物质，它的涵义也随着历史的发展而发展。尽管经过一系列实验和理论论证，在20世纪初否定了它的存在，不过人类通过对它的研究却得到了丰硕的回报。

古希腊的学者认为世界万物是由土、水、空气和火四种元素构成的。其中，土是固体，水是流体，空气是气体，而火是指比空气还要稀薄不可触摸的物质。以太指的是青天或上层大气，具有火的属性的东西。

17世纪法国的笛卡儿(Bone Descartes,1596—1650)是一个对科学思想的发展有重大影响的哲学家，他最先将以太引入科学，并赋予它某种力学性质。笛卡儿认为宇宙是一个巨大的机器，他说：“给我物质和运动，我就可以重构宇宙。”在笛卡儿看来，真空是不可理解的，物体之间的所有作用力都必须通过直接物体接触或通过某种中间媒介物质来传递，不存在任何超距作用。因此，空间不是空无所有的，而是被以太这种媒介物质所充满。以太虽然不能为人的感官所感觉，但却能传递力的作用，如磁力和月球对潮汐的作用力。之后以太的概念为许多科学家所接受。

在从 1875 年到 1889 年出版的《大英百科全书》第九版(也被称为“学者版”)上载有由著名物理学家麦克斯韦(James Clerk Maxwell,1831—1879)著文给以太下的定义:“以太(Ether 或 Aether,来自希腊文 α'ιθω 意为我燃烧)是一种比可见物体更为难以捉摸的物质,被假定存在于看上去是真空的空间中。”他还说:“不管我们形成以太的想法有多少困难,无可怀疑的是,星际空间不是空的,而是由一种物质或物体占有着,它可能是我们所知道的最大的,也许是最均匀的物体。”

一、光速的测量

以太如何传递力,很难由实验观察到。不过倒是光线从太阳传到地球被认为是以太传递过来的。这种传递的速度亦即光速,是逐渐被认识的。

光速的测量,首先在天文学上获得成功,这是因为宇宙广阔的空间提供了测量光速所需要的足够大的距离。早在 1676 年丹麦天文学家罗默(Ole Christensen Romer,1644—1710)首先测量了光速。由于任何周期性的变化过程都可当作时钟,他成功地找到了非常遥远而相当准确的“时钟”。罗默在观察时所用的是木星每隔一定周期所出现的一次卫星蚀。他注意到:连续两次卫星蚀相隔的时间,当地球背离木星运动时,要比地球迎向木星运动时要长一些,他用光的传播速度是有限的来解释这个现象。光从木星发出(实际上是木星的卫星发出),当地球背离木星运动时,光要追上地球,因而从地面上观察木星的两次卫星蚀相隔的时间,要比实际相隔的时间长一些;当地球迎向木星运动时,这个时间就短一些。因为卫星绕木星的周期不大(约为 1.75 天),所以上述时间差数,在最合适的时间不致超过 15 秒(地球的公转轨道速度约为 30 千米/秒)。因此,为了取得可靠的结果,当时的观察曾在整年中连续地进行。罗默通过观察从卫星蚀的时间变化和地球轨道直径求出了光速。由于当时只知道地球轨道半径的近似值，故求出的光速只有214 300 km/s。1728年，英国天文学家布莱德雷(James Bradley,1693—1762)采用恒星的光行差法，再一次得出光速是一有限的物理量(图1)。布莱德雷在地球上观察恒星时，发现恒星的视位置在不断地变化，在一年之内，所有恒星似乎都在天顶上绕着半长轴相等的椭圆运行了一周。他认为这种现象的产生是由于恒星发出的光传到地面时需要一定的时间，而在此时间内，地球已因公转而发生了位置的变化。他由此测得光速为 $c=299\ 930$ km/s 。这一数值与实际值比较接近。

用实验方法测定光速首先是在1849年由斐索做的实验。他用定期遮断光线的方法(旋转齿轮法)进行自动记录。实验示意图如图2所示。从光源 S 发出的光经会聚透镜射到半镀银的镜面 K，由此反射后在齿轮 A 的齿 a 和 b 之间的空隙内会聚，再经透镜而达到反射镜 Z，然后再反射回来。又通过镜 K 集聚后射入观察者的眼睛 C。如使齿轮转动，那么在光达到 Z 镜后再反射回来时所经过的时间 Δt 内，齿轮将转过一个角度。如果这时 a 与 b 之间的空隙为齿 a(或 b)所占据，则反射回来的光将被遮断，因而观察者将看不到光。但如齿轮转到这样一个角度，使由 Z 镜反射回来的光从另一齿间空隙通过，那么观察者会重新看到光，当齿轮转动得更快，反射光又被另一个齿遮断时，光又消失。这样，当齿轮转速由零而逐渐加快时，在 C 处将看到闪光。由齿轮转速 v、齿数 n 与齿轮和 Z 的间距 L 可推得光速 $c=4nvL$。在斐索所做的实验中，当具有720齿的齿轮，一秒钟内转动12.67次时，光将首次被挡住而消失，空隙与轮齿交替所需时间在这一时间内，光所经过的光程为 $2\times 8\ 633$ m，所以光速 $c=2\times 8\ 633\times 2\times(720\times 12.67)$ m/s $=3.15\times 10^8$ m/s。在对信号的发出和返回接收时刻能作自动记录的遮断法除旋转齿轮法外，在现代还采用克尔盒法。

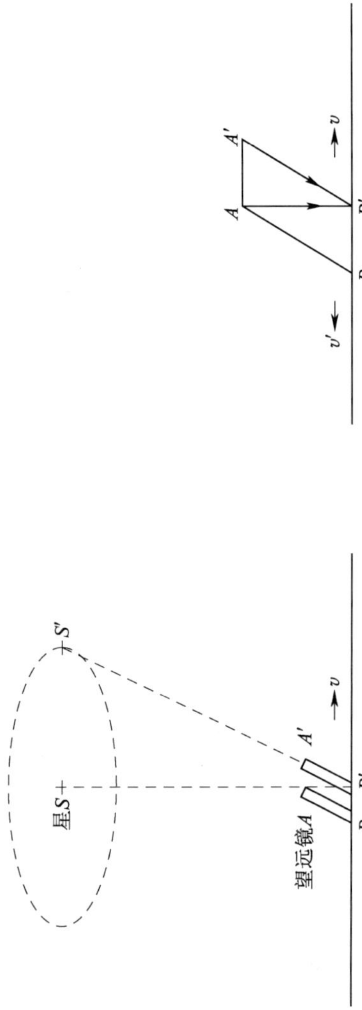

图1 光行差示意图

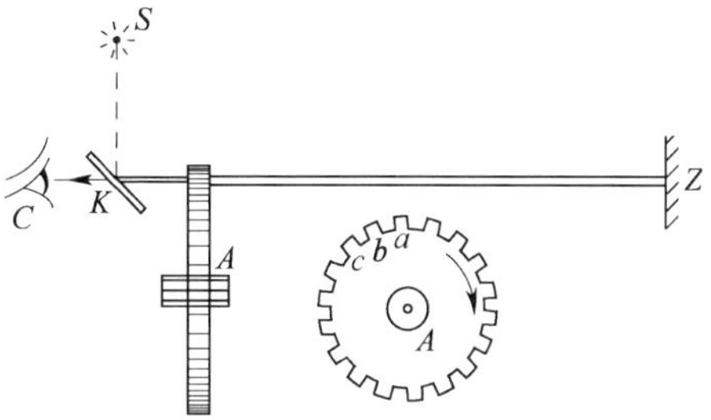

图 2　斐索测光速装置示意图

1941 年安德孙用克尔盒法测得 $c=(299\ 776\pm 6)$ km/s，1951 年贝格斯格兰又用克尔盒法测得 $c=(299\ 793.1\pm 0.3)$ km/s。

二、光的波动说

以太在很大程度上作为光波的荷载物同光的波动学说相联系。光的波动说是由胡克首先提出的，并为惠更斯所进一步发展。在相当长的时期内（直到 20 世纪初），人们对波的理解只局限于某种媒介物质的力学振动。这种媒介物质就称为波的荷载物，犹如空气就是声波的荷载物。以太显然是一种十分奇特的物质，光在其中传播非常快，光速大约是声速的一百万倍。

由于光可以在真空中传播，因此惠更斯提出，荷载光波的媒介物质（以太）应该充满包括真空在内的全部空间，并能渗透到通常的物质之中。除了作为光波的荷载物以外，惠更斯也用以太来说明引力的现象。

牛顿也像笛卡儿一样反对超距作用，认为以太存在。在他看来，以太不一定是单一的物质，因而能传递各种作用，如产生电、磁和引力等不同的现象。牛顿也认为以太可以传播振动，但以太的振动不是光，因为当时光的波动学说还不能解释光的偏振现象，也不能解释光为什么会直线传播。他认为以太弥漫于空间，而行星和彗星的运动并不因之而受阻，是因为以太是非常稀薄的，因而阻力很小。

18 世纪是以太论没落的时期。由于法国笛卡儿主义者拒绝引力的平方反比定律，而使牛顿的追随者起来反对笛卡儿哲学体系，因而连同他倡导的以太论也一同进入了反对之列。

随着引力的平方反比定律在天体力学方面的成功，以及探寻以太的实验并未获得实际结果，使得超距作用观点得以流行。牛顿的威望空前提高，微粒说得到广泛的承认，光的波动说受到冷遇。到 18 世纪后期，证实了电荷之间(以及磁极之间)的作用力同样是与距离平方成反比。于是电磁以太的概念亦被抛弃，超距作用的观点在电学中也占了主导地位。

19 世纪，以太论获得复兴和发展，首先还是从光学开始的，主要是英国的托马斯・杨(Thomas Young,1773—1829)(图 3)和法国的菲涅耳(Augustin Jean Frensnel,1788—1827)工作的结果。杨进行了光的双缝实验，用光波的干涉解释了牛顿环，并在实验的启示下，于 1817 年提出光波为横波的新观点，解决了波动说长期不能解释光的偏振现象的困难。所以杨被认为是现代光学的奠基人。杨在回答一位对波动说刻薄的批评者说："尽管我尊敬牛顿，但我并不非得认为他是百无一失的，不幸，我遗憾地认为，他也会弄错，而他的威望有时会阻碍科学的进步。"

图 3　托马斯・杨像

杨对光的波动说的发展，在英国并没有引起什么响应。主要是因为在英国，牛顿的名气太大。倒是法国人菲涅耳成了杨的传人。菲涅耳用波动说成功地解释了光的衍射现象，他提出的理论方法(现常称为惠更斯－菲涅耳原理)能正确地计算出衍射图样，并能解释光的直线传播现象。菲涅耳又进一步解释了光的双折射，获得了很大成功。

1823 年，他根据杨的光波为横波的学说，和他自己在 1818 年提出的：透明物质中以太密度与其折射率二次方成正比的假定，在一定的边界条件下，推出关于反射光和折射光振幅的著名公式，它很好地说明了布儒斯特数年前从实验上测得的结果。

光的波动说的成功，使得人们自然认为以太是光波的载体。使得被冷淡多年的以太又被重新提起，从而要求从各方面来测量和论证以太的性质。

菲涅耳关于以太的一个重要理论工作是导出光在相对于以太参照系运动的透明物体中的速度公式。1818 年他为了解释阿拉果关于星光折射行为的实验，在杨的想法基础上提出：透明物质中以太的密度与该物质的折射率二次方成正比。他还假定当一个物体相对以太参照系运动时，其内部的以太只是超过真空的那一部分被物体带动（以太部分曳引假说）。利用菲涅耳的理论，很容易就能得到运动物体内光的速度。

19 世纪中期，曾进行了一些实验，以求显示地球相对以太参照系运动所引起的效应，并由此测定地球相对以太参照系的速度，但都得出否定的结果。这些实验结果可从菲涅耳理论得到解释，根据菲涅耳运动媒质中的光速公式，当实验精度只达到一定的量级时，地球相对以太参照系的速度在这些实验中不会表现出来，而当时的实验都未达到此精度。

三、电磁场

在杨和菲涅耳的工作之后，光的波动说就在物理学中确立了它的地位。随后，以太在电磁学中也获得了地位，这主要是由于迈克尔·法拉第（Michael Faraday，1791—1867）和麦克斯韦的贡献。

在法拉第心中，作用是逐步传过去的看法有着十分牢固的地位，他引入了力线来描述磁作用和电作用。在他看来，力线是现实的存在，空间被力线充满着，而光和热可能就是力线的横振动。他曾提出用力线来代替以太，并认为物质原子可能就是聚集在某个点状中心附近的力线场。他在1851年又写道："如果接受光以太的存在，那么它可能是力线的荷载物。"但法拉第的观点并未为当时的理论物理学家们所接受。

到19世纪60年代前期，麦克斯韦提出位移电流的概念，并在提出用一组微分方程来描述电磁场的普遍规律，这组方程以后被称为麦克斯韦方程组。根据麦克斯韦方程组，可以推出电磁场的扰动以波的形式传播，以及电磁波在空气中的速度为每秒31万公里，这与当时已知的空气中的光速每秒31.5万公里在实验误差范围内是一致的。

麦克斯韦在指出电磁扰动的传播与光传播的相似之后写道："光就是产生电磁现象的媒质（指以太）的横振动"。后来，德国物理学家赫兹（Heinrich Rudolf Hertz，1857—1894）用实验方法证实了电磁波的存在。光的电磁理论成功地解释了光波的性质，这样以太不仅在电磁学中取得了地位，而且电磁以太同光以太也统一了起来。

麦克斯韦还设想用以太的力学运动来解释电磁现象，他在1855年的论文中，把磁感应强度比作以太的速度。后来他接受了英国大物理学家W. 汤姆孙（William Thomson）即开尔文（Lord Kelvin，1824—1907）的看法，改成磁场代表转动而电场代表平动。

他认为，以太绕磁力线转动形成一个个涡元，在相邻的涡元之间有一层电荷粒子。他并假定，当这些粒子偏离它们的平衡位置即有一位移时，就会对涡元内物质产生一作用力引起涡元的变形，这就代表静电现象。

关于电场同位移有某种对应，并不是完全新的想法，汤姆孙就曾把电场比作以太的位移。另外，法拉第在更早就提出，当绝缘物质放在电场中时，其中的电荷将发生位移。麦克斯韦与法拉第不同之处在于，他认为不论有无绝缘物质存在，只要有电场就有以太电荷粒子的位移，位移的大小与电场强度成正比。当电荷粒子的位移随时间变化时，将形成电流，这就是他所谓的位移电流。对麦克斯韦来说，位移电流是真实的电流，而现在我们知道，只是其中的一部分(极化电流)才是真实的电流。

四、以太的检测

按照上面所说，以太可以传递光，可以传递电磁波，有的假设以太还可以传递引力。可是这统统都是一种假设。以太既看不着也摸不着，以太的拥护者就要一方面回答以太的反对者或自己的疑问，另一方面从近代科学的实证哲学的观点出发，又需要具体地探测以太的存在。至少是间接地证明它的存在。

首先，如果以太真的是传播光的载体，而光又是一种横波，根据当时已经建立的波动的理论，波动是和弹性模量的平方根成正比而和介质的密度的平方根成反比的。那么以太就应当是一种弹性模量即硬度很大而密度又很小的奇怪物质。由此推论，既然以太是无处不在，而又很硬，那么为何天体运行其中能够不受阻力呢？有人提出了一种解释：以太可能是一种像蜡或沥青样的塑性物质，对于光那样快的振动，它具有足够的弹性像是固体，而对于像天体那样慢的运动则像流体。

其次，既然以太可以被看作弹性物质，而一般弹性的连续介质，即使是各向同性的弹性介质，也应当是既有横波也有纵波的。但实测却没有发现光的纵波。为何没有以太的纵波，以及如何得出给出反射强度公式所需要的边界条件是各种以太模型长期待解决的难题。

第三，退一步讲，即便承认行星在以太中的阻力可以忽略不计，那么行星的运动总会带动以太的运动，而以太又是传播光的介质，所以测量光的实际传播轨迹，就一定能够发现行星是怎样带动以太运动的，至少能够提供行星带动以太运动的证据。

为了论证以太的存在，从19世纪初到19世纪末，人们用了足足有一百年的时间。卷入这件事的著名的科学家有力学家、天文学家、物理学家和数学家。

以太被假想为一种连续介质。为了弄清它的力学性质，极大地推动了连续介质力学的建立。而19世纪又是连续介质力学建立和发展的世纪，连续介质力学的成就又反过来推动以太的探测。

以太最先被看作弹性体。纳维（Claude-Louis Navier，1785—1836）和柯西（Augustin-Louis Cauchy，1789—1857）在19世纪20年代建立的弹性力学理论，随后在1829年由泊松（Siméon-Denis Poisson，1781—1840）研究得到了弹性波分为横波与纵波的理论。后来柯西研究了在晶体中光的传播与反射理论。由这些理论直接推论，如果以太是弹性体，那么它在传播光波的时候一定会有纵波出现。但是通过对光的实测却并没有发现它的纵波。这就可以断言，以太不可能是弹性体，而只能是具有流体的性质。

也是在19世纪20年代，由纳维与斯托克斯（George Gabriel Stokes，1819—1903）建立了流体力学的粘性流体的纳维－斯托克斯方程。那么以太到底是没有粘性的理想流体还是粘性流体呢？这是首先要问的一个问题。

在布莱德雷发现光行差现象之后，法国学者阿拉哥（D. F. J. Alago，1786—1853）1810年由观测实验发现，星光的折射不受地球运动的影响。这一结果无论用波动说或微粒说都难以解释。1818年阿拉哥在把这一情况告诉菲涅耳，菲涅耳认为，地球是由极为多孔的物质构成的，以太在其中运动几乎不受什么阻碍。他进而假定，以太是静止的，以此成功地解释了光行差现象。为了解释阿拉哥实验，菲涅耳还假定，透明物体内的以太与周围的以太相比，只是过剩的部分被物体曳引，其曳引系数是$1 \sim \frac{1}{n^2}$，其中n是物质的折射率。由于空气的折射率近于1，它就不能或者只能极微弱地曳引以太，因而可以认为地球表面的以太是静止的。这就是所谓的静止以太说。后来静止以太说得到了观测的证实。

1846年，英国流体力学家斯托克斯提出不同的观点，认为把以太看作不可拖动和可以拖动的两部分是不能接受的。他认为，在地球表面，以太与地球有相同的速度，在离开地球表面某一高度的地方，以太可以认为是静止的。而且，还假定以太的运动是无旋的(具有速度势)。进而，认为以太是可以被压缩的，这有点像是球体在粘性可压缩的以太介质中运动的情形。在地球运行的前方以太被压缩，密度受改变。于是根据相对地球运动不同方向上以太的密度不同，也达到了与菲涅耳相同的解释。不过后来罗伦茨(Hendrik Antoon Lorentz,1853—1928)指出，按照菲涅耳的解释，会导致恒星的视位置的不可接受的变化。所以斯托克斯的模型是错误的。

后来关于地球运动是拖动还是不拖动以太的实验，有许多人进行过。比较著名的有：

1851年法国学者斐索(Anmand Hippolyte Louis Fizeu,1819—1896)设计检验光在运动物体中是否被拖带的实验，结论是以太被水的运动拖带了，不过拖带的速度小于水的流速。

1871年，格林尼治天文台台长艾里(George Biddell Airy,1801—1892)用充满水的望远镜进行观测天体，结果表明地球没有拖动以太。

1887年，美国的迈克尔孙(Albert Abraham Michelson,1852—1931)与莫雷(Edward Williams Morley,1838—1923)利用干涉仪测量被分成平行与垂直于地球运动方向的两支，考察它们的相干情形，结果表明地球运动没有拖动以太。

以太既被拖动，又不被拖动，以太有时又被解释为部分被拖动、部分不被拖动。这种矛盾一直进行了许多年。最后1905年，爱因斯坦(Albert Einstein,1879—1955)(图4)发表侠义相对论的论文，提出了光速不变原理，并宣布“‘光以太’的引用将被证明是多余的"，"不需要引进一个具有特殊性质的'绝对静止的空间'"。这些矛盾才在侠义相对论的理论框架下得到协调。从此，以太也就被否定了。

以太虽然被否定了，不过理论物理学家进一步发现，真空具有更复杂的性质。现代场的概念取代了以太的概念，真空态代表场的基态。目前粒子物理中所观察到的许多对称性的破缺，理论物理学家们认为就是真空的这种特殊的"取向"所引起的。人们对于"真空"的研究绝对没有止步。

图4 爱因斯坦像

这样看来，机械的以太论虽然过时，但以太概念的某些精神(不存在超距作用,不存在绝对空虚意义上的真空)仍然活着，并具有旺盛的生命力。而且人们在探索以太的过程中，推动了波动光学、弹性力学、流体力学的发展，并取得了丰硕的成果。

参考文献

[1] E. T. Whitteker. A history of the theory of aether and electricity. Longmens, Green, and CO, London, 1910.

[2] Oliver Lodge. The ether of space, Happer and Brother. New York and London, 1909.

26 Chapter 汉语中“力学”一词考源[注]

将西文 Mechanics 一词译为“力学”是从何人开始的呢？

在中文的力学文献中最早的是明朝天启 7 年(1627 年)由瑞士传教士邓玉函(Terrenz, Jeannes, 1576—1630)与华人王徵合译的《远西奇器图说》一书，力学一词就被翻译为重学，书中称力学为“力艺”或“重学”。

清朝 1859 年出版的，由英国人爱约瑟(Joseph Edkins, 1823—1905)与李善兰(1811—1882)合译的，英国力学家胡威立(William Whewell, 1794—1866)的力学著作《初等力学教程》(An Elementary Treatise on Mechanics, 1833 年第二版)，译名为“重学”。之后，李善兰又与英国人韦烈亚力(Alexander Wylei, 1815—1887)合译牛顿的名著《自然哲学的数学原理》，译名为《奈端重学》，但未出版。

直到 1890 年前后，英国人傅兰雅(J. Fryer, 1839—1928)以汉语书写的自然科学基础教材《格致须知》时，其中有一章为《重

注：首刊于《力学与实践》，1997(1)：64－66。

学》，一章为《力学》。然而在他的行文中看出，重学分两部分，一为静重学，一为动重学，后者也称为力学。即是说，他将现今的动力学部分称为力学，还不是现今意义下的力学。

1850年来华，先后在同文馆和京师大学堂任教的丁韪良(Martin, William Alexander Parsonsl, 1827—1916)主持编译教材有3套：清同治7年(1868年)同文馆刻本《格物测算》、清光绪15年(1889年)同文馆铅印本《增订格物入门》以及清光绪25年(1899年)京师大学堂铅印本《重增格物入门》。丁韪良在《重增格物入门》的序言中称，编写这套书用了两年的时间，而且一直使用了30年都没有被淘汰，甚至还曾经有幸得到光绪皇帝的御览。

图1　丁韪良像

《格物测算》共8卷，前3卷为《力学》，后5卷分别是《水学》、《气学》、《火学》、《光学》、《电学》。力学卷一有六章，"论物之动静"、"论重质相吸之力"、"论物之重心"等；卷二有六章，"论力之分合"、"论火器"、"论物之摆动"等；卷三有七章，"论杠杆"、"论斜面"、"论梁木之力"等。在使用的这3套教材中，力学只有在这套教材才占了如此大的比重。丁韪良说："是书自力学始，因所算多在物力，且力学之理通行万物，故不但以力学为先，亦力学较为详备，是以演为三卷"；"是书之力学即重学也，盖重学无非力学之一端，而力学实重学之根源也"。作为物理学的基础，力学得到丁韪良这般高度的重视，对于首次接触西方科学的中国学生来说，打好力学基础的重要性是不言而喻的。

虽然丁韪良最早开始用“力学”代替重学，并且说“是书之力学即重学也，盖重学无非力学之一端，而力学实重学之根源也”，但从《格物测算》的总体结构上看，丁韪良所说的力学还不能认为是现今意义上的力学，因为他把《水学》、《气学》单独成册，所以他所说的力学大致指的是静力学和质点动力学，而没有把连续体力学归入力学中。

最早从比较广泛的意义上了解力学意义的人不是力学家，也不是自然科学家，而是清末民初的大思想家严复(1853—1921)(图2)。严复在他翻译英国自然科学家赫胥黎(T. H. Huxley，1825—1895)的《进化论与伦理学》(严复译为《天演论》)一书的序言中说(图3)：“夫西学之最为切实而执其例可以御蕃变者，名、数、质、力四者之学是已。”在这里，严复的名学指的是逻辑学，数学和力学即现今的数学和力学，而质学指的是现今的化学。严复翻译这本书的时间大约是1895年，第一版问世是1898年。这是迄今所知在汉语中用“力学”一词统括现今力学内容的最早的说法。

图2　严复像

严复确实是把“Mechanics”译为“力学”的第一人。不仅如此，从他的行文“执其例可以御蕃变”中，我们能够体味出他对力学的重视。1900年到1902年之间，在他对翻译的缪勒《名学》[即英国人John Stuart Mill(1806—1873)所著的《逻辑学》]所加的注解中说：“格物之家，始也谓重、谓水、谓气、谓热、

图3 严复《天演论》自序

谓电、谓光、谓声，是七学者睽孤分治，终鲜大效，自咀勒(即焦耳,James Prescott Joule,1818—1889)出，而知一切皆力之变，故力理明，是七者莫不明，而格物之学术大进。”他在所翻译的《群学肄言》[即斯宾塞(H. Spencer)所著的《社会学的研究》]中说:“力学之所治者，统热电声光以为纬，分流凝静动以为经。”他对力学的这种深入的理解，无疑是超过当时一般人的认识的。1936年爱因斯坦在《物理学与实在》的文章中说:“尽管我们今天确实知道古典力学不能用来作为统治全部物理的基础，可是它在物理学中仍然占领着我们全部思想的中心。其理由在于，不管从牛顿时代以来所达到的重大进步，我们还是没有达到一个新的物理基础，它可以使我们确信，我们研究的所有各种现象，以及各种成功的局部理论关系，都能在逻辑上从它推导出来。”“依我看，牛顿力学的最大成就，在于它的贯彻一致的应用已经超出了这种现象论的观点，特别是在热现象领域内。在气体运动论和一般的统计力学里，出现的就是这种情况。”(许良英等编译,《爱因斯坦文集》，第一卷，北京，商务印书馆，1976年，352页。)把严复的话同爱因斯坦的话对照，我们发现二者是相通的。而严复的话是在19世纪和20世纪之交说的，比爱因斯坦的话早出30多年。

严复所以能够对力学有这种超出常人的深入认识，是同他的经历有关的。

严复，字几道，福建侯官(今闽侯县)人。1866年，在他14岁时，父亲去世，由于贫穷无力从师，便考入洋务派沈葆桢所办的马尾船政学堂。所习为“英文、算术、几何、代数、解析几何、割锥、平三角、弧三角、代几微、动静重学、水重学、电磁学、光学、音学、热学、化学、地质学、天文学、航海术等”[严璩:《侯官严先生年谱》，选自《严复集》(中华书局,1986年,1546页)]。就是说，在他20岁以前，经过这一阶段的学习，已经打下了对西方自然科学的初步基础。1871年，他以优等成绩毕业，被派往军舰实习，他随船到各地增广了见闻。1875 年被派往英国留学三年，其间不仅精通了英文，而且对西方的社会和学术也有了深入了解。

由于严复这种经历，比起同时代的人来，他就能够更为透彻地分析中国之短和西人之所长。李鸿章、张之洞等洋务运动派和比他较早的康有为、梁启超等的变法派，虽然也主张向西方学习，但是他们并没有真正在西方生活过，也不懂外语。所以在他们眼里，要向外国人学的无非是船坚炮利之类。而严复看到的要比他们深刻得多。

严复是中国人学会外语，并且把外国人的书籍直接翻译为中文的第一人。严复对翻译是非常严肃的，好的翻译的标准“信、达、雅”就是严复首先倡导的。用他自己的话说：“一名之立，旬月踟蹰。”就是说，为了翻译一个名词，有时斟酌再三，乃至个把月。我们可以毫不夸张地说，严复实是我国学贯中西的第一位学者。在他之前的翻译家，都是由懂汉语的外国人口授，中国人笔录来完成的。

1895 年，严复在《论世变之亟》中比较了中西方的差异：“中国最重三纲，而西人首明平等；中国亲亲，西人尚贤；中国以孝治天下，而西人以公治天下；中国尊主，而西人隆民；中国贵一道而同风，西人喜党居而州处；中国多忌讳，而西人众讥评。其于财用也，中国重节流，而西人重开源；中国追纯朴，而西人求欢虞。其接物也，中国美谦屈，而西人务发抒；中国尚节文，而西人乐简易。其于为学也，中国夸多识，而西人尊新知。其于祸灾也，中国委天数，而西人恃人力。”

严复在深刻认识中西差异的基础上，对洋务派“中学为体，西学为用”的主张提出了批评。认为他们“彼之所务，不越功利之间”，指出“汽机兵械之伦，皆其形下之粗迹，即所谓天算格致之最精，亦其能事之见端，而非命脉之所在。”在严复看来，船坚炮利不是向西方学习的命脉。严复主张：“于学术则黜伪而崇真，于刑政则屈私以为公。”就是说，根本问题是学术上要向西方学习自然科学，政治上要实行民主制。实际上，严复的这些主张，就是为后来“五四”运动提出“科学、民主”口号做准备。

严复为了把以上的认识贯彻下去，他着手翻译了一系列重要的西方著作。选译这些著作都是他经过精心研究过并切中中国需要的。这些著作很快在中国产生了深远的影响。在他之后的知识分子，特别是那些最早主张向西方学习的知识分子，如鲁迅、胡适等著名学者，都是在这些著作的熏陶之下成长的。在严复翻译的《天演论》中有“物竞天择，适者生存”之语，后来秋瑾以竞雄为字，陈炯明以竞存为字，胡适、李天择、张竞生等的名字无不受其影响。所以蔡元培说：“五十年来，介绍西洋哲学者，要推侯官严复为第一。”梁启超说：“西洋留学生与本国思想界发生影响者，复其首也。”胡适说：“严复是介绍近世思想的第一人。”

严复翻译的著作有：哲学方面，赫胥黎的《天演论》与缪勒的《群己权界论》(前者即《进化论与伦理学》,后者即《论自由》)；经济方面，亚当·斯密的《原富》；法律方面，孟德斯鸠的《法意》；逻辑学方面，缪勒的《名学》；社会学方面，斯宾塞的《群学肄言》；政治学方面，甄克斯的《社会通诠》；等等。

严复为了把西方的这些先进的思想普及，主张进行彻底的教育改革。严复首先对旧教育的科举制进行尖锐的批判。他说：“八股取士，使天下消磨岁月于无用之地，堕坏志节于冥昧之中，长人虚骄，昏人神智，上不足以辅国家，下不足以资是畜，破坏人才，国随贫弱。”

在批判旧教育的同时，严复大力提倡新教育。他主张：“不独破坏人才之八股宜除，举凡宋学汉学，词章小道，皆应束之高阁也。”把这些旧学束之高阁，学习什么呢，他主张：“然而西学格致，则其道与是(指旧学)适相反。一理之明，一法之立，必验之物物事事而皆然，而后定之为不易。其所验也贵多，故博大；其收效也必恒，故悠久；其究极也，必道通为一，左右逢源，故高明。方其治也，成见必不可居，饰词必不可用，不敢丝毫主张，不得稍行武断，必勤必耐，必公必虚，而后有以造其至精之诚，践其至实之途。迨夫施之民生日用之间，则据理行术，操必然之券，责未然之效，先天不违如土委地而已矣。且西士有言：凡学之事，不仅求知未知，求能不能已也。学测算者，不终身以窥天行也；学化学者，不随在而验物质也；讲耕植者，不必耕桑；讲动物者，不必牧畜。其绝大妙用，在于有以炼智虑而操心思，使习于沈者不至于浮，习于诚者不能为妄。”

从这段话可见严复的教育主张，在于培养科学精神，在于纠正“华风之敝，始于作伪，终于无耻。”它不同于企图把学校办成兵营、办成企业和公司的做法，也不同于“理科无用”、要求“立竿见影”急功近利的办学思想。而是要使学生学习“执其例可以御蕃变”的学问。而力学就是这种学问之一。他对力学的看法，并不是如某些人，在士兵打炮打不准了，才想起力学，或者看到外国人有了火箭，而听说要设计火箭必须懂得力学，才想起力学。他的这种办学思想，就是要重视理科人才的培养，不仅要求学生知其然，而且要求学生知其所以然。1912年，严复出任民国后北京大学第一任校长。在办学条件十分困难的情况下，北京大学开办了中国最早的物理系，也可以看作他的这种教育思想的一种体现。

“自古圣贤皆寂寞”。然而严复的这种办学思想，却很不顺利，甚至可以说是到处碰壁。

1905年，严复随张翼为开平煤矿事到英国伦敦办理交涉。当时孙中山正在英国，听说严复来了，便前去访问严复。严复乘机向孙中山进言说：“以中国民品之劣，民智之卑，即有改革，害之除于甲者将见于乙，泯于丙者将发之于丁。为今之计，惟急从教育上着手，庶几逐渐更新乎！”孙中山回答说：“俟河之清，人寿几何！君为思想家，鄙人乃实行家也。”严复在这里碰了一个软钉子。

1912 年 5 月，在严复被任命为北京大学校长后，他万没有想到他所迎来的共和政府的国务院，于 7 月 7 日下达了关于停办北京大学的命令。为此他不得不向社会各界奔走呼号，以挽救北京大学；他还不得不四处告贷以维持北京大学开学的经费。在他的种种努力下，经过社会各方面的支持，终于保住了北京大学。而他也从此心力交悴，退居养病，末了还被拉入“筹安会”拥护帝制的保守思潮漩涡中去。

严复的教育思想虽然没有摆脱失败的命运，但是我们今天重温他的一些主张，还是很有实际意义的。特别是他对力学学科的认识，意义是很深远的。

参考文献

[1] 商务印书馆编辑部编. 论严复与严译名著[M]. 商务印书馆，1982.

议 论 篇

DIALOGO
di
GALILEO GALILEI LINCEO
AL SER.mo FERD. II. GRAN. DVCA DI
TOSC ANA

27

Chapter

科学实验与力学[注]

我国古代的学问家忠告人们说，学问之道，“慎思之，明辨之。”果然，靠纯粹的思辨能够弄清楚人们的疑问么？这里举两则例子：

相剑者曰：“白所以为坚也，黄所以为韧也，白黄杂则坚且韧，良剑也。”

难者曰：“白所以为不韧也，黄所以为不坚也，黄白杂则不坚且不韧也。又柔则锩，坚则折，剑折且锩，焉得为利剑？”（《吕氏春秋·别类》）

孔子东游，见两小儿辩斗。问其故。

一儿曰：“我以日始出时去人近，而日中时远也。”

一儿以日初出远，而日中时近。

一儿曰：“日初出大如车概，及日中则如盘盂，此不为远者小而进者大乎？”

注：1. 本文受到国家自然科学基金10172002项目的资助，特致谢意。

2. 首刊于《力学与实践》，2004，26(2)：78－80。

一儿曰："日初出沧沧凉凉，及其日中如探汤，此不为近者热而远者凉乎？"

孔子不能决也。

两小儿笑曰："孰为汝多知乎？"

(《列子》)

显然，如此只靠论辩是无法正确回答问题的。

著名的德国数学家克罗内克尔(L. Kronecker,1823—1891)是这样来描述数学的："上帝创造了整数，其余一切都由人来安排。"就是说，数学的整个知识，只要承认整数的性质，其余的都可以通过逻辑推演得到。在数学中，特别是在纯粹数学中流行的公理化的方法就是这种思想的发展。

实际上，从古代开始，由于一批在当时影响很大的学者过高的权威(如在西方的亚里士多德、在东方的孔丘等)，还由于宗教经典的影响，人们逐渐形成了一种思维定式。人们误以为，一切知识是由那些经典的记载或权威们说过的话，再经过逻辑推演而得到的。这种思维定式被称为演绎法。不可否认，人们依靠这种方法是获得了不少重要的知识，如在欧几里得几何中，就主要是从很少的公理开始进行推演的。即使是直到今天，演绎法也仍然是一种认识事物的手段。

在1900年巴黎召开的世界数学家大会上，著名的德国数学家希尔伯特(D. Hilbert,1862—1943)提出了23个数学难题。人们说这23个难题左右了整个20世纪数学研究的主导方向。其中第六个难题是：物理公理的数学处理。他说："几何基础的研究提示了这样的问题：用同样的方法借助公理来研究那些在其中数学起重要作用的物理科学，首先是概率论和力学。"就是说，他提出要像在几何学中应用公理那样来研究力学。不可否认，在20世纪，有一些研究者确实进行过这方面的努力，而且也取得了一些成绩。

单靠论辩不能解决问题。但是，能不能说演绎法是人们获得知识的唯一手段呢。特别，因为力学同数学有十分密切的关系，能不能就说力学也可以像纯粹数学一样只靠公理化的方法来推演呢？不能。（其实即使在纯粹数学中也不是只靠演绎法来研究的。）

纵观力学的发展历史，力学发展的重要阶段与重要的力学分支的建立都是和著名的实验相联系着的。或者说，力学本质上是一门观察和实验科学。

最早的实验，大约是一类被称为假想的实验。这种实验并不要求去实际地完成一个实验，而是通过逻辑上的推论使实验的结果与经验对照，从而得出合理的结论。这里我们来举两个著名的例子。

16世纪之前，在静力学中，人们只会处理求平行力系的合力和它们的平衡问题，以及把一个力分解为平行力系的问题，还不会处理汇交力系的平衡问题。为了解决这类问题，人们把他归结于解决三个汇交力的平衡问题。荷兰物理学家斯提芬（Simon Stevin，1548—1620）通过巧妙的论证解决了这个问题。假如你把一根均匀的链条放置在一个非对称的直立（无摩擦）的楔形体上，如图1所示。这时链条上受两个接触面上的反力和自身的重力。恰好是三个汇交力。链条会不会向这边或那边滑动？如果会，往哪一边？斯提芬想象把楔形体停在空中，在底部把链条连起来使之闭合，最后解决了这个问题。在底部悬挂的链条自己是平衡的，把悬挂的部分和上部的链条连起来，假如你认为楔形体上的链条会滑动，那么你就必然会推出封闭的链条会永远滑下去；这显然是荒谬的，回答必然是链条不动。并且由此得到了三力平衡的条件。他觉得这一证明很妙，就把这张图放在他的著作《数学

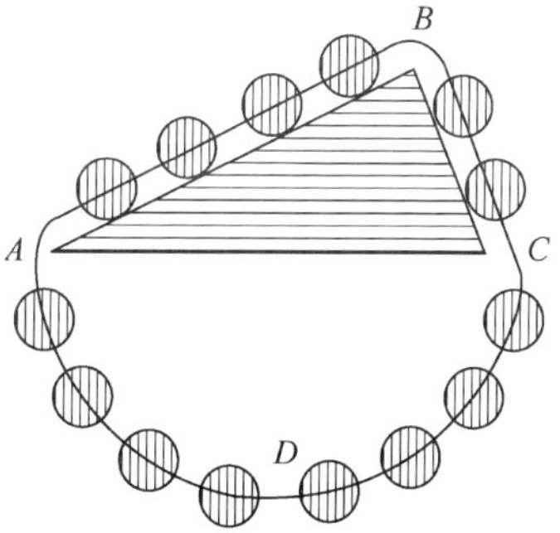

图1　斯提芬的假想实验

备忘录(Hypomnemata Mathematica)》的扉页上，他的同辈又把它刻在他的墓碑上以表达敬仰之意。汇交力系的平衡问题解决，也标志着静力学的成熟。

伽利略的最著名的实验是他对亚里士多德(Aristotle，前 384—前 322)关于重物比轻物下落快断言的驳斥。他想象一块重的石头和一个轻的球，用绳子绑在一起，然后从塔上扔下来。从逻辑上说，如果球下落得比石头慢，它必然会阻碍石头的正常下落而使它变慢。但是，另一方面，球和石头一起比单独的石头为重，因而应当下落的比石头自己为快。只有在它们二者以相同的速度下落的条件下，才可能避免这一和日常经验的矛盾。

日心说的确立又是和一系列的观察和实验分不开的。哥白尼是经过了 30 多年的观察和计算才构思得到日心说的体系的。之后伽利略制造望远镜，并把望远镜对准天空发现了木星的卫星和金星的月貌，给日心说以最有力的支持。第谷 20 多年的观测和开普勒近 10 年的计算，经过了两代人的连续努力，才确立了开普勒三定律，从而打破了行星轨道是圆形的定式。但是，所有这些都还不能彻底击败地心说，因为还没有从根本上回答日心说的反对者提出的一个责难。这就是："如果地球在运动的话，那么我们每时每刻都要生活在狂风之中；如果地球在运动的话，铅直抛上去的物体落下来就不会落在原地。"这个责难牵涉到了力学的根本问题，日心说者必须回答而不能绕开。

伽利略在 1624—1630 年花了很大的精力写出了巨著《关于托勒密和哥白尼两大世界体系的对话》，并于 1632 年出版。书中是这样回答这个问题的：

"设想把你和你的朋友关在船板下最大的房间里，里面招来一些蚊子、苍蝇以及诸如此类有翅膀的小动物。再拿一只盛满水的大桶，里面放一些鱼；再把一个瓶子挂起来，让它可以一滴一滴地把水滴出来，滴入下面放着的窄颈瓶子中。而当你把什么东西扔向你的朋友时，只要他和你的距离保持一定，你向某个方向扔时，不必比向另一个方向要用更大的气力。如果你在跳远，你向各个方向会跳得同样远。尽管看到这一切细节，但是没有人怀疑，如果船上情况不变，当船以任意速度运动时这一切应当照常发生。只要运动是均匀的，不在任何方向发生摇摆，你不能辨别出上述这一切结果有丝毫变化，也不能靠其中任何一个结果来推断船是在运动还是静止不动。”

伽利略的这个精辟的回答，揭示了力学中的惯性原理。然而它也还是一组假想的实验。关于伽利略是否真正进行过这项实验，历史上有过许多争论，一直没有搞清。不过，在伽利略之后的确有人进行了有关的实验。法国科学家默森(Marin Mersenne，1588—1648)写信给一位经常跨越英吉利海峡的朋友，建议他做实验。这位朋友于1634年的一次航行中，安排了一个水手爬上桅杆扔重物，结果重物掉在桅杆的下方，从而证实了伽利略的结论。之后法国科学家伽森狄(Pierre Gassendi，1592—1655)于1640年安排了验证惯性原理的实验。这个实验是由骑马人和坐在马车中的人向空中抛石，并且互相投石块，由此人们可以看到抛出的石块跟随着马运动，从飞奔的马上掉下来的石块也是相对马直线下落的。此外他还安排了一次在三层桨战舰上的实验，在战舰全速前进时，不论从行船的桅杆顶部垂直丢下一块石头，还是从桅杆垂直向上抛出的石头都是掉在桅杆根部，而不是掉在船尾。在他的实验报告中给出了船的速度并且详细描述了实验的细节。

古希腊的亚里士多德关于运动有一个奇怪的论断，认为一个某种连续不断推动的问题，在周围介质逐渐变稀薄时，运动速度会越来越快，在真空中这个物体的速度会变为无穷大。由于亚里士多德认为没有无穷大的速度，所以他就不承认有真空。所以他说：“自然排斥真空。”这种论断也像亚里士多德的其他论断一样，被奉为神明。

德国人盖里克(Guericke，Otto von，1602—1686)不相信亚里士多德的这个论断。他不是靠争论，而靠实验来解决这个问题。他说：“雄辩术、优雅的语言或争论的技巧，在自然科学的领域中是没有用处的。”1646 年，他当上了马德堡市的市长。他从 1650 年开始，自己投入巨资进行抽真空的实验。1654 年，他当着德国皇帝和众多的议员公开表演了他的真空压力实验。他用两个直径约 1.2 英尺的铜半球，边缘涂以油脂后对接为一个球。然后用他自制的真空泵把球内的空气抽出。这时由两个马队分别拉一个半球，直到马队增加到 16 匹马时，两个半球才被拉开。这个实验被称为马德堡半球实验。它令人信服地说明真空以及空气压力的存在。

图 2　马德堡半球实验

上面我们说明在静力学和动力学的基本原理的建立过程中，人们是借助于许多重要的实验的。对于连续介质力学，无论是弹性力学还是流体力学的确立，也都可以列出一系列重要的实验。

流体力学可以说是从法国力学家马略特（Edmé Mariotte，

1620—1684）关于管流阻力的实验开始的；黏性流体力学则是从玻尔达（Jean－Charles Borda，1733—1799）测量流体阻力开始的；雷诺关于管流的实验又使它发展到一个新的阶段；整个航空空气动力学是从测量运动物体的升力开始的；弹性力学则可以追溯到胡克的物体弹性实验。力学历史的发展过程说明，尽管在构成现代力学的知识体系中，理论部分占有很大的比例有时又似乎是自成系统的，但是归根结底，力学还是一门以实验为基础的科学。

在力学学科的发展过程中，可以把实验分为三类：一类是如上述对于建立一个新领域起开创作用的实验，后来发展起来的理论工作是从解释这类实验而产生的，如1883年雷诺关于管流转变为湍流的实验，导致后来一系列湍流理论的发展。第二类是验证性的实验，对于一类现象，先有了理论结果，后来再通过实验去验证理论的正确性，如1798年卡文迪什测定引力常数的实验。这两类实验是构筑整个力学学科大厦的基础。第三类实验是求解问题的实验，如在弹性力学的理论体系已经建立之后，1850年麦克斯韦发明的光弹性实验，在一定程度上也可以说，这类实验实际上是一种复杂的模拟计算装置。我们知道，流体力学中的纳维－斯托克斯方程是19世纪得到的，它的许多解如涡旋、边界层、涡街、孤子等现象的解都是先从实验或观察得到模拟流动后才得到理论解的。

20世纪50年代计算机来到了人间，到了60年代计算机大量应用于求解力学问题。大量专门用于计算力学问题的软件出现，研究利用计算机求解力学问题的新算法新格式大量涌现和推广应用。一门新的学科——计算力学出现了。如果说，在计算力学出现之前，研究力学的手段只有两个，即理论方法和实验方法，而在计算力学出现之后，出现了第三种方法，即数值计算的方法。然而，从更为一般的意义上讲，也可以将计算的方法看作一种特别的实验方法。如果我们已经有了关于一种问题的理论方案，一种办法是动手去做实验来验证理论，还有一种办法是给定一组数据去作一个特别的算例计算。计算结果可以和实际观察到的宏观现象对照，以验证理论正确与否。在这个意义上，计算力学的计算也可以称为一种数值实验。而上面我们说的第三类实验，即那种起模拟计算装置作用的实验，逐渐为计算力学取代。例如，目前平面光弹性大部分就已经为计算力学所取代。对于第一、二类实验，即开创性的实验和验证性的实验，计算力学可以在这些实验中发挥很大的作用，但是还不能从根本上取代，也许永远不能。

在力学学科中理论与实验的关系，是不可分离的。脱离实验的理论常常可以被实验所否定。例如曾经存在了数百年的以太的理论，在19世纪末为实验所否定；亚里士多德关于落体的理论流传了一千多年，为伽利略的实验所否定。反过来说，没有理论指导的实验，也不能有深刻的结果。爱因斯坦说过，一个现象只有理解了才能观察到。关于自由落体的运动，虽然从有人类以来就是司空见惯的事情，只有在加速度的概念与理论形成后，对于落体的实验才产生了新的规律。同样只有在相对论的理论指导下，探索以太的众多实验结果才达到了统一和协调。

28 Chapter 力学家怎样看宇宙万物[注]

自然科学的各门学科都分别研究自然界的一方面，如天文学研究解释天体、地质学研究地球内部的构造、生物学研究生命现象等。然而力学学科从它一开始便以整个宇宙间的一切事物为研究对象，这是因为宇宙间的一切事物都可以有机械运动。

图1　牛顿像

牛顿(图1)在总结前人成果的基础上建立了描述质点运动的方程，根据这一方程，如果知道质点所受的力，并且知道了质点的初始状态(初始位置与速度)，就可以求解质点的运动。并且他用这一方法成功地解释了行星的运动，在

注：首刊于《力学与实践》，1998，20(5)：75－78。后来又做了一些补充与修改。

1687 年出版了他的巨著《自然哲学的数学原理》。

在这本书中，牛顿踌躇满志地说："我把这部著作叫做哲学的数学原理，因为哲学的全部任务看来就在于从各种运动现象来研究各种自然力，而后用这些自然力来研究各种自然现象。"

在这里，虽然他把研究全部自然现象归结为研究自然力，可是仍然使他迷惑不解的是：万有引力只能使静止的行星引向太阳，使它横向绕日而行的初始速度是怎样产生的呢？在 1892 年 1 月 17 日，牛顿致本特利先生的信中说："所以重力可以使行星运动，然而没有神的力量就决不能使它们作现在这样的绕太阳而转的圆周运动。因此，由于这个及其他原因，我不得不把我们这系统的结构归之于一个全智的主宰。"尽管牛顿常说："我不需要假设"，而在这里牛顿却引入了人们称为"上帝的最初一棍子"或"上帝的第一推动"的假定。

法国学者拉普拉斯(P. S. Laplace,1749—1827)(图 2)在数学和天体力学上作出了大的贡献，他最有名的著作是《天体力学》，曾被人们认为是经典力学的顶峰。他在 1812 年所著的《概率解析理论》一书的绪论中曾总结对世界的看法："如果有一种至高无上的智者能了解在一定时刻支配自然界的所有的力，了解自然界每个实体的各自位置和初始速度，并且他还有足够的能力去计算这些物体的运动，那么他就能毫无例外地从最大的天体到最小的原子的未来和过去都一目了然。"

图 2　拉普拉斯像

拉普拉斯按照牛顿学说将世界一切的事物的状态归结于一个向量 $\boldsymbol{x}=\{x_1,\cdots,x_n\}$ 来描述。它的运动规律归结于一组微分方程的初值问题

$$\frac{\mathrm{d}\boldsymbol{x}}{\mathrm{d}t}=\boldsymbol{f}(\boldsymbol{x}),$$

$$\boldsymbol{x}(0)=\boldsymbol{x}_0$$

这里 $\boldsymbol{x}_0$ 表示 $\boldsymbol{x}(t)$ 当 $t=0$ 时的初始状态。当知道了 $\boldsymbol{x}_0$ 与 $\boldsymbol{f}(\boldsymbol{x})$ 时，便可以求解 $\boldsymbol{x}(t)$，包括 $t>0$(未来)和 $t<0$(过去)。

拉普拉斯对世界的认识继承了牛顿的思想，并且将它提得更加明确。他的这个提法被认为是经典机械确定论最具代表性的表述。

按照这个提法的优点是，他抛掉了牛顿关于"上帝"的假设，将一切归结于自然界自己在一定外力和一定初条件下的运动。传说他将《天体力学》奉献给拿破仑皇帝后，拿破仑曾问起："你为什么在书中不提上帝"，拉普拉斯回答说："陛下，我不需要那种假设"。

然而按照这种观点，他却成了定命论，或被人们称之为确定论或宿命论的代表人物。按照这种学说，在一定规律支配下，初值就决定了过去、未来一切。犹如算命先生说，一个人出生的年、月、日、时八字便可以决定他一生的荣辱贵贱。拉普拉斯所说的至高无上的智者被后人称为拉普拉斯妖。

直至19世纪末，似乎自然科学沿着正像牛顿和拉普拉斯所制定的路线在前进。例如赫姆霍兹(H. Helmholz,1821—1894)说："一切自然科学的最后目的，是把自身变成力学。"开尔文(Kelvin,1824—1907)说："我不能自满，除非我能把那种物质作出一个力学模型。"在这种观点指引下，光学、电动力学、热力学，无不在经典力学预制的框架下构筑了起来，新的模型建立了，新的方程提出了。而这些方程与求解无非都可以归结于拉普拉斯所提的方程的特例。无怪乎在19世纪末一大批著名的自然科学家自满地说："要知道理论物理学已经终结，微分方程已经确立，它们的解法已经制定，可借计算的只是个别的局部情况。"(普朗克的导师约利语)，"未来的物理学将不得不在小数点后第六位去寻找”（开尔文语）。

然而事情并不是如此简单。自然规律也并不就是如此简明。客观世界毕竟比人们想象要复杂得多。

事实上，早在牛顿与拉普拉斯之前，人们便曾发现了一类不能由初始条件完全决定的现象。在1644年，意大利科学家托利拆利（Torricelli）发现重力作用下，重心取最低时物体的平衡才是稳定的。例如一个放在大球顶上的小球，初速度为零，但它可以沿任何方向从球顶上滚落。这时，显然初位置与初速度都是确定的，可是却无法确定小球以后的行为。人们对这类不稳定现象虽然有所觉察，但还没有引起足够的注意。

100年之后，1744年，欧拉（Euler）发现了弹性受压杆的分岔现象。一根笔直的圆截面杆在两端压力 p 作用下，起初杆是直的，当 p 逐渐增加到某一称为临界荷载的值时，杆可以发生弯曲，而弯曲的方向可以是任意的。这又一次说明初始条件无法确定杆后来的行为。欧拉的弹性杆虽然受到工程界的广泛注意，因为柱子受压是土木、造船等一系列结构工程常见的实际课题。但由于它是处理静力问题，也还没有引发人们哲理上的进一步思考。

事情又过了100多年，法国数学家庞加莱（Poincare，1854—1912）（图3）以哲学家的锐利目光抓住了这类问题。他在《科学与方法》一书（1913年出版）中说到偶然性时对于拉普拉斯的确定论作了如下的注解："如果我们可以正确地了解自然定律及宇宙在初始时刻的状态，那么我们就能够正确地预言这个宇宙在后继时刻的状态。不过，即使自然定律对我

图3　庞加莱像

们已无秘密可言，我们也只能近似地知道初始状态。如果情况容许我们以同样的近似度预见后继的状态，这就是我们所要求的一切，那我们便说该现象被预言到了，它受规律支配。但是情况并非如此，可以发生这样的情况：初始条件的微小差别，在最后的现象中产生了极大的差别；前者的微小误差促成了后者的极大误差。”庞加莱这里描述的正是我们通常成语中说的“失之毫厘，差之千里”。他还举绕太阳运行的小行星为例说，如果它们相差“平均每天超出千分之一秒，事实上 3 年将超出 1 秒，一万年超出一度，三四百万年将超出一个圆周！”庞加莱并且风趣地推论说：“在伦理学中，特别在历史学中，情况正相同……最大的偶然性是伟大人物的诞生。两个生殖细胞的相遇，不同性别的相遇纯粹出于偶然性……只要使精子足以偏离十分之一毫米，拿破仑(Napoleon)就不会出生，欧洲大陆的命运就会改观。”

在我国古代，虽然没有像牛顿和拉普拉斯的确定论那样的精确理论，但是由生辰八字决定人的前程的“宿命论”却一直盛行不衰。不过，南朝诗人江淹(444—505)却认为“天命谁能见，人踪信可疑”，就是说，他并不相信“天命”或者说，他认为命运是难以预测的。

虽然说，少数不相信宿命论或“确定论”的人早就存在过类似于庞加莱的观点，但是在没有充分严格的论证之前，还是确定论占统治地位。准确地说，在 20 世纪 70 年代之前，在人们的认识中还基本上是确定论。

在庞加莱对于拉普拉斯确定论的批评的同时，物理界得到了许多新的实验事实，使确定论无法解释。19 世纪末，1895 年伦琴发现了 X 射线；1897 年汤姆孙(J. J. Thomson)确定了电子的荷质比，确定了电子的存在，1899 年发现了铀放射的 α、β 射线是粒子。这些发现再加关于热辐射的研究，终于导致 1900 年德国物理学家普朗克(M. Plank)提出了量子论的假设。这些新事实说明经典力学原理不再适用，或按经典力学构架起来的经典物理不再适用了。于是在科学界引起了极大的震动。那时普遍流行着一种说法：确定论、机械论、经典力学的大厦崩塌了，物理学处于危机之中。

量子力学的出现成功地解释了许多新的现象，如热辐射、原子构造等。使传统确定论观念完全改观。他虽然也有方程，例如薛定谔方程，但方程的解却是一个随机分布。它只能提供这个物体，例如电子，在某一位置或某一速度的几率。可以说它是一种随机论。由于当时这个几率函数一般记为 ψ(读为普赛)，它的物理意义颇不好理解，当时著名量子力学物理学家德拜的青年助手W·休克写了一首诗：

先生有普赛，运算殊无碍，

普赛究如何？浑忘作交代。

同样，由于关于几率函数的物理解释，在名人之间也展开了一场论争。一方是量子力学家马克斯·玻恩为代表的哥本哈根学派，他们宣称“量子力学不再描写自然界本身，而是描写我们关于自然界的知识。”它表示只能这次测量推测下一次测量的各种结果的分布几率，而对于事物在两次测量之间的行为拒绝作具体的描述。

站在对立面的以大物理学家爱因斯坦为代表，他在1916年12月4日写给马克斯·玻恩的信中表示：“量子力学是令人赞叹的。但我有一个心声告诉我，这还不是真正的天使。这个理论有很多成功的地方，但并没有使我们更接近上帝的奥秘。无论如何我相信上帝不是在掷骰子。”“上帝掷骰子”是爱因斯坦对哥本哈根学派的精炼的形象概括。

支持爱因斯坦的物理学家薛定谔在1935年还提出一个猫悖论对玻恩等加以责难。他设想在一个密闭的箱子里，有一只猫，箱中还有一根极细的线吊一个内盛剧毒氰化物的小瓶。又假设这根线强度极低，只要一个光子击中它，线就会断掉，玻璃瓶便会打碎，而猫必被毒死。想知道猫的死活，至少要用一粒光子去探测，设令一个光子射中线的几率为 50%。这时描述猫的状态(死或活)的波函数就去告诉我们猫是“半死半活”，并不能回答猫究竟是死还是活。

实际上这场争论从 20 世纪 20 年代开始一直延续到今天还在各不相让。这种长期的争论而不能达到共识，至少说明确定论在有些场合不灵了，但也并不能就说明随机论或量子论可以包打天下。今天我们虽然还没法判定争论双方的对错，但我们可以根据 20 世纪近百年来科学发展的某些新进展，对于争论的某些特点给予探讨。

事实是，近代科学从产生到发展的 300 年来在力学和物理领域中活动的科学家，主要任务看来是在制造方程，如牛顿运动方程、弹性力学方程、麦克斯韦电磁方程、薛定谔方程、流体力学 N－S 方程等。一类现象一个模型，一个模型一种方程。至于在有了方程之后的另一方面的工作——方程的求解，限于认识，也限于条件，人们多少有点瞧不起，不是认为很简单，就是解不动，太复杂不值得去费力气。

在求解这方面，虽然经过了数百年，人们毕竟还没有走多远。最初的消息只能使人泄气。1829 年，人们称之为数学史上最年轻的天才和最愚蠢的死亡(死于决斗)者伽罗华(1811—1832)在他 19 岁的时候，得到高于 5 次的代数方程不可能用公式求解的证明。同时，早在 17、18 世纪，人们又遇到了大量初等函数的积分，没法用已有的初等函数表示，例如，为求行星轨迹而计算椭圆弧长等问题。于是人们逐渐认识到一大批问题的精确求解为不可能，必须转而求近似解。

但是只用手和纸去求一个复杂问题的近似解，谈何容易。于是，人们称之为数学史上的最后一位通才庞加莱在 19 世纪末，开辟了微分方程定性理论的研究方向。庞加莱讨论了给了平面向量场，要求曲线使每一点与给定该点的向量相切的问题。他能够利用向量场的性质直接确定曲线的性质，如回答有没有周期解的问题。他特别讨论了奇点(该点的向量为零向量)邻近的曲线行为。不仅如此，他还于1885年在研究天体演化规律时，用定性方法预言了一个在引力作用下的球形流体团，当它旋转时，在一定的角速度下，可以有椭球和梨形两种运动状态。从而最早提出了物体运动分岔的概念。也正是基于对运动系统可能的分岔解的深刻了解，庞加莱才预言根据初条件不能一般地准确预言它以后运动的断言。

庞加莱对运动方程的解了解得虽然比前人深入了一步，但由于时代的局限性，他还只是研究平面上的微分方程。而且在他之后的近百年的发展中，人们也有一种错误的直觉，似乎对平面上微分方程的解曲线弄清楚了，对高维空间便也差不多了解清楚了。

人们对运动形态多样化的认识总是逐步深化的。起初人们认识到一类系统，例如单摆，有很小的阻尼，不管初始条件怎样，它的运动都趋向一个极限——静止不动。人们把相空间中这个与初始条件无关的极限点称为吸引子。人们把所研究的这种具有阻尼或没有阻尼的系统的动力系统称为耗散系统，没有阻尼的系统是耗散系统的特殊情形，也称为保守系统。其实，耗散系统是非常普遍的动力系统。无论是单摆、天体系统还是大量分子组成的系统，都可以看作耗散系统。所谓吸引子，就是研究耗散系统当时间趋于无穷时，系统的极限状况。我们看到有阻尼单摆的吸引子就是它的平衡点。

图4　洛伦兹像

事实大出意料之外。1963年，美国的气象学家洛伦兹(E. N. Lorenz)(图4)发表了他对大气对流的研究工作。他将流体力学含有温度的对流方程通过三角级数来求解，在未知函数的展开式中只取前三个未知系数，于是得到了三个一阶方程的联立方程组，而且方程组的右端项即向量场的表达式中除了两个二次项之外全是线性项。这个方程组被后人称为洛伦兹方程。这组方程是

$$\dot{x} = -10x + 10y$$

$$\dot{y} = rx - y - xz$$

$$\dot{z} = -(8/3)z + xy$$

其中 x，y，z 为未知函数，其上的点表示对时间 t 的微分，r 为可变参数。

罗伦兹借助于早期的计算机花了一二年的时间去求解，发现了解的奇怪性态。即是说发现了除周期解外，还有一种更为一般的围绕两个奇点来回绕的解(图 5)。后人也把这种解称为奇怪吸引子。奇怪吸引子的发现是整个科学界的大事。它说明，300 年来，人们对动力学非线性方程解的行为了解得还是过于简单化了。所谓初值即可决定过去、未来的一切，只不过是这种简单化了解的一个侧面而已。

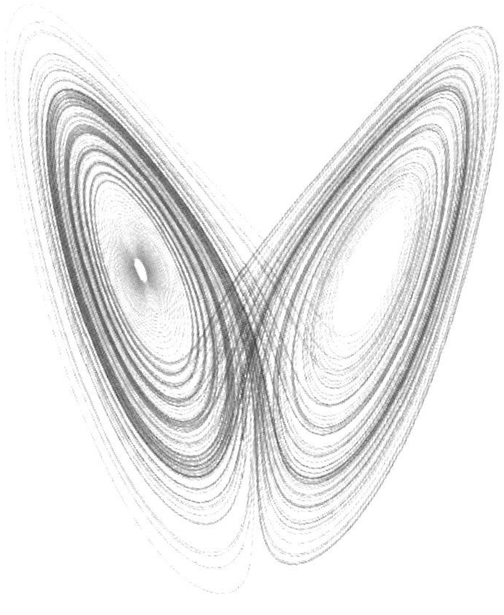

图 5　洛伦兹方程的解曲线图

从20世纪60年代起，由洛伦兹方程的求解开始，人们发现了一类以往没有见过的解，看上去方程的解是确定的，但在某些条件下，解的行为完全是随机的。这就是所谓的混沌解。而奇怪吸引子就是向混沌过度的一类特别解。经过了100多年研究而成效甚少的湍流现象也可以认为是一种混沌现象。早在20世纪40年代人们就曾猜测混沌是一种多次分岔的结果。近年来计算机的求解，更增强了人们的这种信念。

后来的研究发现吸引子可以是一种十分复杂的运动：可以是一个周期运动，还可以是多周期的运动。例如，一只上足了发条的表，只要发条还满，它的分针或秒针都总是进行周期运动，分针的周期为1小时，秒针的周期为1分钟。而如果把秒针统一看作一个系统，把分针的位置看作这个系统的坐标参数，则这个系统就在进行一种两周期的运动。如果把时针也计入系统中，并且把它的位置看作这个系统的另外的坐标参数，则整个系统就是一个三周期运动。在天空中，月亮的运动就近似可以看为一种二周期运动。

以周期运动作为吸引子的运动，就是随着时间无限增长，运动趋于周期运动。例如，无阻尼的单摆运动的吸引子就是周期运动。同样，以多周期运动作为吸引子的运动，就是随着时间无限增长，运动趋于多周期运动。

奇怪吸引子和混沌是一类非常复杂的吸引子。迄今人们给出了若干关于混沌运动的严格定义，这些定义相互之间略有不同，但都反映了混沌运动的某些特点。

既然混沌运动是复杂的，那么混沌运动的特点是什么呢？简单说来，第一，无论初条件如何，随时间的增长，系统在相空间的轨迹始终在相空间的有限部分，即轨道不会趋于无穷远；第二，轨道上不会有重复点，亦即不可能有两个时刻轨道经过同一个点，因为如果那样的话，运动就变成周期运动了；第三，运动轨道既不趋于一点也不趋向一条线或一个多周期运动，因为如果趋向一条线或周期运动的话，运动就相对简单了，我们只要知道运动在某时刻的位置，就可以简单地充分精确地预见它以后任何时刻的位置了。

人们也许会说，要满足上面三个特点的运动，是非常难以想象的。不错，正由于它的复杂性和难以想象，所以它的发现相当晚，它的确是出乎人们意料之外的事情。

有人把混沌通俗地说成是“差之毫厘，失之千里”，这还有点不准确。从一点出发沿射线方向向无穷远运动，虽然初方向的任意小的偏差会在无穷远处造成任意大的误差。但这种运动还是十分简单的、规则的，它并不是混沌。一般认为在进入混沌运动之前必然有一个运动分岔的过程。

从以上简要叙述可以看出，人类认识像混沌这样复杂的运动是颇为了不起的成功。从经典力学系统建立起，它是经过数百年摸索和寻求的产物。至此，人们对方程确定的解和求解的了解，是否已经可以心满意足了呢？我们还不能满足。

由于混沌运动具有以上的特征，其必然的运动表现是：

一方面，它表现为极端无规则性。由于初始位置的任何微小的误差都会导致其后的轨道根本无法预料，这就是说它的轨道表现具有随机性。混沌的这种随机性和量子力学中的随机性是有所区别的。在量子力学中，一个系统的状态，例如电子的位置或速度本身就是随机的，但是量子力学的方程（薛定谔方程）是线性的，给了初始状态（尽管是随机的状态），由方程所解出的后面时刻的状态（也是一个随机状态）是由初始状态所完全确定的，或者说，初始状态的误差充分小，随后状态的误差也充分小。而混沌运动表现在系统的初始状态可以是确定的，但是由于其误差，过一段时间后的状态却是随机的，即前后两个状态的依赖性上是随机的。人们把这种随机性称为系统内在的随机性。

另一方面，既然系统的轨道在相空间内是有限的，又要求没有重复，那么系统的相空间内必定存在这样的点集（称为吸引集)——它的每一点的任何小的邻域轨道都要无限次穿过。也就是说，在吸引集中对每一点取一个非常小的邻域，运动的轨道任何一次穿过后，过了一些时间总还会再回到这个邻域中来，而且再返回所经过的时间是无规则的。这个表现，在实际中由于当邻域十分小时，可以近似把一个邻域就看作一个点，那么这种运动的返回就可以看作一种近似的周期运动，结果是混沌运动近似地包含有无限多周期运动。

研究表明，不是任何动力系统都会出现混沌运动。肯定地说，平面上的动力系统是没有混沌运动的。包含混沌运动的动力系统，除了要求动力系统的自由度大于2以外，一方面必须是非线性系统，另一方面还必须是具有分岔行为的系统。进一步说，也不是所有的具有分岔行为的非线性动力系统就一定会有混沌运动。迄今人们对于某些特殊的动力系统和具有某些特点的动力系统，能够下结论说其中包含混沌运动。至于就普遍意义上说，特别是要寻找一个易于操作的判据来事先确定什么样的系统会产生混沌运动，至今还是一个进一步研究的课题。

大约是1964年，美国物理学家、诺贝尔奖金获得者费曼(L. S. Feynman)在他的《物理讲义》中用简短而精炼的语言概括了这种人们对求解一无所知的情况，他说："我们已经写下了水流的方程。由实验的方法我们发现了一系列概念并用之去讨论近似解——涡街、湍流尾迹、边界层等。当我们有一个类似的方程，而且我们还不能对它做实验，我们希望即使以含糊的不能完全肯定的初等方式去解这些方程，去了解从这些方程能得出什么新的定性特点。例如，对于太阳，可看作由氢构成的球，无太阳黑子和硬块，也没有凸起与下凹，即使这样，我们也还没有找到求解办法……人类智慧觉醒的下一世纪，也许可能产生一个去了解这些方程定性含义的方法。而今天，我们还不能。"

至此，300年来的历史至少可以告诉我们以下几点：

第一，说经典力学的框架等于确定论、宿命论，无论是牛顿、拉普拉斯自己还是攻击他们的人，都是对运动的了解过分简单化了。因为近30年的研究表明，即使在经典力学运动方程中，便已包含了混沌解，包含了随机解。而这种简单化的根源是对于已有非线性方程解的复杂情况缺少认识所致。

第二，对解的复杂性的认识，依赖于求解工具的改进。奇怪吸引子是在计算机帮助下得到的。可以这样说，计算机引起了对运动方程解的复杂性的深入了解。可以想象“人类智慧觉醒的下一世纪”，也许预示着更为充分地应用计算机。

第三，即使今天，我们拥有的对方程的求解手段，特别是对非线性方程的求解手段还是十分贫乏的，我们几乎还没有什么普遍有效的办法去应付任何非线性问题。看来，科学的任务不仅包含提出和修改模型，提出和修改方程，对于非线性问题，发展求解手段，了解方程解的定性性质，已成为发展自然科学另一方面的重要而紧迫的任务。

第四，如果说从20世纪20年代开始的以爱因斯坦与玻恩为首的关于量子力学解释的争论，是关于客观世界中随机性和偶然性解释的分歧，那么，分岔受到人们注意以及混沌的发现，人们从中是否看到在分歧背后有可能达到新的统一的一线光明。就是说，在原先认为完全确定的方程中，一定条件下，人们得到了随机解。另一方面，在随机方程(例如薛定谔方程)在一定条件下趋于确定解，或者它是原先认为的确定问题的随机情形也未可知。现在，尽管有的作者在写文章中明确宣称自己拥护爱因斯坦或玻恩，但在他们的立论中，却都相互增加了许多共同点。

混沌的发现，宣告拉普拉斯的确定论的被推翻。有人会问，是不是混沌的发现，使所有的问题都变得不可预测。非也。拉普拉斯的确定论是说，所有的问题都由初条件确定，从逻辑上说，只要举出一样事情不是由初条件完全确定的，拉普拉斯的确定论命题就被否定了。混沌的发现正是这种情形。客观事物还是有大量的事物可以由初条件在一定范围内加以确定的。混沌的发现只是为以往对客观事物的简单化的理解，变得更丰富和更复杂而已。

总之，我们面对的是认识世界的一切事物，只有当我们的模型愈精确，方程愈完善，对解的了解愈全面，在一定情形下，能求解充分精确，则我们对自然界的认识会愈深刻。从另一方面讲，历史的经验告诉我们，在没有对问题的解有足够了解之前，切不可说大话，对已经得到的结果应当审慎地推广。力学一方面是工程技术的基础，而另一方面，力学作为人类认识整个宇宙万物运动的工具，它的历史任务迄今还远没有完结。

参考文献

[1] (美)H. S. 塞耶. 牛顿自然哲学著作选[M]. 上海外国自然科学哲学著作编译组，译. 上海：上海人民出版社，1974.

[2] (意)艾米里奥·塞格莱. 物理名人和物理发现[M]. 刘祖慰，译. 上海：知识出版社，1986.

[3] (苏)伏·恩·瑞德尼克. 量子力学史话[M]. 黄宏荃，彭灏，译. 北京：科学出版社，1979.

[4] (美)詹姆斯·格莱克. 混沌—开创新科学[M]. 张淑誉，译. 上海：上海译文出版社，1990.

[5] L. S. Feynman. Lectures on Physics, Vol. II, Addison - Wesley PublishingCompany, 1964.

[6] (美)E. N. 洛伦兹. 混沌的本质. 刘式达，等，译. 北京：气象出版社，1997.

[7] 李醒民. 激动人心的年代[M]. 成都：四川人民出版社，1984.

29 Chapter 力学同数学亲如手足[注]

1987 年，正好是牛顿的《自然哲学的数学原理》出版 300 周年。为了纪念这件事，《力学与实践》上发表了朱照宣教授的文章《牛顿《原理》300 年祭》。文中说："《原理》给出的运动定理和万有引力定律，不可能在中国固有的科学技术传统中得出。中国的历史文献中，始终没有加速度这种概念，中国的传统数学也没有为产生加速度和万有引力概念提供必要的工具——圆锥曲线理论……在欧洲，圆锥曲线理论这一工具是现成的，早在古希腊，阿波罗尼(Apollonius,约前 260—前 190)在他的《圆锥曲线论》专著中列出了 400 个命题……" 这段话生动地说明了力学的发展需要相应的数学的条件。

从另一方面，我们在俄罗斯数学力学家 B. И. 阿诺尔德的著名教科书《经典力学的数学方法》(齐民友译,1992 年高等教育出版社)的序言中看到："许多现代的数学理论都来自力学问题，后来才有了公理化的抽象形式，使它们很难读了。" 这又说明数

注：首刊于《力学与实践》，1997，19(3)：72－75。

学的发展同样是以力学的发展为条件的。

数学同力学两个学科的这种亲密关系，其实在古代许多力学家和数学家就认识到了。古人的许多精辟见解对我们现在处理数学和力学的关系，也还是有教益的。

意大利文艺复兴时期的著名艺术家和学者达·芬奇，虽然他留给世人的数学和力学的工作并不很多，但是他那种重视数学同力学结合的观点却是影响深远的。他认为："大自然按数学规律运转，自然界的力和动作必须通过数学的研究来探讨"。其实，文艺复兴时期的这种思想也不是新的，而是有它深远的历史渊源的。早在古希腊，大哲学家柏拉图(约前428—前348)就说过："数学是现实世界的核心"。这一思想将物理世界与数学紧密结合，一直是推动数学与力学发展的主导。

1543年，哥白尼划时代的天文著作《天体运行论》出版时，出版商在扉页上写了一小段广告，它的最后一句话是："没有学过几何的人，不准入内。"该书实际上是一本讲述天体运动学的书，这句话准确地说明了运动学与几何学的依存关系。

意大利文艺复兴时期的科学和技术，随着由罗马派来中国的传教士，也部分地被带到了中国。1607年(明万历35年)徐光启与传教士利玛窦合译了欧几里得《几何原本》的前6章，徐光启在序言中说："此书为益，能令学理者祛其浮气、练其精心，学事者资其定法、发其巧思，故举世无一人不当学……窃意百年之后，必人人习之，即又以为习之晚也。"中国的传统数学比较重视计算，而几何论证和逻辑推理是相对薄弱的。徐光启在这里大力提倡学几何学，虽然引起了一些反应，例如康熙皇帝就将《几何原本》读了12遍，但终于因为没有从教育制度上加以改革，仍然没能普及。现在看来，虽然民国以后在中学逐步开始讲授几何学，却依然不得不"以为习之晚也。"

1627年(明天启7年)王徵与传教士邓玉函(瑞士人)合译了力学著作《远西奇器图说》，这是我国出版的最早的力学著作。

这本书对数学同力学的关系阐述得非常好，书中说："造物主生物有数、有度、有重，物物皆然。数即算学，度乃测量学，重则此力艺之重学也。重有重之性理，以此重较彼重之多寡则资算学，以此重之形体较彼重之形体大小，则资测量学。故数学、度学，正重学之所必须，盖三学皆从理性而生，如兄弟内亲不可相离也。"此处重学、力艺即现今的力学，该书主要内容是静力学与简单机械。这段话把力学、算学(即计算、数学)、度学(即测量学、几何学)三者的亲密关系阐述和比喻得很好。书中还说："天下之学，或有全美，或有半美。不差者固多，差之者亦不少也。惟算数测量，毫无差谬。而此力艺之学根于度数之学，悉从测量算数而作，种种皆有理有法，故最确当毫无差谬者，惟此学为然。"这段话又将力学同数学、几何学之精确推理联系起来，所以认定力学是没有误差的学科，也就是今天所说的精密学科，因而它是完美的学科。在这里书中把追求精密同追求科学美结合在一起了。

经典力学的奠基人之一，牛顿在他的《自然哲学的数学原理》中，是这样说的："几何学是建立在力学的实践之上的，它无非是普通力学的一部分，能精确地提出并论证测量的方法。但因手艺主要应用于物体的运动方面，所以通常认为几何学涉及物体的大小，而力学则涉及它们的运动。在这个意义上，推理力学是一门能准确提出并论证不论何种力所引起的运动，以及产生任何运动所需要的力的科学。"从这里可见，牛顿在阐述力学与数学的关系时，也是继承了从古希腊到文艺复兴的传统说法，在这里他特别提到的是力学同几何学的关系。

从发展历史上来看，力学同数学的发展是同步的，或者说，有什么样的数学就有什么样的力学，反过来在一定的程度上也可以说有什么样的力学就有什么样的数学。力学的研究经常是要了解客观事物的质和量两个侧面，而质和量是不可分的。我们可以把从阿基米德开始在力学发展的不同阶段，力学与数学的关系的特点归纳如下：

从阿基米德到斯提芬时代，力学的研究内容是静力学。在几何方面的主要工具是欧氏几何。相应的计算工具是常量的代数运算。

从伽利略、惠更斯到牛顿、莱布尼兹的时代，力学研究的主要内容是自由质点的运动，特别是解决在引力作用下的自由质点的运动。在几何方面的主要工具是解析几何，特别是有关圆锥曲线的解析几何。在计算方面的主要工具则是引进了变量，发现了微积分，而且微积分的发现人牛顿与莱布尼兹自己也是著名的力学家，是那个时期的力学学科的开拓者。

从拉格朗日到哈密尔顿和雅科比时代，力学主要的研究内容是约束运动。在几何方面的主要工具是引进了 n 维空间的概念，后来经过黎曼的严格化，就是流形或黎曼几何。而在分析方面的主要工具则是引进了泛函的概念，并且发展了求泛函极值的方法，也就是变分法，拉格朗日自己就是早期开拓变分法的主将。

在 19 世纪 20 年代，以法国一批著名学者为代表的群体，如纳维、柯西等，发展了连续介质力学，即流体力学和弹性力学。与此同时相应地，在数学方面发展了偏微分方程的理论与求解方法。利用三角级数求解偏微分方程就是在这一时期发展的。

在 19 世纪末，力学又进入了一个重要的新阶段，这就是以庞加莱与李雅普诺夫为代表的发展动力系统的定性理论时代。定性理论与运动稳定性的研究本来是从天体力学中提出来的一个理论课题，之后发现在一切力学系统中，甚至在由一切非线性常微分方程决定的系统中都有普遍理论与应用意义。简单说，定性理论是研究系统解的性质随参数而变化的方向，例如有没有周期解的变化、有没有极限环的变化、解稳定与不稳定的变化等。相应的几何方面的主要工具就是拓扑学，而相应的计算工具是同伦与外微分等。至今经过了 100 多年的发展，它仍然是世界上都很关心的研究领域。

从 20 世纪 40 年代末计算机登上了历史舞台，特别是从 60 年代开始，计算力学形成独立的学科。这个学科更是力学、数学和计算机科学三个学科形成的交叉学科。力学、数学和计算机科学的结合使这三个学科都产生了新的活力，涌现了一批新问题，得到了一批新成果。

事实上，在人类历史上，我们可以举出一大串第一流的学者，他们既是力学家又是数学家。如阿基米德、伽利略、牛顿、莱布尼兹、欧拉、拉格朗日、哈密尔顿、柯西、拉普拉斯、庞加莱、柯尔莫戈罗夫等。

这些力学历史发展的事实说明，在力学发展的每一个关键时期，总是要同从前没有研究过的数量模型打交道，力学家并不是去坐等数学家去解决好了才动手工作，而是自己深入到数学中去发明新的数学工具，或者在与数学家的合作中加以解决。因此，在整个力学史上，许多开拓新领域的大力学家也同时是大数学家。即使是沿着他们开拓的路子前进的后继力学家，也必须熟悉前人发明的这些数学工具。

力学家之间的首创权之争[注]

30 Chapter

人类愈是文明、进步，人们给予历史上的大科学家、大文化名人的尊敬愈多些。这是因为这些人在生前不像大政治家、大财阀那样有权有势、炙手可热，相反却大多穷极潦倒，而且他们的贡献能够使全人类世代享用。像牛顿、爱因斯坦这样的大科学家、大力学家，全世界只要是受过中等教育的人，无人不知。他们受尊敬的程度，是任何一代皇帝、政治家、财阀等所无法比的。

然而也正是科学文化成果与名人得到的殊荣愈来愈多的时候，在一些科学家中却滋生了一种虚荣心，于是争夺成果的首创权的事情历史上屡见不鲜。在力学的发展史上引人瞩目的是关于万有引力定律牛顿同胡克的争议。

几百年来，各种书籍与教科书上都介绍说牛顿是1664—1665年在乡下躲鼠疫时，躺在苹果树下，看到苹果掉下来，受到启发而悟出万有引力的。然而事实的经过却要复杂得多。

开普勒的行星运动的三定律公布后(第一、二定律1609年、第

注：首刊于《力学与实践》，1997，19(4)：74－76。

三定律1619年发表)，天文界与力学界都在为探索天体运动的规律而研究在牛顿进行引力问题研究之前，已经有了一系列的工作。如：1638年伽利略发表了《关于两门新科学的对话》，其中总结了惯性定律，即后来称为牛顿第一定律。他通过对落体的研究确定落体加速度与重力成正比。这便是后来称为牛顿第二定律的落体表述形式。

1659年荷兰人惠更斯通过匀速圆运动给出了物体向心加速度与速度关系的公式。他与同时代不少人研究了碰撞问题，得到了动量与能量守恒的早期表述。实际上动量守恒包含了后来称为牛顿第三定律(即作用力与反作用力大小相等方向相反的定律)的早期萌芽形式。

1661年伦敦组织了一个研究重力特性的小组，参加者有波意尔、胡克等人。经过若干年后，1674年胡克发表论文，正式提出：太阳行星相互吸引、若无中心吸引天体将沿直线运动，物体距中心愈近，引力愈大。

1673年惠更斯根据开普勒第三定律推出，如果行星运动轨迹是圆，则引力与距离平方呈反比的结论。到1864年，在哈雷、雷恩、胡克讨论问题时，哈雷也宣布他可以证明惠更斯的上述结论。

至1684年，牛顿主要精力还不在引力问题上，而且从与他人的交流中看出，他对这个问题的了解还不得要领。例如，1679年他在给胡克的信中还说落体被地球吸引走的轨迹是逐渐趋于地心的螺线。而胡克回信纠正牛顿说，这条曲线应当是椭圆。而且直到1680—1684年间牛顿与胡克进一步交流后，才熟练地掌握了动力学的一些基本原理。

于是在牛顿着手这个问题之前，整个问题只剩下：如果行星在太阳引力下运动，并且设引力与距离平方成反比，运动曲线是什么？这样一个问题还没有解决。恰好正在这时，哈雷带着这个问题去求教于牛顿。也只有在此之后牛顿才全力投入这一问题的研究，并吸收了前述研究成果。

牛顿在数学上比他的前人胡克等略高一筹，他得以证明在与距离平方成反比的引力作用下，行星运动确是椭圆。这就使得开普勒定律与万有引力得到了协调。在牛顿加紧工作，并在哈雷支持下，牛顿的《自然哲学的数学原理》(下文简称《原理》)一书便在1687年出版了。在《原理》中，牛顿对全部力学定律与万有引力定律的叙述中较少提到前人的成果。胡克曾致信牛顿希望在他的《原理》的序言中，对他的劳动成果稍微提一下，却受到牛顿的断然拒绝，并写信给监督出版的哈雷说，他不想给胡克任何名誉。牛顿还宣布："关于重力按平方衰减的规律，他20年前就清楚了。"指的就是鼠疫期间的"苹果树下的思索"。而后人也恰好按照牛顿的这种说法在传播。

1955年，一位美国记者柯亨同爱因斯坦的谈话中，向爱因斯坦提及牛顿的这件事，爱因斯坦回答说："唉，那是虚荣"(见《爱因斯坦文集》第一卷,第620页,许良英等编,商务印书馆,1976年。)其实，牛顿的"虚荣"还表现在他为了独占微积分的首创权，默认莱布尼兹是剽窃他的成果的看法。并且暗中操纵调查委员会，甚至自己写匿名评议信评论以传播这种看法。(见《牛顿传》，(美)科恩著,葛显良译,科学出版社,1989年。)

顺便，我们还要提到这桩公案的另一方胡克本人，他也曾经和另外的人有首创权的争议。例如，1674年，荷兰人惠更斯发明了一只用弹性发条与摆轮为原理的表。胡克则指控惠更斯窃取了他的发明并于次年制造了一只表呈上英王，表上刻着1658年就有此项重要发明。胡克有时还为了此类发明首创权，将自己的发明日子提前。例如，他是1676年发表他的著名的弹性元件的胡克定律，后来却说他1660年就已经得到了这一发现。一般书上也是按照他的说法在介绍。所以我们今天学习科学史的人，很难弄清事实的真相——究竟哪些是事实？哪些是科学家的"虚荣"所加上的？

在近代也还会有各式各样的类似公案。冯·卡门(von Karman)(图1)一次提到关于卡门涡街的争议。(见《空气动力学发展》,江可宗译,科学技术出版社,1958年,第55页。),卡门是这样说的:"我并不宣称这些涡旋是我发现的。早在我生下来以前,大家已知道有这样的涡旋,我最早看到的是意大利 Bologna 教堂中的一张图画。图上画着 St. Christopher 抱着幼年的耶稣涉水过河。画家在 Christopher 的赤脚后面画上了交错的涡旋。有一个英国科学家 Henry Reginald Arnulpt Mallock (1851—1933)也已观察到障碍物后面交错的涡旋并且摄有照片。之后,还有一个法国教授 Henry Benard (1874—1939)在我之前作过关于这一个问题的大量研究。不过,他主要考察了各种富有黏性液体和胶悬溶液中的涡旋,并且他观察的角度是实验物理学的观点多于空气动力学的观点。虽然如此,他对这个涡系冠上了我的姓氏是有些嫉妒的。好几次,譬如1926年在 Zurich 和1930年在 Stockholm 召开的应用力学国际会议上,他一再声称他观察到这一个现象的事实。有一次我就答复他说,我同意在 Berlin 和 London 叫 Karman 街,而在 Paris 则应叫 Benard 路。"这段话告诉我们,在冯·卡门之前,已有不少人注意和研究涡街问题了。至于为什么叫卡门涡街,卡门说是他最早给出了涡的交错排列是稳定的证明。而且卡门的表述中也看出他比较豁达,既肯定了前人的工作,又提到他的独特贡献。较少有由于"虚荣"而引起的那种小气心理。

图1 冯卡门像

在整个力学史上,这种事例还可以举很多,但是众多的事例说明以下几点:

第一，大凡历史上的一些重要发现，同时研究发现的，一般来说不止一个人。不同人有不同角度的贡献。以万有引力的发现为例，他是集中了一代科学家的成果。所以美国历史学家维斯特法尔说："有时很像是：胡克的活跃思想的出现正是为了激发牛顿的冷漠天才的火花。"其实何止胡克呢？伽利略、开普勒、惠更斯、哈雷，不都是有着不可泯灭的功劳吗？

第二，科学史上天才和杰出科学家都有着比别人技高一筹的贡献。前文说，由于牛顿的数学比胡克好，最后较难的一步由他给解决了。所以在众多的科学家中牛顿享受更多的荣誉也是无可厚非的。

第三，对于现代人，从科学史中，我们一方面要学习前人在解决复杂问题时冷静分析，勇于创新的精神，同时应当克服与防止对待科学创新的"虚荣"心。应当充分肯定前人的成果，同时力图排除由于追求"虚荣"造成的假象。

31 Chapter 介绍朱照宣《牛顿原理三百年祭》一文[注]

我从事力学教学与研究近半个世纪，而且对力学史有特别的兴趣，曾经花了许多精力寻求与力学史有关的文献。经过许多年的探索和比较，我认为对理解近代中国的力学发展来说，有两篇经典文章。

第一篇是英国传教士傅兰雅(J. Fryer,1839—1928)在大约1890年前后写的《格致须知》中《重学》一卷的序言(图1)。他说："至于重学(早期对力学的译名)，不但今人无讲求者，即古书亦不论及，且无其名目。可知中华本无此学也。自中西互通，有西人之通中西两文者，翻译重学一书，兼明格致算学二理。"傅兰雅作为一个外国人，看法是客观的。他的话说明：第一，中国古代没有力学。第二，中国的力学是外国人送上门来的。后来的历史发展进一步说明的是，第三，即使是外国人送上门来，中国人接受也不痛快，甚至有时采取排斥的态度，接受的过程是缓慢和曲折的。不过傅兰雅只是描述了实际状况，而没有涉及问题的原因。

注：刊于《中国力学文摘》，2007，21(3)：39－43。

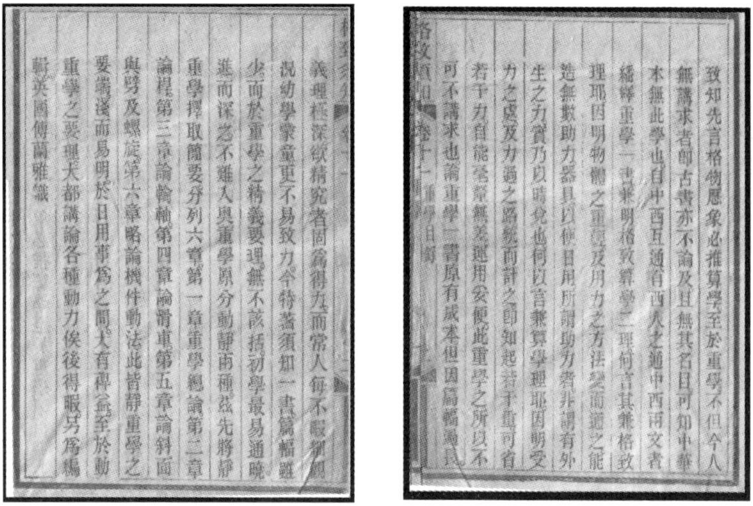

图1 《格致须知》中《重学》序言

第二篇文章就是朱照宣(图2)发表在1987年第5期《力学与实践》上，为纪念牛顿《自然哲学的数学原理》(下文简称《原理》)发表300周年的短文《牛顿原理300年祭》。这篇文章的重要性在于，第一次从内部解剖力学学科发展所需要的条件讨论问题。作者在简述牛顿《原理》的影响及对牛顿简要评述的同时令人信服地指出，牛顿总结的运动定律需要加速度的概念与圆锥曲线的性质，而中国没有，从而近代力学不可能产生在中国。

图2 朱照宣像

在此以前的许多学者，都是从哲学、社会学和政治等方面讨论问题。虽然也不乏精辟见解，但总给人说服力不强的感觉。更有人从庸俗的唯生产力论的角度讨论问题，简单地认为力学是从生产中来的，中国的生产力不够发达，所以力学就落后了。

朱照宣的文章也告诉我们，讨论科学发展的问题，不可机械地套用唯生产力论的教条。极限与圆锥曲线完全是思维的创造，并不是起源于生产。它启发我们去思考，中国没有推理数学的原因，是因为没有逻辑学。而逻辑学发展来源于辩论，中国的专制统治下不可能有辩论，所以逻辑学也就不可能发育。这使我们更深刻地认识民主与科学的内在关系。

力学是近代科学的领头羊，朱照宣的文章，在令人信服地说明中国不可能产生近代力学的同时，也间接地回答了所谓的李约瑟难题，即中国在近代为什么科学和技术落后了。

朱照宣的这篇文章最早被编入纪念牛顿《原理》发表300周年文集，原篇名为《牛顿的原理与力学》[1]，那时我正好担任《力学与实践》的主编，一看到这篇文章，就意识到它的重要性，请作者补充修改后把它放在该期的第一篇显著位置刊登。2003年7月在北京召开第一届力学史与方法论学术讨论会的会议文集中[2]又收入了这篇文章。以后我又在涉及中国近代力学的文章中，多次引用朱照宣的文章。特别是在2005年出版的《近代力学在中国的传播与发展》[3]一书，它基本上就是阐述以上说的两篇经典文献所提供观点的一本专著。

参考文献

[1] 戴念祖，周嘉华.《原理》——时代的巨著[M]. 成都：西南交通大学出版社，1988：54－57.

[2] 武际可，隋允康. 力学史与方法论文集[M]. 中国林业出版社，2003：44－47.

[3] 武际可. 近代力学在中国的传播与发展[M]. 北京：高等教育出版社，2005：7-8.

附：牛顿《原理》三百年祭

朱照宣

(北京大学)

牛顿(I. Newton,1642—1727)在1686年5月8日为他的《自然哲学的数学原理》(Philoso - Phia Naturalis Principia Mathematica)写了序言，在哈雷(E. Halley,1656—1742)的推动下，1687年《原理》正式发表。三百年来，人们对《原理》见仁见智，无可争辩的是，它对自然科学的发展，乃至整个人类文明，起着重大的历史作用。正是：

Nature and Nature's law lay hid in night;
God said, "Let Newton be", and all was light。

——波普(A. Pope,1688—1744)

意思是说，道法自然，久藏玄冥；天生牛顿，万物生明。

中国的力学科学是从西方引进的。阮元(1764—1849)编的科学家传记《畴人传》中列进了奈端(即牛顿)的名字，但只字未提其贡献。1859年，李善兰(1811—1882)翻译了《原理》的一部分，未能出版(现在《原理》的中译本是郑太朴译，1931年出版)，而《原理》中的基本结果，则在李善兰所译《重学》(即力学)和《谈天》(天文学)中有所阐明，逐渐在中国得到传播。

《原理》给出的运动定律和万有引力定律，不可能在中国固有的科学技术传统中得出。中国的历史文献中，始终没有加速度这种概念。中国的传统数学，也还没有为产生加速度和万有引力概念提供必要的工具——圆锥曲线理论。伽利略(Galileo Galilei,1564—1642)从自由落体运动规律中归纳出加速度的概念时，用到了抛物线的性质。牛顿从行星运动规律导出万有引力定律，需要用椭圆的性质。在欧洲，圆锥曲线理论这一工具是现成的，早在古希腊，阿波罗尼(Apollonius,约前260—前190)在他的《圆锥曲线》专著中列出了400个命题。在中国，椭圆的“椭”字(古文是提手旁)只是“拉长”的意思(如见《史记·平淮书》)，“椭圆”一词最早可能见于《测量全义》(1631年)和爱新觉罗·玄烨(康熙,1662—1722)主编《数理精蕴》中《几何原本》的节译本，而“抛物线”一词则在李善兰时期才有。以《原理》为代表的西方科学，促进了中国科学的发展，也冲击着中国的传统科学思维方法。

纪念伟大人物、伟大成就，通常以颂词为主，这里却想从另外的角度提出问题。

《原理》发表以来的三百年，牛顿力学经历了两个阶段。

前280年是一个阶段。那时认为由微分方程所确定的动态总是确定性的。发展的“顶峰”就是拉普拉斯(P. S. Laplace, 1749—1827)的决定论。从此“机械论”成为“力学观”的代名词。玻尔兹曼(L. E. Boltzmann,1844—1906)看到了它的缺点，在大量粒子运动的问题中提出统计力学的思想。但他得不到当时权威们的支持而感到抑郁以至自杀。随机论打进了物理科学王国，这对传统思想是个巨大的冲击。这种冲击连伟大的爱因斯坦(A. Einstein,1879—1955)也受不住，他深信上帝(指自然规律)不是在掷骰子。以后，人们认为“决定论”和“随机论”非此即彼，牛顿力学和统计力学之间是界线分明的。

后20多年则是另一个阶段。以卡姆定理[KAM是A. N. Kolmogorov(1903—)、V. I. Arnol'd(1937—)和J. Moser(1928—)三人姓氏合成]为代表的混沌理论揭示了决定论和随机论之间、牛顿力学和统计力学之间没有不可逾越的界线。混沌理论宣告了玻尔兹曼在这方面比爱因斯坦高明些。它还对玻尔兹曼的论证作了补充。不仅大量粒子的系统要用统计力学，两个自由度的保守系统也得用统计力学，连掷骰子本身也既是决定论的又是概率论的。它从根本上为牛顿力学摘除了“机械论”的帽子。

牛顿和莱布尼兹(G. W. Leibniz,1646—1716)发现了微积分。在前280年中，微积分和它的后继者(微分方程、变分方法、泛函分析等)成为研究力学问题有力的、不可缺少的数学工具。然而，在最近20多年来，由于计算机的发展，人们开始感觉到在离散型的数学方面，在有限数学方面，理论储备远远不够。也许这是前280年太偏重于连续的数学(力学中以连续统假设为前提)、无限小的数学，而计算机所能认识的则是离散的、有限的数学，同时又具有统观全局、不限于局部的能力。这个问题，也只是在新型的动力模型(如映射、点格自动机等)得到发展后才逐渐认识到的。

近年来，越来越多的人感到在物理科学中“还原论”(reductionism)方法的缺陷，主张在用分析方法(这从《原理》以来占统治地位)的同时，要附加综合的方法。他们甚至想到了中国的传统。例如普利高津(I. Prigogine,1917—)提出要把西方科学方法和中国科学传统结合起来。西方有些学者却“病急乱投医”，有的想从“本体论”(ontology)中寻找出路；更有的认为即使在社会科学领域中，也要让热力学第二定律把牛顿力学排挤出去。

我们对待牛顿的《原理》，对待《原理》以来的牛顿力学，是和对待牛顿其人一样，既不肯定一切，也不否定一切。太阳也有黑点。牛顿曾设想，按平方反比引力规律物体接近地球时将以螺旋线方式趋近地心(假设地球可以穿透)。1679年，比他年长的胡克(R. Hooke,1635—1703)向他提出，应是椭圆而不是螺旋线。牛顿接受了这个意见，并作出了数学证明。在《原理》发表时，胡克要求牛顿在序言中“提一下”此事，大牛顿断然拒绝，甚至给哈雷写信说不惜牺牲《原理》中的一卷，以致后来胡克控告牛顿剽窃他的成果。在和莱布尼兹在争微积分发现权时，牛顿曾在背后做了些小动作，此事在他身后200多年才被发现。这些事，使爱因斯坦十分震惊，他批评牛顿“爱虚荣”(见《爱因斯坦文集》,商务印书馆,第一卷,第620页)。一眚不能掩大德。牛顿晚年终于声称，他是站在巨人的肩上才看得远些，他只是拣石头的一个孩子。也许这是“人之将死，其言也善”，然而这终究是正确的认识论。我们正是以这样的认识论来看待牛顿力学、看待中国的科学传统方法。近20多年的科学揭露了牛顿力学中的一些新问题，我们不会因而抛弃《原理》以来的成果，正如相对论并非否定牛顿定律一样。我国科学传统方法中整体的观点、系统的观点远比西方的多些。但我们也不会忽视固有传统中的弱点。不然的话，为什么连椭圆也得从西方引进呢？我们还是采取分析批判的态度，扬弃(Aufheben)的态度。

《原理》其书、牛顿其人，千秋功罪，可以评说，我们的信念是：世界是可以认识的，没有不可认识的东西；认识世界的过程又是没有穷尽的，决不会有哪一天我们认识了宇宙的终极本体。真理总是以相对真理形式出现的，相对真理中又包含着绝对真理。无数相对真理的总和，就是绝对真理。

原载《力学与实践》，1987，9(5)：1－2。

一点后话

朱照宣

(北京大学)

1987年是牛顿《自然哲学的数学原理》出版三百周年。那年《力学与实践》编辑部(主编武际可)要我写篇纪念文章。同时，相关的纪念大会(工作组组长戴念祖)要我从力学角度在会上发言。这就是文献[1]、[2]的来由。我在文献[1]、[2]中说明中国的传统不可能产生牛顿力学，其根据有二：1) 中国没有瞬时加速度，即没有精确意义的加速度；2) 中国没有导出万有引力的必要数学工具——圆锥曲线。

关于加速度，戴念祖查遍中国古书，能找到的说明加速度思想最好的记载是《九章算术》卷七“良马驽马问题”。为读者方便，引《九章算术》的原文于下：

今有良马与驽马，发长安至齐。齐去长安三千里。良马初日行一百九十三里，日增十三里。驽马初日行九十七里，日减半里。良马先至齐，复还迎驽马。问几何日相逢及各行几何？

答曰：十五日一百九十一分里之四十六，驽马行一千四百六十五里一百九十一分里之一百四十五。

由于有答案，可以验证，题中认为马(良马或驽马)在同一天之内，是以均匀速度行驶的。如果用 $v-t$ 坐标表示，速度 v 随时间 t 的变化是台阶式的，而不是代表匀加速的一条直线。详细计算见文献[5]。因此，中国没有(瞬时)加速度。其实，中国连速度的概念也是停留在平均的意义上，中国没有瞬时速度。说“瞬时”，就涉及数学上的极限的概念。《庄子 · 天下》中惠施的“一尺之棰，日取其半，万世不竭”固然为人称颂，说有“极限”的思想，但未见其进一步的发展和实际的应用。相应中国战国(惠施,约前 370—前 310)时代的古希腊，却可轻易地用极限的思想算出矩形和内接抛物线图形面积之比是 3∶2。在西方，加速度概念创自伽利略(相应于明末)，并为牛顿所发展。在匀加速直线运动(如自由落体运动)中，表明路程和时间的关系就得用抛物线。从 Kepler 面积定律导出万有引力公式，要用椭圆的性质。抛物线和椭圆都是圆锥曲线(conic sections)。

关于圆锥曲线，中国也是从西方引进的，时间已在明末。在西方，它产生于古希腊。Hilbert 等在《直观几何学》(见文献[4])中有一段文字说明古希腊三种圆锥曲线时是很清楚它们之间内在联系的。

圆锥曲线的希腊名词是根据曲线对于准线的关系而来的。这是说，对于椭圆 ν(指圆锥曲线的离心率 eccentricity)不足 1(ελλειπειν)，对于双曲线超过 1(νπερβαλλειν)，对于抛物线正好是 1(παραβαλλειν)。

可见，在希腊名称中，三种圆锥曲线的字头分别是"亏"、"超"和"齐"。今天，从英文字头还可看到其遗迹：hyperbola 的 hyper 和 parabola 的 para(希腊字母 παρα)。而在中国，明末从西方引进时(1631 年)用的译名是按象形：陶丘形(双曲线)、圭窦形(抛物线)、椭圆，其中的椭圆沿用至今。"椭"，原来的写法是提手旁或者没有偏旁的"隋"，是拉长的意思。《考工记》中则用"椑"(读 pi,文献[2]中误为"稗")来说明这种拉长的圆。这些都不是数学上的椭圆，古希腊的椭圆则由平面和圆锥面相截而得。今天我们所用三种圆锥曲线的汉字名词，也反映不出它们之间的内在关系。关于亏曲线、超曲线和齐曲线的意义，更详细的内容可见文献[5]。

古希腊对圆锥曲线和极限的娴熟运用，可以从阿基米德(前 287—前 212)解出的下面两个命题(载其全集)看出：(1)一抛物线和两平行线(不必垂直于抛物线的轴)围成一曲边"梯形"，阿基米德给出这个梯形重心的位置；(2)回转抛物面和垂直于其轴的平面围成一"抛物体"，如果这个抛物体是均匀的且轻于水，阿基米德给出了浮体稳定(不会倾斜或翻身)的条件，即解决了它的重心低于浮心的条件。这在同时代的中国(战国或秦)，当然是望尘莫及的。

没有加速度，没有圆锥曲线，中国不会产生牛顿力学，自在意中。

QED(即欲所证)

参考文献

[1] 朱照宣. 牛顿《原理》三百年祭, 力学与实践, 1987, 9(5): 1-2. (后收录于《力学史与方法论文集》.)

[2] 朱照宣. 牛顿的《原理》与力学[M]//戴念祖, 周嘉华. 《原理》——时代的巨著. 成都: 西南交通大学出版社, 1988: 54-57.

[3] 戴念祖. 中国力学史[M]. 石家庄: 河北教育出版社, 1988: 102-105.

[4] D. 希尔伯特, S. 康福森. 直观几何学[M]: 上册. 王联芳, 译. 北京: 高等教育出版社, 1959. (原文为德文, D. Hilbert u. S. Cohn-Vossen, Anschauliche Geometrie, Springer, 1932.)

[5] 克莱因. 古今数学思想[M]: (I). 张理京, 张锦炎, 译. 上海: 上海科技出版社, 1979: 102-104. (原文为英文, M. Kline, Mathematical Thought from Ancient to Modern Times, Oxford Univ. Press, New York, 1972.)

32 Chapter 中国古代为什么没有力学[注]

在前面《介绍朱照宣〈牛顿原理三百年祭〉一文》中，我们曾经提到中国古代没有力学。力学是自然科学中最早精确化的学科，现代自然科学可以说是从力学开始的，而且，直到19世纪末，精确的自然科学可以说主要就是力学。由此从一定的意义上也可以说，中国古代没有精确的自然科学。所以英国哲学家A. N. 怀特海(图1)说："从文明的历史和影响的广泛看来，中国的文明是世界上自古以来最伟大的文明。中国人就个人的情况来说，从事研究的禀赋是无可置疑的，然而中国的科学毕竟是微不足道的。如果中国如此任其自生自灭的话，我们没有任何理由认为它能在科学上取得任何成就。"[1]

从元明以后，中国的科学技术为什么会长久地落后于西方，这一直是近代中国知识分子讨论的不尽的话题。其实，在元以前，所谓中国科学技术的先进，也是主要指技术的先进。在中国历史

注：本文最早在2003年8月9日~10日在北京工业大学召开的中国力学学会力学史与方法论专业委员会成立与力学史与方法论研讨会上宣读，并收入会议文集中。

上直到现今，从来是把科学与技术不加区分的，笼统地称为科学技术。其实，任何科学不发达的民族，在古代都是有技术的。所以我国学者顾准(1915—1974)(图2)说：“中国思想只有道德训条。中国没有逻辑学，没有哲学。有《周髀算经》，然而登不上台盘。犹如中国有许多好工艺却发展不到精密科学一样。”[2]

图1　怀特海像

图2　顾准像

爱因斯坦说过：“西方科学的发展是以两个伟大的成就为基础的，那就是：希腊哲学家发明形式逻辑体系(在欧几里得几何学中)，以及通过系统的实验发现有可能找出因果关系(在文艺复兴时期)。”[3]怀特海说：“希腊终归是欧洲的母亲。”[1]一般说来，从世界范围来讲，现今自然科学的起源，认为是来自古代希腊的，特别是古希腊的逻辑学。为了弄清楚中国古代为什么没有力学，从而没有精密科学，为此我们要回顾一下古代希腊自然科学的情况。

古希腊的科学，为什么在人类历史上占有最为辉煌的一页，从根本上来说是由于在古希腊存在过数百年贵族的民主制。

古希腊是由许多独立的城邦所组成的。大约从公元前800年到公元前100年，希腊在政治上实行贵族民主政治制度。城邦的军事首领是国王，但国王的权力被加强的长老会削弱或制约。间或有些野心家(僭主)征服了其他城邦，建立了僭主制政治(Despotism)。所以古希腊实际上是民主制和僭主制交替出现的政治。即使出现了僭主政治，僭主的权力也无法和后来欧洲的君主以及中国的皇帝相比的。因为，第一，僭主的称号就是一个带有贬义的词，表明他的权力是不合法得到而是窃取的；第二，这种权力不可能自然地由他的子孙继承；第三，大都不能长久而被贵族的寡头政治或民主政治代替。

由于古希腊实行的是以贵族的民主制为基础的政治，所以在决策和决定事情时，主要靠辩论来说服参与决策人以获得多数。长达700年的民主政治氛围中，产生了许多辩论家。由于辩论的普及，就发展了进行辩论所必须遵从的规律以及怎样在辩论中取胜的学问，这就是逻辑学。亚里士多德的著作《工具论》是古希腊逻辑学的大成。由于逻辑学的发展，古希腊产生了推理的数学。世界上的文明古国都有自己的数学传统，有埃及的古数学，有印度的古数学，有中国的古数学，然而产生推理数学的唯一的地方只在古希腊。而欧几里得的《几何原本》是古希腊推理数学的巨著。阿基米德关于力学的著作则是古希腊推理数学和力学相结合从而产生现代精密科学萌芽的典范。17世纪欧洲产生的以力学为开端的现代自然科学正是继承和发扬了以阿基米德为代表的古希腊科学传统的结果。古希腊被罗马灭亡后幸亏有阿拉伯人翻译和保存了古希腊的科学文献，才使后来在欧洲文艺复兴中重新发挥作用。

古代中国为什么没有力学，从而也就没有精密自然科学呢?从根本上来说，是因为中国长达数千年的封建集权统治。

中国不仅集权制延续了很长的历史，而且愈到后来有愈益强化的趋势。如果说在商周时代，大事的决定靠占卜、大臣的意见、皇帝的意志三种结论，以多数来决定，皇帝尽管是最高统治者，但是还是要受一些制约。

春秋战国时代，中国曾经有过一个许多小国割据的局面，不过武力兼并的结果，建立了秦的一统集权天下。紧接着是秦始皇的焚书坑儒和汉武帝的罢黜百家独尊儒术，皇帝可以独断专行，封建集权延续了数千年之久。

在封建的集权统治下，一切言行是依“三纲”(即君为臣纲,父为子纲,夫为妻纲)为标准，即使你的“纲”说得毫无道理也得绝对服从，没有丝毫辩驳的余地。何况还有“三年不改父制谓之孝”等一系列死人统治活人的教条。

如果说，欧洲的文艺复兴运动是对古希腊民主和科学的复兴，从开始的文学上歌颂人文主义蔑视神权，到 14、15 世纪，欧洲的神权和君主专制摇摇欲坠，从而迎来了 17 世纪的科学繁荣。与此相对照的是，在同一个时期中国正好是明朝，封建的集权制在朱元璋取得政权后被空前野蛮地强化了。1380 年，朱元璋以谋反罪杀丞相胡惟庸，株连达一万五千人，并借机取消了宰相，大权由皇帝独揽。文字狱，是几千年封建统治者对知识分子迫害的一种方式。从朱元璋开始，延续至朱元璋之后的数百年，文字狱被发展到最为残酷的地步。朱元璋加强了特务政治，组织了锦衣卫，直属皇帝指挥，专管监视和处置大臣，对大臣首开“廷杖”进行侮辱处罚。作为奴隶社会的特征，我国的人殉制在秦汉以后便逐渐消失了，而朱元璋却恢复了野蛮的人殉制(图 3)，1397 年(洪武三十年)朱元璋死，殉葬的嫔妃达 46 人。

集权制的第一个恶果，使中国不可能产生精密科学所需要的逻辑学，从而也就没有推理的数学。

在春秋战国，中国也出现过一个阶段的文化繁荣时期，那时舌辨之风也很盛行。相应于这种短暂的辩论风气，也出现了像《墨经》中叙述的逻辑学的萌芽。《墨经》中的逻辑学同《工具论》中的逻辑学是无法同日而语的。后者已经十分完备，以致于 1787 年德国哲学家康德在他的《纯粹理性批判》的序言中说，从亚里士多德以来，“逻辑学没有能前进一步，因此看起来，逻辑

图 3　南京朱元璋之墓与人殉陪葬的明孝陵

似乎是完成并且结束了。”在集权制之下，一切重要决策都是由皇帝说了算，“朕即真理”，没有辩驳和争论的余地，也没有“公理”、“定义”、“推论”等的必要。

逻辑学对于精密科学的重要性，可以从严复在介绍逻辑学时说“是学为一切法之法，一切学之学”[4]中看出。美国汉学家费正清认为中国科学未能发展同中国没有订出一个更完善的逻辑学有关。在没有逻辑学的条件下，中国的数学始终只停留在计算上，所以中国自古把数学称为算学。中国的数学缺少推理和论证的部分。而推理和论证正是精密科学所必不可少的。以牛顿用万有引力去解释行星运动来说，他必须用到加速度和圆锥曲线的概念。在西方，早在古希腊，公元前 200 年就有了阿波罗尼(Apollonius，前 262？—前 190)的《圆锥曲线论》重要著作，其中包含了有关圆锥曲线的 400 多个命题，详尽地探讨了圆锥曲线的各种性质。而中国的传统数学是没有圆锥曲线的。直到清末圆锥曲线的概念才由西方传教士带进来。

集权制的第二个恶果，封建的集权制不可能造就现代科技发展的外部需求条件，即没有也不可能形成市场经济。

由于没有市场的需求，中国的许多发明创造不能受到全社会的注意，相当多的发明只是为了满足皇权和宫廷的需要。如，和力学有关的发明被中香炉、水运仪象台、记里鼓车等都先后失传，我国四大发明之一的火药，长期被用在焰火和爆竹上，而没有用在为了扩展市场所需要的武器上。另外还由于皇权的需要，把某些研究领域列为禁区，不许一般人涉猎。如天文学，在秦汉以后，历朝历代都不许民间研究，天文著作被列为禁书，不许民间刻印和私藏，我国古代的许多天文著作也便失传了。所以英国学者李约瑟说："无论谁想要解释中国社会未能发展出近代科学的原因，那他就最好是从解释中国社会为何未能发展商业的以及后来的工业资本主义入手。"[5]

在集权制之下，有时，皇帝也主张"休养生息"、"民殷国富"的政策，注意发展生产。一些学者认为，生产发展了便会自然地进入资本主义，形成市场经济。顾准说得好："我们有些奢谈什么也可以从内部自然生长出资本主义来，忘掉资本主义并不纯粹是一种经济现象，它也是一种法权体系。法权体系是一种上层建筑，并不是只有经济基础才决定上层建筑，上层建筑也能使什么样的经济结构生长出来或生长不出来。"（见文献[2]第318页。）

事实上，到了清朝末年，在中国也产生了一些大商人，但由于强大与狡猾的封建集权统治，这些商人只能作为皇权的附庸，而不能影响当局的政策，更不能动摇皇权的统治。这些商人也只能依靠贿赂的手段，从封建集权那里换得一点点可怜的经营权利。李约瑟说："资本主义这种社会制度是中国人民从来不习惯的，不需要的，而且愈来愈不愿意接受的。"其实与其说是人民不习惯的，毋宁说是当权者或者说集权的体制所不容纳，所以直到近几年才允许公开在文字上提出市场经济，至于要达到发育的市场经济，那还需要一段长时期的努力。

集权制的第三个恶果，在集权统治下，从理论认识上形成鄙视科学技术的传统。

由于强大的集权统治，中国的知识分子，自古就分为两大类。一类是依附于统治者，走向上爬“学而优则仕”的路。另一类是远离统治者，走逍遥出世的隐士道路。这两种道路的知识分子，各自形成自己的理论系统。

孔、孟为代表的儒家学说，是走前一条路的理论基础。所谓“修身、齐家、治国、平天下”、“己欲达则先达人”、“忠、恕”、“仁、义”等一系列说教都是为这条道路服务的。

儒家的经典著作《尚书》中，在批判商朝的皇帝纣时说他“作奇技淫巧，以悦妇人”。孔颖达注解说：“奇技谓奇异技能，淫巧谓过度工巧，二者大同。但技据人身、巧指器物为异耳。”这里“以悦妇人”泛指宫廷游乐。中国传统上视科学技术为“奇技淫巧”就是从这里来的。实际上，在集权统治下，是有一批人想靠进献发明以图皇帝嘉许达到作官的目的的。古代有许多发明，在没有市场经济的需求下，只能作为宫廷游乐之用。例如与力学有关的发明——被中香炉、孔明灯、轮船、爆竹、火箭、焰火、风筝、竹蜻蜓、编钟等都是这样的。上述儒家著作的观点，认为靠这种发明以求晋升的路子是一条不足取的道路，不是仕途的正道。

以老、庄为代表的道家学说是为隐士道路服务的。主张“清心寡欲”、“无为而治”。

他们主张“无为”到什么程度呢，在《庄子·外编·天地》中有一段：“子贡南游于楚，反于晋，过汉阴见一丈方将为圃畦，凿隧而入井，抱瓮而出灌，滑滑然用力甚多而见功寡。子贡曰：‘有械于此，一日浸百畦，用力甚寡而见功多，夫子不欲乎?”为圃者仰而视之曰：‘奈何?’曰：‘凿木为机，后重前轻，挈水若抽；数如泆汤，其名为槔。’为圃者忿然作色而笑曰：‘吾闻之吾师，有机械者必有机事，有机事者必有机心。机心存于胸中，则纯白不备；纯白不备，则神生不定；神生不定者道之所以不载也。吾非不知，羞而不为也。'子贡瞒然惭，俯而不对。"

这段话深刻反映了道家对于技术革新的无为态度。为了要保持"道"的"纯白"，连任何先进的工具都羞于使用。更不用说去勤奋地进行科学技术研究了。

在周朝的著作《易经》中有一句话："备物致用，立成器以为天下利，莫大乎圣人。"孔颖达注解说："备天下之物招致天下之用，建立成就天下之器，以为天下之利，惟圣人能然。"中国从古就有很强的"学以致用"的传统，大概就是从这里开始的。在这种认识指导下，人类活动唯一的目的是为了"应用"，认识与发现自然规律的活动是没有任何地位的。也就是说，你要是作一件什么事，他就要问"有什么用"。如果你回答不出有什么用，就被认为是"无的放矢"，这被认为是反对科学研究的最有力的武器。何况这里的"应用"经常被解释为爵位的晋升、财源的开发等。

总之，在集权统治之下的知识分子，不论是在朝的还是在野的都不屑于科学技术。鄙薄科学技术是他们共同的认识。即使是重视技术的人，也不过是重视器物的应用，而认知科学是没有地位的。这就是集权制之下轻视科学技术的认识上的根源。

第四，在集权统治之下，形成了一套完整的教育体系，这就是科举制度。中国的科举制度始于隋朝，完善于唐。迄今已经有一千多年的历史。

科举制度把读书研究学问同当官紧紧地绑在一起。它与其说是一种教育，倒不如说是一种为了训练皇帝统治下民的奴才而服务的。科举制度要求人们从小读四书五经，钻研当官术，学习写作对皇帝歌功颂德的文章。到了集权制被空前强化的明代，这种文章发展定型为八股文。八股文造成中国颂古非今、褒上贬下、空洞无物的文风。在科举制的形成的初期，唐代的科考内容中，也曾经列入过算学，后来就再也没有实施过考试涉及科学技术的内容。这些都严重地影响科学技术的传播与发展。

在明末，意大利人利玛窦与徐光启(图4)合译了西方数学名著《几何原本》。徐光启深感这种知识在中国普及的必要，他在序言中说："此书为用极广，在此时尤所急需"，它"能令学理者祛其浮气、练其精心；学事者资其定法，发其巧思，故举世无一人不当学。"他预言说："窃意百年之后，必人人习之。即又以为习之晚也。"可惜他的这些话二百多年，在集权制度下的科举制度系统中，没能实现，一直到清末李善兰在同文馆中成立了算学馆，才规定《几何原本》为必读书。至于将几何学、包含牛顿力学的物理学作为普及教育的内容，那是推翻清朝以后的事。果然是"习之晚也"。

图4　徐光启像

所以近代中国的许多改革的思想家都提出革除科举改革教育的主张。严复批判科举制度"八股取士，使天下消磨岁月于无用之地，堕坏志节于冥昧之中，长人虚骄，昏人神智，上不足以辅国家，下不足以资事畜，破坏人才，国随贫弱。"[6]梁启超则指斥"八股和一切学问不相容，而科学为尤甚。"并呼吁"变法之本在育人才，人才之兴在开学校，学校之力在变科举。"[7]

第五，在中国封建集权制之下，皇帝因为拥有无上的权威而妄自尊大。哪怕是一个笨蛋，一旦登上金銮殿坐到皇帝宝座上，便变成什么都懂、什么都行的全才。他的话便是"金口玉言"，人们就得俯首贴耳。这就培养皇帝以一种愚昧的优越感自居，把自己称作天子，把自己统治的国家称为天朝上邦，把别的国家和民族一概贬斥为蛮夷。这一点，在明末利玛窦一来到中国便有明显的感觉。他评论说："因为不知道地球的大小而又夜郎自大，所以中国人认为所有各国中只有中国值得称羡。就国家的伟大、政治制度和学术的名气而论，他们不仅把别的民族都看成是野蛮人，而且看成是没有理性的动物。在他们看来，世界上没有其他地方的国王、朝代或者文明是值得夸耀的；这种无知使他们越骄傲，一旦真相大白，他们就越自卑。"后来的历史发展证明利玛窦的评论是很得当的。

中国原来没有力学，但是如果能够虚心向外国学习，还是能够很快学会的。然而，这种夜郎自大、闭关锁国的狂妄和对于外来的学术一概排斥的态度，导致了数百年来我国的力学一直落后。迄今为止这种影响也很难说已经得到了廓清。

通过以上的讨论，我们可以作结论：中国古代没有力学，从而没有精密科学，是和当时中国的集权统治紧密相连的。就是说，愚昧是和专制相连的。所以在辛亥革命之后，以陈独秀为首的革命知识分子，喊出了"民主与科学"的口号。科学是和民主共生的，没有民主就不可能有现代科学。现在我们重温这些历史事实，还是有现实意义的。

参考文献

[1] 怀特海. 科学与近代世界[M]. 何钦，译. 商务印书馆，1997.

[2] 顾准. 顾准文集[M]. 贵阳：贵州人民出版社，1994.

[3] 爱因斯坦文集[M]. 第一卷. 许良英，范岱年，编译. 商务印书馆，1976.

[4] 缪勒. 缪勒名学[M]. 严复，译. 商务印书馆，1932：3.

[5] 李约瑟. 中国科学传统的贫困与成就[J]. 科学与哲学, 1982, 第一辑, 35.
[6] 王栻. 严复集[M]. 北京: 中华书局, 1986: 43.
[7] 梁启超. 中国近三百年学术史[M]. 北京: 中国书店, 1985: 28.

33 Chapter

早期中国的力学是外国人送上门来的

19 世纪末在中国致力于介绍翻译西方科学著作的英国人傅兰雅(J. Fryer,1839—1928)(图 1)于 1890 年前后，在他编写的《格致须知》中《重学》一卷的引言中，有如下一段话：

"至于重学，不但今人无讲求者，即古书亦不论及，且无其名目。可知中华本无此学也。自中西互通，有西人之通中西两文者，翻译重学一书，兼明格致算学二理。"

图 1　傅兰雅像

傅兰雅的这段话说明：第一，中国古代没有力学。第二，中国的力学是外国人送上门来的。后来的历史发展进一步说明的是，第三，后来的事实说明，即使是外国人送上门来，中国人接受也不痛快，甚至有时采取排斥的态度，接受的过程是缓慢和曲折的。

在这里我们首先来介绍傅兰雅的情况。傅兰雅是来自英国的一位传教士，1861 年 7 月从英国到达香港，在英国一所教会学校任校长。1863 年，为了进一步学习汉语，他辞去了香港的工作，到北京担任同文馆的英文教习。后来又到上海的一所教会学校任教师。工作之余他还担任《上海新报》的编辑，介绍一些西学。从 1868 年傅兰雅到上海江南制造局任译员，这位传教士便以在华推行西方科学知识为主要事业，到他 1896 年离开中国到美国定居，其间 28 年，他为在中国传播西方科学技术呕心沥血。他的主要贡献是：

翻译了大量西方科学著作，一生共译书 129 种之多，遍及基础科学、应用技术、军事、社会科学各方面，其中也包括力学，当时称为重学。他创办了中国第一份科学普及杂志《格致汇编》；创办了中国第一家科技书店，在中国约近 40 座城市有代销点，出版和销售的书籍达千余种，数十万册；参与创办中国第一所科学普及学校——格致书院。傅兰雅还编写了《格致须知》、《格致图说》等普及科学技术的教科书 42 种，这些教科书在中国早期颁行的新学制的学校中影响很大，有许多被新学校采用为教科书。

1896 年，由于妻、子到美国定居，傅兰雅到美国在伯克利大学任东方语言文学教授，1902 年任系主任。1913 年退休，1928 年逝世。即使是在美国工作期间，傅兰雅仍心系中国，多次重访中国，介绍和帮助中国的留美学生。1911 年他捐银 6 万两，建立上海盲童学校，这是中国的第一所正式的盲童学校。1915 年，他在美国家中与前来参加博览会的黄炎培带有深情地说："我几十年生活，全靠中国人民养我，我必须想一办法报答中国人民。"他办了盲童学校，并且安排儿子在美国学习盲童教育，然后派来中国教学。傅兰雅，这是一位把毕生的精力贡献给中国人民的科学技术事业的西洋人。他就是一位真诚把现代科学技术送上门来的西洋人。

傅兰雅尽管把一生的精力贡献给中国人民的科学技术事业，但是由于中国的传统势力太强，进步太慢。所以他也有苦恼。甲午战争失败之后，他说："外国的武器，外国的操练，外国的兵舰都已试用过了，可是都没有用处，因为没有现成的、合适的人员来使用它们。这种人是无法用金钱购买的，他们必须先接受训练和进行教育。……不难看出，中国最大的需要，是道德和精神的复兴，智力的复兴次之。只有智力的开发而不伴随道德的或精神的成就，决不能满足中国永久的需要，甚至也不能帮助她从容应付目前的危急。"

傅兰雅的话是他在华30多年的深切体会。其实从明末起到20世纪初的200多年的发展，也体现了这种情况。我们不妨就力学在中国的传播作一回顾。

最早把西方的科学技术送上门来的是明末意大利传教士利玛窦(P. Matthoeus Ricci,1552—1610)(图2)。他于1583年来华，给中国人带来了世界地图、自鸣钟，还有一系列天文和数学书。他与徐光启共同翻译了《几何原本》的前6章，还与李之藻合作编写了《同文算指》、《圜容较义》等书，分别介绍西方的笔算和天文。

不过利玛窦和后来的传教士介绍科学技术，其主要目的当然还是为了传教。利玛窦在1605年向罗马教廷写道："如果能有一位天文学家来到中国，我们可以先把天文书籍译成中文，然后就可以进行历法改革这件大事。作了这件事，我们的名誉可以日益增大，我们可以更容易地进入内地传教，我们可以安稳地住在中国，我们可以享受更大的自

图2　利玛窦像

由。”1735 年，法国传教士巴多明(P. Dominicus Parreniu)在通信中写道：“为了吸引他们的注意，通过自然科学知识赢得他们的尊敬是必要的，他们在这方面简直毫无所知和抱有殷切的希望。”

后来，确实是按照他们确定的方针发展的。一大批懂得西方科学技术的传教士来华。他们带来了西方先进的数学、天文学和力学。还带来了大批介绍西方科学技术的书籍。这些人得到了中国一批渴望吸收西方科学技术的积极分子的配合，进行了一些书籍的翻译和出版。如 1627 年出版了由瑞士传教士邓玉函(Terrenz,Jeannes,1576—1630)口授，华人王徵笔录的《远西奇器图说》一书，是最早介绍西方力学的著作。1606 年来华的意大利传教士熊三拔(P. Sabbathinus de Ursis)与徐光启译成《泰西水法》介绍西方的水利工程，其中有一些流体力学的知识，后被收入徐光启编的《农政全书》中。1610 年来华的法国传教士金尼阁(P. Nicilaus Trigault)返回罗马，于 1620 年二次来华时携带 7000 多部西方书籍。

对于传教士送上门来的科学技术和西方书籍，一部分人采取积极的态度。如王徵在《远西奇器图说》(图 3)的序言中说：

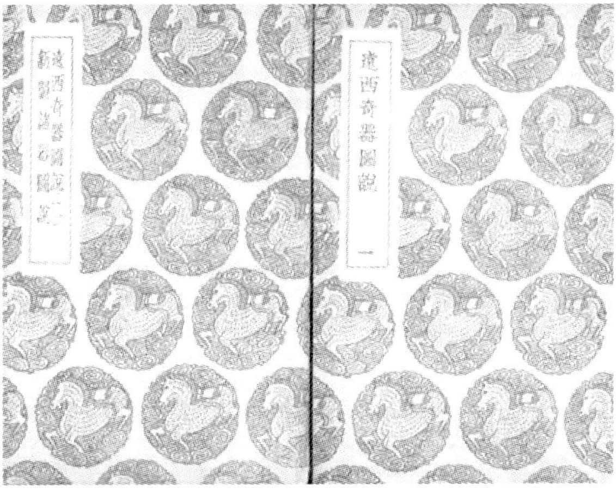

图 3　商务印书馆重印《远西奇器图说》的封面

“《奇器图说》乃远西诸儒携来彼中图书，此其七千余部之一支，就一支中，此特其千百之什一耳。”他还说在听了传教士的介绍后：“令人心花开爽”而“私窃响往。”所以求邓玉函口授，学习并笔录成书。

杭州人李之藻，除了译书外，还自费出版这些译著。他1730年完成了《天学初函》丛书的编印工作。这套丛书由20册组成，上编10册是关于天主教教义方面的，下编10册是关于自然科学方面的，包括《泰西水法》、《几何原本》、《测量法义》、《简平仪说》、《勾股义》等。

到了清朝，人们对传教士的所长采取有分析的吸收，取其所长，去其所短。例如在1782年编纂的《四库全书提要》在对李之藻《天学初函》的按语中说：“西学所长在于测算，其短在于崇奉天主，以炫惑人心，所谓自天地之大，以致蠕动之细，无一非天主所手造。”

不过这种对西方科学技术抱积极吸收的态度的人，毕竟是少数。更多的人和在更多的时候是采取消极的或排斥的态度。从17世纪初的明末到19世纪尾的清末，偌大一个中国，丝毫没有学习外语的积极性，竟没有一个人学会外语直接从外文翻译西方著作，就是最有力的说明。在这长达200多年的历史时期中，所有翻译西方的著作，都是由外国人学会汉语即“西人之通中西两文者”口授，中国人笔录而成。所有的西方学术的确是外国人主动送上门来的。而且中国人对这些东西还是采取鄙视或仇视的态度。

对于排斥西方科学技术的说法，我们举一位作者在文中说：“今按彼自鸣钟，不过定刻漏耳，费数十金为之，有何大益？桔槔之制，曰人力省耳。乃为之最难，成之易败，不反耗金钱乎？”这是从新技术是浪费方面来说的。另一位作者排斥外国的历法是从它违反中国固有的法律和传统说的：“彼云国中首推算历数之学，为优为最，不同中国明经取士之科，否则非天主教之诫矣。

不知私习天文伪造日历，是我太祖成令之所禁，而并严剞劂其书者也。假令我国中崇尚其教，势必斥毁孔孟之经传，断灭尧舜之道统。费经济而尚管占，坏祖宗之宪章可耶。”

如果说，从明末到清初，直至康熙皇帝，尽管时紧时松，西方的传教士还被允许一方面传教，一方面传播西方的科学技术。到了1721年，雍正皇帝即位，开始执行排斥洋教的政策。除钦天监留用少数懂天文的传教士外，所有外国传教士一律驱赶到澳门看管。他们认为允许传教会最终动摇他们的集权统治。雍正皇帝在驱赶洋教士前，事先打招呼说：“当明万历初，利玛窦来中国也，当时教士不多，不若现在若是众多，及至教堂之遍及各省也，……试思一旦如此，则我等为如何之人，岂不成尔等皇帝之百姓乎？百姓惟尔等是从；虽现在不必顾虑及此，然苟千万战艘，来我海岸，则祸患大矣。”由于雍正的这种“高瞻远瞩”，西方的传教被认为是“邪教”，许多教堂被查封，传教活动被宣布为非法，从此中国就再也没有传教士活动了，传教士传播西方科学技术的活动也便中止。后来由于政府和百姓的通力合作，在清朝后来的一百多年里，排斥传教，杀传教士的纠纷始终没有停过。著名的英法联军和八国联军战事，开始也都或多或少是和教案有关的。其实著名的太平天国起义也是受西方传教的影响而发展的。

对于康熙皇帝使用洋教徒而雍正皇帝之后的驱赶洋教徒，清人复农氏和杞庐氏有一首竹枝词说：

圣祖当年用楚材，远人恭顺敢生猜。而今驱遣同羊豕，疑是晴天霹雳来。

不管怎样，西方的科学技术，在禁止“邪教”的同时也被禁止了。从雍正一直到1840年鸦片战争的一百多年里，中国就再没有敢于向西方学习科学技术了。又由于对内文字狱的发展，知识分子在总体上，就没有对现实问题感兴趣的研究，而陷入考据中去了。这就是著名的乾嘉学派。即乾隆、嘉庆两朝的对古书章句和古董的考据研究所形成的学派。

鸦片战争的失败，使一些有识之士看到，必须向西方学习，提出“师夷制夷”的口号。不过，时间已经过去了一百多年了，西方的力学和其他科学技术学科，也大都是在这一百多年中发展成熟的。如果在康熙时期，中国同西方在科学技术方面的差距还不十分大的话，鸦片战争后在科学技术方面，中国对西方的落后就不可同日而语了。

参考资料

[1] 熊月之. 西学东渐与晚清社会[M]. 上海：上海人民出版社，1994.

[2] [法]J·谢和耐. 中国文化与基督教的冲突[M]. 于硕，等，译. 沈阳：辽宁人民出版社，1989.

[3] 邓玉函口授. 远西奇器图说[M]. 王徵，译述. 上海：商务印书馆，1936.

作者的话

From the author

1959年，我留校作助教了。于是要为在一个相当时期作一个教员做思想准备。当时有一个朴素的感觉，教员的天职是教好课。而要教好课，除了对课程内容有透彻的理解外，还要有两个条件。这两个条件就是：一是要能够用通俗的语言把所教的东西讲给学生，二是要对所讲的东西的来龙去脉比较清楚。只有这样，所讲的课才能引起学生的兴趣，教学才会达到预期的效果。而这两样我都不具备，我从小一直在学校里念书，除了课本上的东西外，涉猎很少。为此，我在不断熟悉所担任课程的内容外，便注意搜集和阅读有关的科普著作，学习其中把高深的道理用通俗的语言表达的技巧。另外就是特别留心搜集有关科学技术发展史方面的材料，准备了一个专门记载这些材料的本子。

如今退休了，课虽然不教了，但对科普和力学史这两项业余爱好却保留了下来。这本《力学史杂谈》就是由当初那些零零碎碎的科学技术史笔记整理而成的。

经过这许多年关注力学史，不能说没有一点体会。熟悉一点科学技术的历史，对教学的确有帮助。在对教材的取舍、教材的前后组织上，能够从发展的眼光来审视。而且在教学中，能够使学生了解问题的提出和解决的过程以及问题发展的历史必然性，使他们更深刻地了解所教内容的意义。

其实，熟悉科技史，所得到的好处远不只是教学上的获益。它使我放宽了视野，习惯于从整个社会需求与发展来看待教育与科学研究，认识科学技术和社会进步，包括和思想意识进步的关系。从而对小到一个教学小组、一个系和专业的管理、一项研究选题的取舍，大到有关科学和教育的各项实际政策和方针，都可以从发展的角度来理解和评价。于是便有时写一点对科普、科学中的伪科学、科技道德、科技水平的评定等方面的随笔。现在把它们结集出版，也许会对从事力学和工程教学的教师，对学习力学的学生，以及对力学史感兴趣的其他读者有点用处。

这本书收集有三十多篇文章。这些文章分为三部分：人物篇、事件篇和议论篇。为了使这本书能够涵盖更多的历史上比较重要的人物和事件，有几篇文章是取材于我的另一本书《力学史》的个别章节。

天津大学王振东教授为本书作序，特致谢意。

研究力学史，必须和这样那样的史料和文献打交道。我国的近代力学是从西方引进的，所以许多原始文献都是西文的。许多原始文献必须从国外图书馆复印。笔者感谢北京大学唐少强教授、北京理工大学魏丰博士多次为笔者复印有关的文献。

由于笔者实际上是业余的力学史探讨者，错误与不妥之处难免，希读者不吝指正。

北京大学退休教授 武际可

大众力学丛书

（已出书目）

1. 奥运中的科技之光　　赵致真
2. 拉家常·说力学　　武际可
3. 诗情画意谈力学　　王振东
4. 趣味刚体动力学　　刘延柱
5. 创建飞机生命密码
（力学在航空中的奇妙地位）　　乐卫松
6. 力学史杂谈　　武际可

策划编辑　王　超

责任编辑　张玉海

封面设计　赵　阳

责任绘图　尹　莉

版式设计　马敬茹

责任校对　王　雨

责任印制　耿　轩